柔性工装设计

主　编　成党伟

北京理工大学出版社
BEIJING INSTITUTE OF TECHNOLOGY PRESS

图书在版编目(CIP)数据

柔性工装设计 / 成党伟主编. -- 北京 : 北京理工大学出版社, 2023.7
ISBN 978-7-5763-2604-8

Ⅰ. ①柔… Ⅱ. ①成… Ⅲ. ①金属切削-工艺装备 Ⅳ. ①TH16

中国国家版本馆 CIP 数据核字(2023)第 131460 号

责任编辑: 封 雪 **文案编辑:** 封 雪
责任校对: 周瑞红 **责任印制:** 李志强

出版发行 / 北京理工大学出版社有限责任公司
社　　址 / 北京市丰台区四合庄路 6 号
邮　　编 / 100070
电　　话 / (010) 68914026 (教材售后服务热线)
(010) 68944437 (课件资源服务热线)
网　　址 / http: //www. bitpress. com. cn

版 印 次 / 2023 年 7 月第 1 版第 1 次印刷
印　　刷 / 三河市天利华印刷装订有限公司
开　　本 / 787mm × 1092mm 1/16
印　　张 / 14. 5
字　　数 / 312 千字
定　　价 / 68. 00 元

前　言

工装夹具设计是装备制造过程中一个非常重要的领域，随着制造业多品种、中小批量生产所占比重越来越大，柔性工装夹具应用越来越广泛。本书以柔性工装组合夹具设计、组装、应用为平台，解读柔性工装夹具概念、特点、设计方法、应用注意事项等基础知识和基本原理，使学生掌握柔性工装可重组、模块化、柔性化装配技术，掌握采取调整、控制等手段生成所需柔性工装的方法，培养学生标准意识、“5S”管理意识，训练学生的机械装配技能，增强学生适应设备操作等岗位的专业能力和献身制造业、精益求精、专注奉献的工匠精神。

为贯彻落实党的二十大精神，推进新型工业化，加快建设制造强国，培养技能强国的技术人才，本书根据高等职业教育的实际需求，对照专业就业领域典型工作任务，以基于工作过程的“情境引领，任务驱动”“课堂 + 企业”的项目化教学模式开展教学设计；结合专业学生工作任务完成的需要，依照由简单到复杂、由单一到综合、由低级到高级的认知规律选取 10 个典型零件加工所需的车削、铣削、钻削、磨削等柔性工装夹具设计、组装过程为教学内容：手柄座钻削柔性工装设计、钳口双孔钻削柔性工装设计、体座填料式钻削柔性工装设计、挡块钻削柔性工装设计、端盖车削柔性工装设计、罩壳车削柔性工装设计、导轨铣削柔性工装设计、虎钳底座磨削柔性工装设计、双臂曲柄钻削双孔柔性工装设计、惰轮支架通槽铣削柔性工装设计；每个学习情境均包含项目导读、项目分析、项目目标、计划/决策、基础知识链接、柔性工装设计、柔性工装检测等环节；每个子情境又按照任务引入、任务实施、任务评价、任务拓展、应用研讨训练等营造企业真实工作场景，贯穿于柔性工装的方案设计、组装、调整、检测、应用实施各个环节，开展“教、学、做”理实一体化的教学活动。为了巩固教学效果，提高学生解决实际问题的能力，每个学习项目在与本书对接的在线课程中均配有视频、动画、课件、章节测试、讨论等资源。本书各学习项目既保持有联系的系统性，内容上又保持相对独立性，以适应不同专业教学时选用。

本书结合高职高专的教学特点，尽量做到深入浅出，理论联系实际，在叙述柔性工装夹具、基准、定位、夹紧等基本概念、基本理论的基础上，重点培养学生柔性工装夹具设计实施的技能。

本书项目二、项目五由陕西工业职业技术学院赵利平编写，项目三、项目六由陕西工业职业技术学院蔡苏宁编写，项目三的 3.1 定位元件选择、项目五的 5.1 夹紧装置设计由陕西工业职业技术学院张景钰编写，其他内容由陕西工业职业技术学院成党伟编写。本书编写过程中，在项目选择、内容构建、资料审核等方面得到了陕西工业职业技术学院焦小明老师和机械工程学院领导、老师的大力支持，在此表示衷心感谢。

本书的编写参考了有关教材和资料，书中采用的元件结构图、结构原理图、实物图等来源于深隆机器人、向阳精密机械、江苏柔触（Rochu）、耐创（Matrix）等公司网站，在此一并表示衷心的感谢。

由于编者水平有限，书中难免存在疏漏与不足之处，敬请专家和读者批评指正。

编　者

目　　录

学习笔记

项目一　手柄座钻削柔性工装设计

项目导读

目前，市场对新产品的需求不断扩大，用户要求产品质量好、价格低；交货期越来越短，市场竞争日趋激烈；新产品开发研制加快，产品更新换代日新月异，产品的品种和系列越来越多样化；大批量生产的比例下降，中小批量增加，传统的大批量生产模式逐渐被中小批量生产模式所取代，甚至单件定制柔性化批量生产。

生产柔性化的关键在于机床和工装的柔性化，其中工装柔性化是重点。国内制造业配套的工装夹具相当部分是专用夹具。专用夹具需要设计、制造、生产，准备周期达1~2个月，甚至更长时间。采用柔性组合工装夹具，夹具的配置周期可以缩短到1~2 h，节省时间、材料和制造、保管费用，大幅提高新产品的研发速度和生产准备时间。国内装备制造企业越来越多地期盼应用柔性工装组合夹具。

手柄座钻削柔性工装设计主要内容包括：

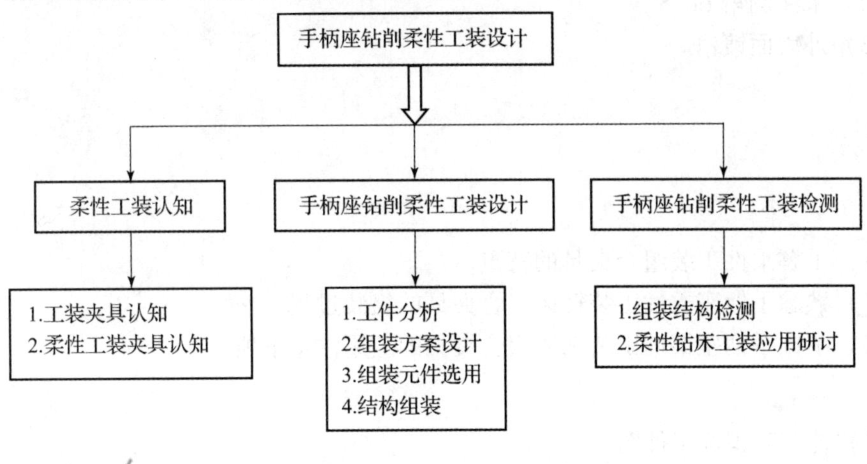

项目分析

工装夹具工作室接到企业设计所工具磨床结构零件——手柄座加工工装夹具配置任务，手柄座零件图样和技术要求如图1-1所示。

（1）产品名称：万能工具磨床M6020A。

（2）零件名称及编号：手柄座02A-5。

（3）生产数量：12件。

学习笔记

（4）零件加工工艺路线：车外圆及内孔→钻 M10 螺纹底孔→攻丝 M12、M10 螺纹→检验。

（5）零件工序简图：如图 1－1 所示，根据零件加工工艺过程，钻孔之前零件的外圆及螺纹底孔均已加工，零件结构及外形规则，便于定位与夹紧。

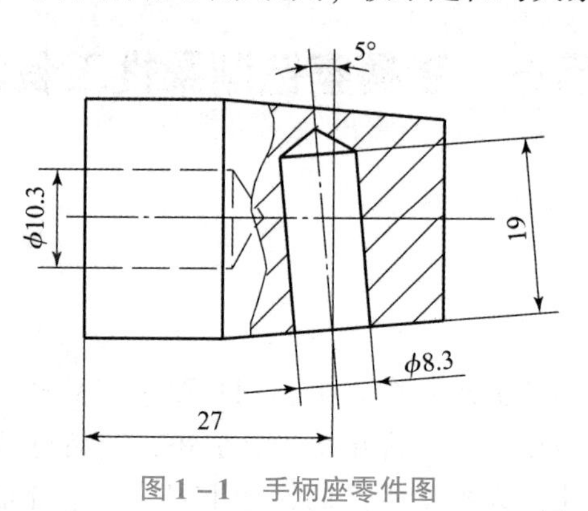

图 1－1　手柄座零件图

技术要求：

（1）产品试制，针对图中尺寸 27 mm 和 5°，要求变换调整这两个参数，分别制造 2 件，具体变换参数：尺寸 20 mm，5°，制造 2 件；尺寸 23 mm，5°，制造 2 件；尺寸 25 mm，5°，制造 2 件；尺寸 27 mm，5°，制造 2 件；尺寸 20 mm，10°，制造 2 件；尺寸 27 mm，10°，制造 2 件。试验满足产品设计性能要求后确定夹具具体结构参数值进行批量生产。

（2）未注倒角 *C*0.5。

（3）外表面镀铬。

项目目标

1. 知识目标

（1）了解柔性工装组合夹具的特点。

（2）熟悉手柄座柔性工装钻床组合夹具的组装过程。

（3）掌握手柄座柔性工装钻床组合夹具的应用注意事项。

2. 能力目标

（1）能正确识读工件图。

（2）能识别、分析柔性槽系柔性工装组合夹具元件的类型、结构和功用。

（3）能根据手柄座零件的加工要求构思设计柔性工装结构，选用组装元件，组装、调整、检测、应用柔性钻床工装组合夹具。

3. 素质目标

（1）培养学生正确的劳动价值观和爱岗敬业、踏实、专注的工匠精神。

（2）培养学生团结协作、勤于沟通的工作作风，提升分析问题和解决问题的能力。

（3）保持工作环境清洁有序，文明生产。

学习笔记

项目计划/决策

本项目所选的学习载体为万能工具磨床 M6020A 典型结构零件手柄座，通过零件结构分析、定位方案设计、组装元件选用、结构组装调整、结构检验及尺寸测量、小组讨论评价等任务过程的学习，学生可了解手柄座零件加工所需的柔性钻床工装组合夹具组装方法，按照基于工作过程的项目导向模式完成任务实施。

任务分组

学生任务分配情况填入表 1－1。

表 1－1　学生任务分配表

<table>
<tr><td>班级</td><td colspan="2"></td><td>组号</td><td colspan="2"></td><td>指导教师</td><td></td></tr>
<tr><td>组长</td><td colspan="2"></td><td>学号</td><td colspan="4"></td></tr>
<tr><td rowspan="5">组员</td><td colspan="2">姓名</td><td colspan="2">学号</td><td colspan="2">姓名</td><td>学号</td></tr>
<tr><td colspan="2"></td><td colspan="2"></td><td colspan="2"></td><td></td></tr>
<tr><td colspan="2"></td><td colspan="2"></td><td colspan="2"></td><td></td></tr>
<tr><td colspan="2"></td><td colspan="2"></td><td colspan="2"></td><td></td></tr>
<tr><td colspan="2"></td><td colspan="2"></td><td colspan="2"></td><td></td></tr>
</table>

任务1.1　柔性工装认知

项目引入

如图 1－1 所示手柄座零件，加工该零件角度面上（与工件中心轴线垂线之间的夹角为 5°）多个参数规格的 ϕ8.3 mm 小孔，设计、配置柔性工装装夹工件，首先需要认知柔性工装夹具。

知识链接

工装夹具是机械制造工艺装备中的一个主要组成部分，在机械加工中占有重要位置，对保证产品质量，提高生产效率，降低劳动强度，扩大机床使用范围，缩短新品试制周期等都具有重要意义，也是制约机械制造业快速发展的瓶颈。

知识模块一　工装夹具认知

1. 工装夹具

工装即工艺装备，指制造过程中所用的各类工具的总称。

学习笔记

工装包含刀具、夹具、模具、量具、检具、辅具、钳工工具、工位用具等，这些通用工具简称工装。

工装分专用工装、通用工装和标准工装（近似标准件）。

夹具指装夹工件的工艺装备。夹具属于工装，工装包含夹具。夹具广泛应用于机床切削加工、热处理、装配、焊接和检测等领域。

工装夹具指加工时紧固工件，使机床、刀具、工件保持正确相对位置的工艺装置，如图 1 – 2 所示。工装夹具是机械加工不可缺少的部件，在机床技术向高速、高效、精密、复合、智能、环保方向发展的带动下，夹具技术正朝着高精、高效、模块、组合、通用、经济方向发展。

在工艺过程中的任何工序，迅速、方便、安全地装夹工件的装置，都称为夹具，如焊接夹具、检验夹具、装配夹具、机床夹具等。其中机床夹具最常见，常简称为夹具。

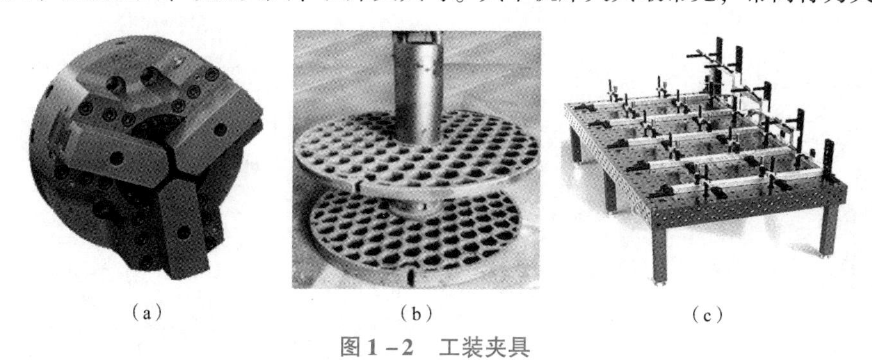

（a）（b）（c）

图 1 – 2 工装夹具

（a）车床夹具；（b）热处理耐热料框；（c）柔性焊接组合夹具

2. 工件装夹

装夹又称安装，包括定位和夹紧。定位，使工件在机床或夹具上占有正确位置的过程。夹紧，指保持工件确定位置在加工过程中不变的操作。

直接找正装夹——精度低，效率低，对工人技术水平要求高。

划线找正装夹——精度低，效率低，多用于形状复杂的铸件装夹。

夹具装夹——精度高，效率高，应用广泛。

工件装夹如图 1 – 3 所示。

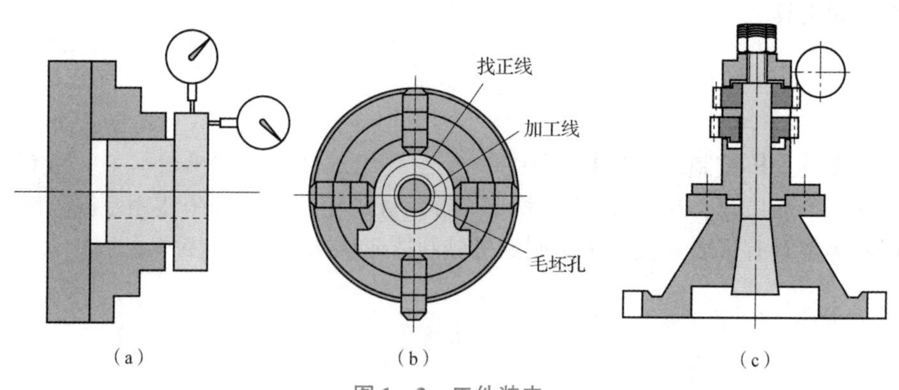

（a）（b）（c）

图 1 – 3 工件装夹

（a）直接找正装夹；（b）划线找正装夹；（c）工件在夹具装夹（滚齿）

学习笔记

3. 夹具类型

夹具按通用特性分为：

（1）通用夹具：规格化，精度低，难以装夹复杂工件。主要形式有三爪、台虎钳、顶尖、中心架等。图1-2（a）所示为三爪卡盘。

（2）专用夹具：针对性强，精度高，适应性差。主要形式有车、铣、钻、镗床等专用夹具。图1-3（c）所示为滚齿机专用夹具。

（3）可调夹具：针对不同工件，只需调整或更换个别元件就能装夹。主要形式有可调夹具。图1-4所示为可调夹具结构原理。

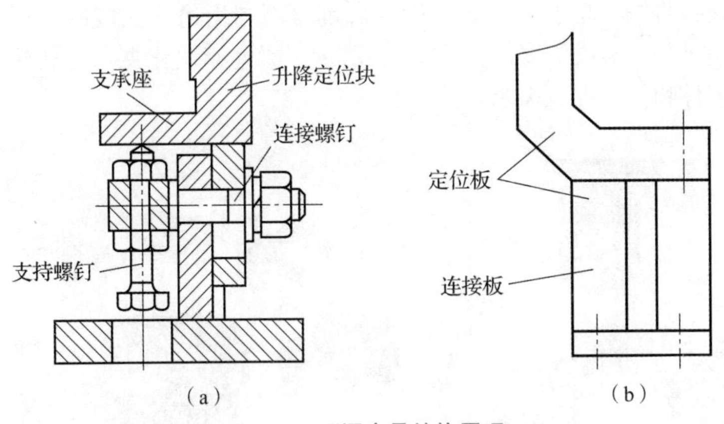

图1-4　可调夹具结构原理

（a）定位件可调整；（b）定位件更换调整

（4）组合夹具：模块化组装，元件精度高，耐磨性高，可以按照构思方案重复组装。图1-2（c）所示为柔性焊接组合夹具。

4. 夹具组成

夹具由基本组成部分和其他组成部分构成，如图1-5所示。

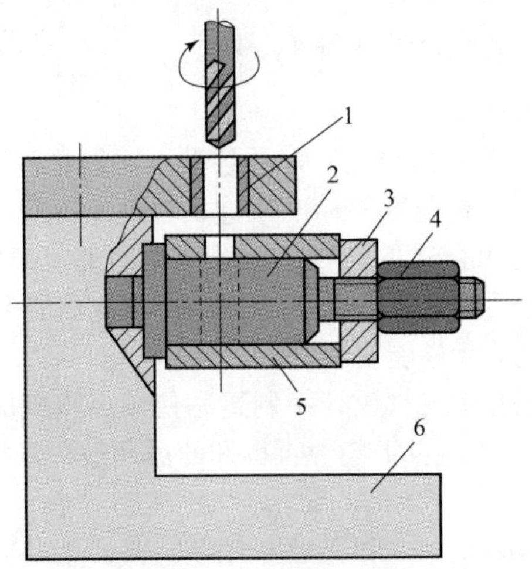

图1-5　夹具组成

1—导向钻套；2—定位轴；3—夹紧垫圈；4—螺母；5—工件；6—夹具体

学习笔记

基本组成部分包括定位元件、夹紧装置和夹具体。

其他组成部分包括连接元件、对刀导向装置、其他元件或装置（分度装置、靠模、上下料装置等）。

知识模块二　柔性工装夹具认知

1. 柔性工装夹具认知

柔性工装夹具，是能正确装夹形状或尺寸发生变化的多种工件的夹具系统。通常由基础件和其他模块元件组成。

柔性模块指将同一功能的单元，设计成具有不同用途或性能的、可以相互交换使用的模块，满足加工装夹需要。如图 1－6 所示，柔性模块化夹具更换法兰连接模块满足不同类型零件物件的夹持需求。

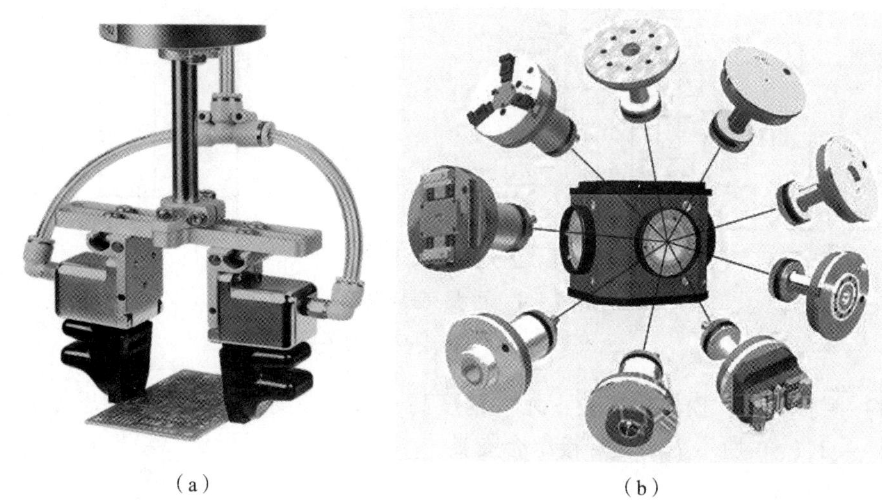

（a）　　（b）

图 1－6　柔性模块化夹具

（a）零件抓夹柔性夹具；（b）零件抓夹夹具法兰连接模块

柔性夹具包括柔性工装组合夹具和可调夹具。

2. 柔性工装组合夹具认知

柔性工装组合夹具是由一套预先制好的各种不同形状、不同规格、不同尺寸、具有完全互换性和高耐磨性、高精度的标准元件及合件，按照不同工件的工艺要求，设计（构思）组装方案，选用合适的元件，组装而成的加工所需的夹具。使用完毕后，可方便地拆散，清理干净后存放，分类保管，以便再次组装其他形式的夹具。在正常情况下，柔性工装组合夹具元件能使用 15 年左右。

柔性工装组合夹具把专用夹具设计→制造→使用→报废的单向过程，改变为设计（构思）→组装→使用→拆卸→再组装→再拆卸的循环过程。柔性工装组合夹具有以下特点：

（1）灵活多变，为零件的加工迅速提供工装夹具，生产周期大幅缩短。组装一套中等复杂程度的柔性工装组合夹具只需几个小时。

（2）节约设计、制造及材料消耗费用。

(3) 减少夹具库存面积，改善管理工作。

(4) 与专用工装夹具相比，柔性工装组合夹具存在一些不足，一般体积较大，较重，刚性稍差些，而且需要投资配置大量的拼装元件，适应不同性质和结构类型的工装夹具结构组装需要。

柔性工装组合夹具适合于零件品种多、数量少、种类经常变换的场合，在机械制造、模具制造，特别是现代柔性制造中应用越来越广泛，迅速为车削、铣削、刨削、磨削、镗削、插销、电火花加工、机械装配、检验等工序提供各种类型的柔性工装夹具。

柔性工装组合夹具加工精度一般能达到8~9级精度，经过精确调整可达7级精度。

3. 柔性工装组合夹具类型

按照所依据的基面形状，柔性工装组合夹具分槽系和孔系两大类。槽系柔性工装组合夹具的连接基面为T形槽，元件由键和螺栓等元件定位紧固连接。孔系柔性工装组合夹具的连接基面为圆柱孔和螺孔组成的坐标孔系。孔系柔性工装组合夹具元件的连接用两个圆柱销定位，一个螺钉紧固。孔系柔性工装组合夹具较槽系柔性工装组合夹具有更高的刚度，结构紧凑，如图1-7 (a) 所示。

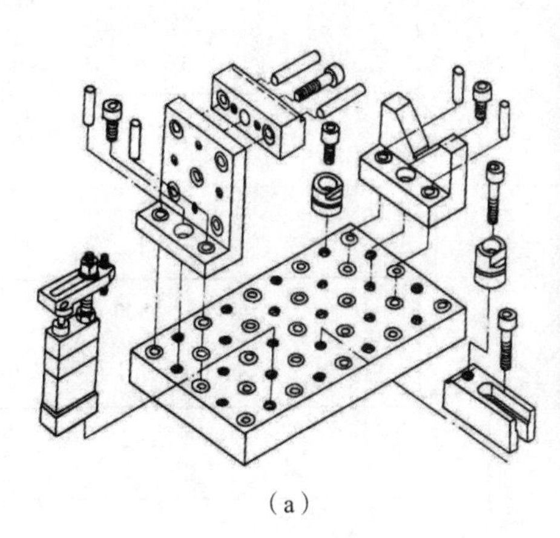

(a)

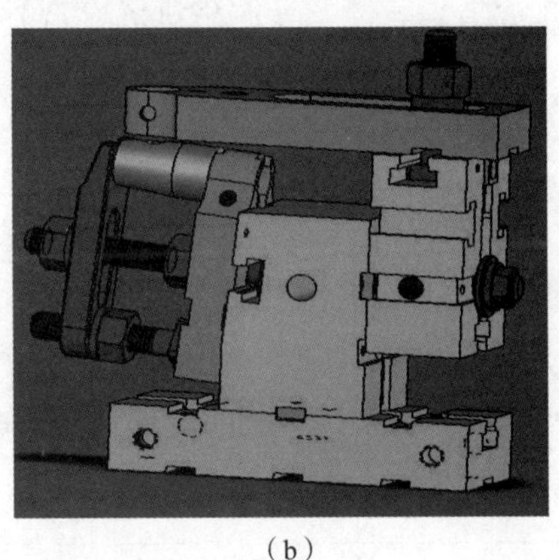

(b)

图1-7 柔性工装组合夹具类型

(a) 孔系柔性工装组合夹具；(b) 槽系柔性工装组合夹具

槽系柔性工装组合夹具，它又分大型、中型和小型三种系列，形成一套完整的组合夹具体系，用于不同企业对不同零件的加工，如图1-7 (b) 所示。槽系柔性工装组合夹具系列如表1-2所示。

表1-2 槽系柔性工装组合夹具系列

系列	槽宽/mm	槽距/mm	螺栓/mm	支承件截面/mm×mm
大型	16	60	M16×1.5	90×90
中型	12	60	M12×1.5	60×60
小型	8	30	M8×1.25	30×30

学习笔记

4. 槽系柔性工装组合夹具元件

按元件功能要素及使用性能的不同，槽系柔性工装组合夹具的元件分为八大类：

（1）基础件。它是组合夹具中最大的元件，包括各种规格尺寸的方形、矩形、圆形基础板和基础角铁等，基础件图形及尺寸见表 1－3。基础件作为组合夹具的基体，通过它可将其他各种元件或合件组装成一套完整的夹具。

（2）支承件。它是组合夹具中的骨架元件，各种夹具结构的组成都需要支承件，它在夹具中起上下连接的作用，即把上面的定位、导向、合件等元件通过支承件与其下面的基础板连成一体。各种支承件可作不同形状和高度的支承面或定位平面，也可直接和工件接触作为定位件使用。在组装小夹具时，有时可代替基础板作夹具的基础件。支承件图形及尺寸见表 1－4。

表 1－3　基础件图形及尺寸　　mm

<table>
<tr><th colspan="2">元件名称</th><th>结构图</th><th>规格</th></tr>
<tr><td rowspan="2">圆形基础板</td><td>辐射形梯形槽</td><td>45°, D, H</td><td><table><tr><td>D</td><td>240</td><td>360</td></tr><tr><td>H</td><td>35</td><td>40</td></tr></table></td></tr>
<tr><td>方形梯形槽</td><td>90°, D, H</td><td><table><tr><td>D</td><td>240</td><td>300</td><td>360</td></tr><tr><td>H</td><td>35</td><td>40</td><td>40</td></tr></table></td></tr>
<tr><td colspan="2">等边辐射梯形槽</td><td>60°, D, H</td><td><table><tr><td>D</td><td>240</td><td>360</td></tr><tr><td>H</td><td>35</td><td>40</td></tr></table></td></tr>
<tr><td colspan="2">方形</td><td>60, A, B</td><td><table><tr><td>A</td><td>180</td><td>240</td><td>300</td><td>360</td></tr><tr><td>B</td><td>180</td><td>240</td><td>300</td><td>360</td></tr></table></td></tr>
</table>

学习笔记

续表

<table>
<tr><th>元件名称</th><th>结构图</th><th>规格</th></tr>
<tr><td>矩形</td><td>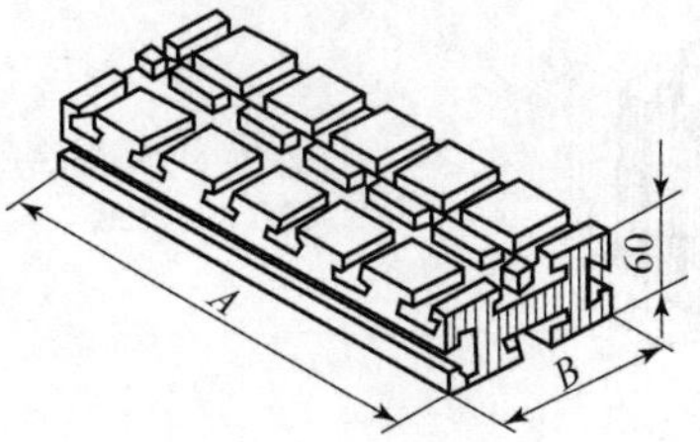
</td><td>
<table>
<tr><td>A</td><td>180</td><td>240</td><td>300</td><td>360</td><td>420</td></tr>
<tr><td>B</td><td>120</td><td>120</td><td>120</td><td>120</td><td>120</td></tr>
</table>
<table>
<tr><td>A</td><td>480</td><td>240</td><td>300</td><td>360</td><td>480</td><td>480</td></tr>
<tr><td>B</td><td>120</td><td>180</td><td>180</td><td>180</td><td>180</td><td>240</td></tr>
</table>
</td></tr>
<tr><td>直角形</td><td>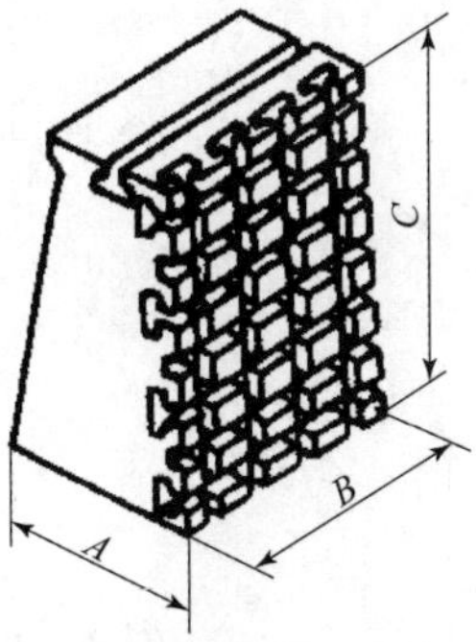
</td><td>
<table>
<tr><th>A</th><th>B</th><th>C</th></tr>
<tr><td>90</td><td>120</td><td>200</td></tr>
<tr><td>90</td><td>180</td><td>200</td></tr>
</table>
</td></tr>
</table>

表 1-4　支承件图形及尺寸　　mm

<table>
<tr><th>元件名称</th><th>结构图</th><th>规格</th></tr>
<tr><td>方形支承板</td><td>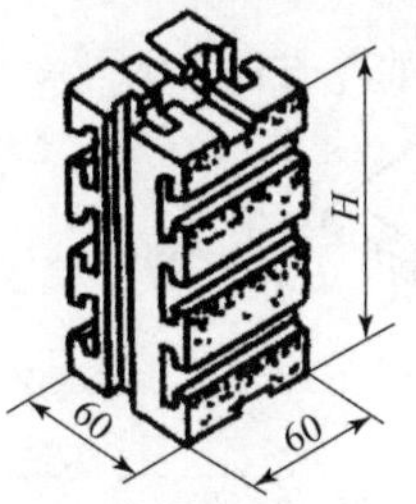
</td><td>H：10，12.5，15，17.5，20，30，40，60，80，120</td></tr>
<tr><td rowspan="2">方形支承板</td><td>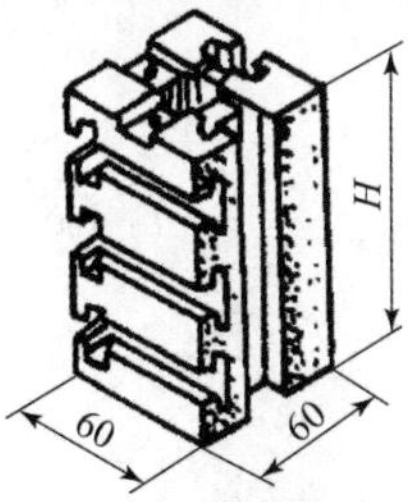
</td><td>H：10，12.5，15，17.5，20，30，40，60，80，120</td></tr>
<tr><td>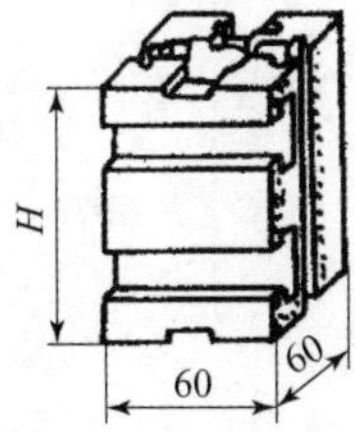
</td><td>H：10，12.5，15，17.5，20，30，40，60，80，120</td></tr>
</table>

续表

元件名称		结构图	规格
长方形支承板	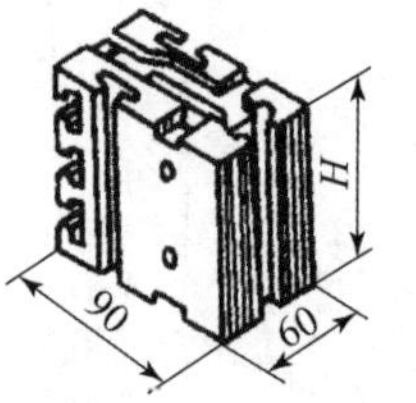	H　90　60	H：10，12.5，15，17.5，20，30，40，60，80，120
		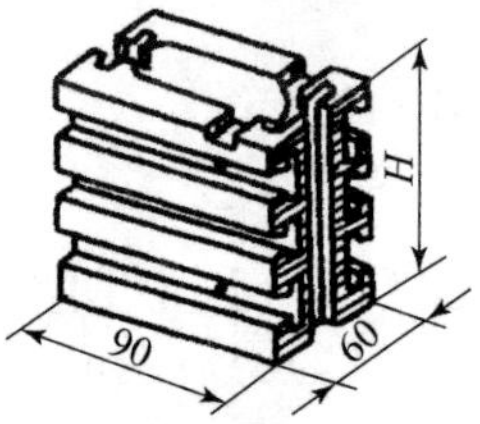 H　90　60	H：30，40，60，80，120
		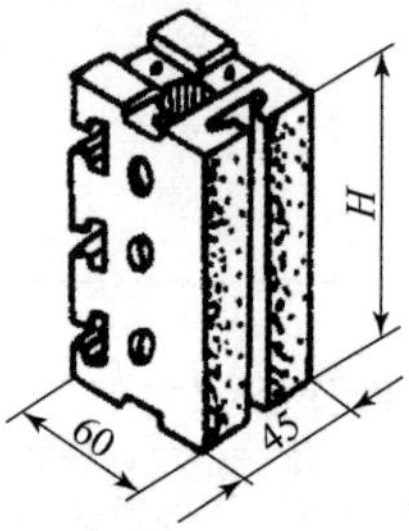 H　60　45	H：30，40，60，80，120，30
方形、长方形垫板		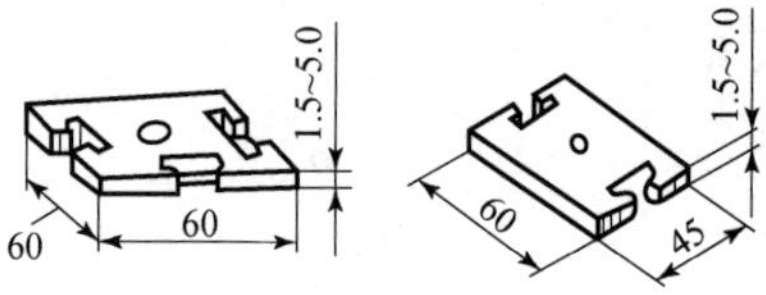 1.5~5.0　60　60 （a）方形垫板 1.5~5.0　60　45 （b）长方形垫板	
直角形支承座	宽直角形支承座	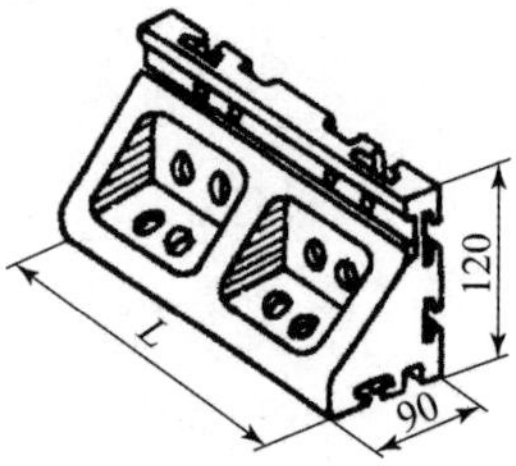 120　L　90	L：180，240
	加肋支承座	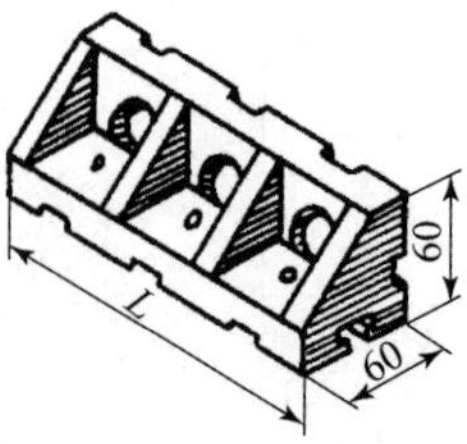 60　L　60	L：60，90，120，180，240

续表

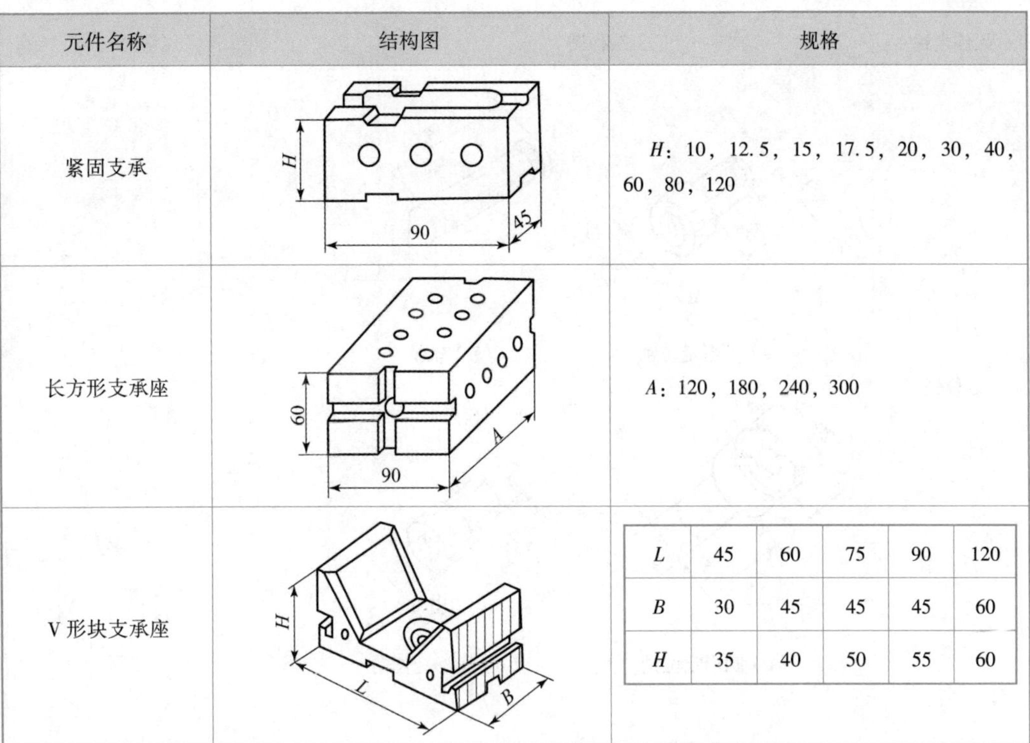

元件名称	结构图	规格
紧固支承		H：10，12.5，15，17.5，20，30，40，60，80，120
长方形支承座		A：120，180，240，300
V形块支承座		L 45 60 75 90 120；B 30 45 45 45 60；H 35 40 50 55 60

L	45	60	75	90	120
B	30	45	45	45	60
H	35	40	50	55	60

学习笔记

(3) 定位件。它用于保证夹具中各元件的定位精度和连接强度及刚度，还用于被加工工件的正确定位。其中轴类元件可作调整测量夹具时的心轴。定位键虽然很小，但每套夹具中所需数量最多。定位件图形及尺寸见表1-5。

表1-5 定位件图形及尺寸 mm

元件名称	结构图	规格
定位键	(a) 直键　(b) T形键	直键：H 5 / 10；L 11，20，30 / 20 T形键：H 12 / 15；L 20 / 20，30
台阶板		D 18 / 26；L 90 / 100

H	5	10
L	11，20，30	20

H	12	15
L	20	20，30

D	18	26
L	90	100

续表

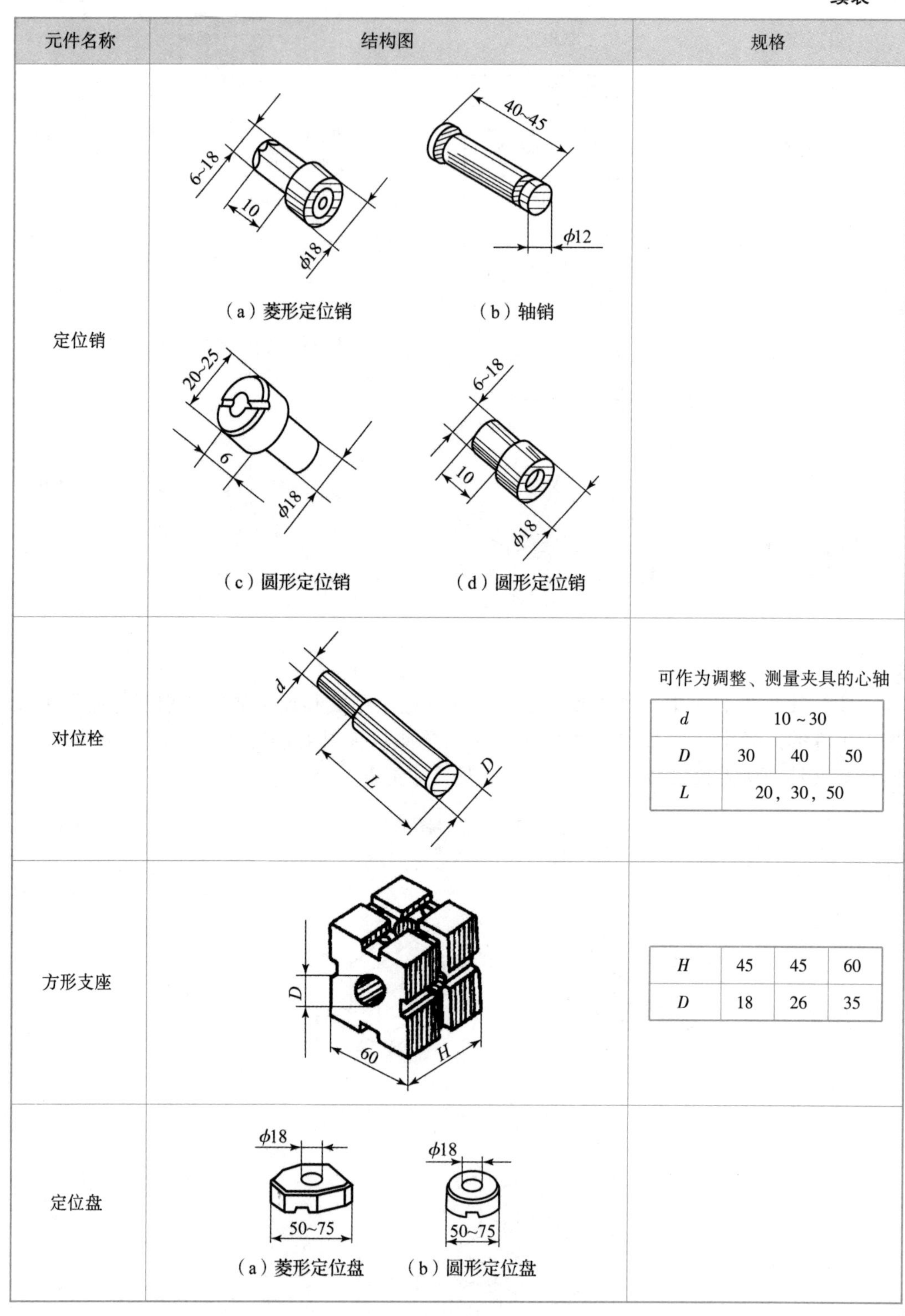

元件名称	结构图	规格
定位销	（a）菱形定位销　（b）轴销 （c）圆形定位销　（d）圆形定位销	
对位栓		可作为调整、测量夹具的心轴 *d*：10 ~ 30 *D*：30，40，50 *L*：20，30，50
方形支座		*H*：45，45，60 *D*：18，26，35
定位盘	（a）菱形定位盘　（b）圆形定位盘	

（4）导向件。它用于保证刀具相对于工件的正确位置，导向件也可以对工件起定位作用，还可以作为组合夹具中活动元件的导向。导向件主要用于钻、扩、铰、镗及

攻螺纹等工序的夹具。导向件图形及尺寸见表 1－6。

学习笔记

表 1－6　导向件图形及尺寸　　mm

<table>
<tr><th>元件名称</th><th>结构图</th><th>规格</th></tr>
<tr><td>钻模板</td><td>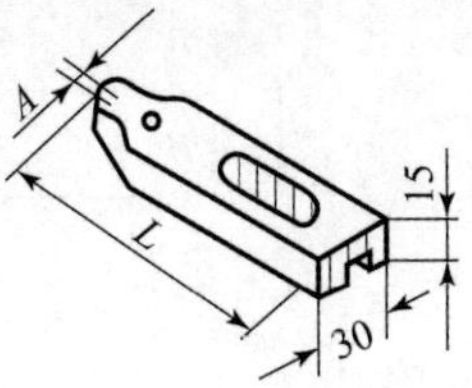
</td><td>

A	12	12	12	18
L	90	125	155	180

</td></tr>
<tr><td>导向支承</td><td>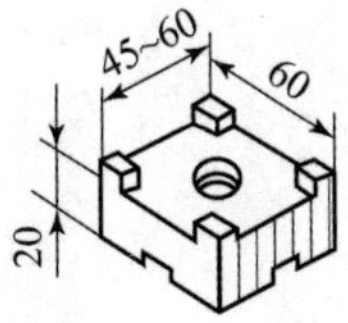
</td><td></td></tr>
<tr><td>双面钻模板</td><td>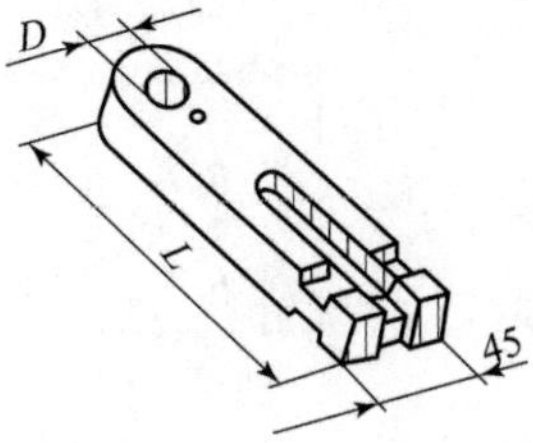
</td><td>

L	142. 5	172. 5	202. 5	142. 5	172. 5
D	26	26	26	35	35

</td></tr>
<tr><td>中心孔钻模板</td><td>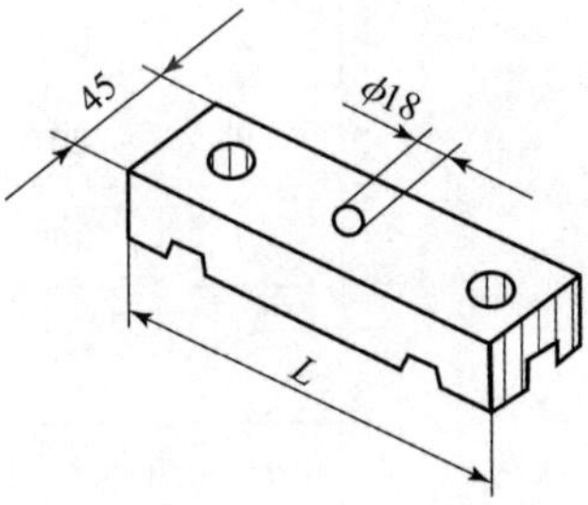
</td><td>L：60，90，120，150，180，240</td></tr>
<tr><td>立式钻模板</td><td>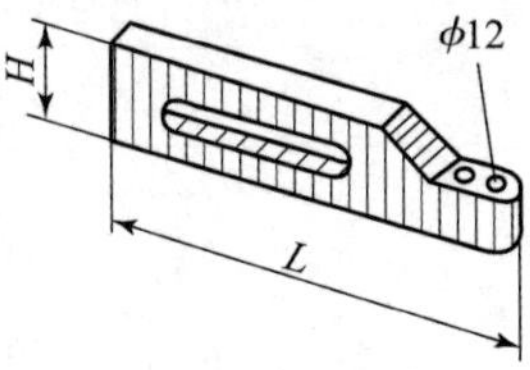
</td><td>

L	85	100	130
H	30	30	30

</td></tr>
<tr><td>快换钻套</td><td>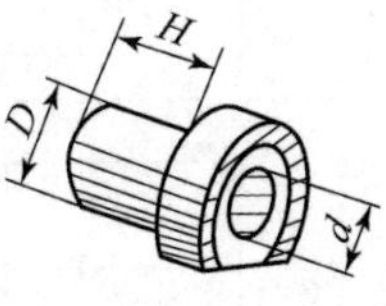
</td><td>$d\times D\times H$：$6\times12\times15\sim48\times58\times60$</td></tr>
</table>

（5）夹紧件。主要用来将工件夹紧在夹具上，保证工件定位后的正确位置，也可作为垫板和挡块用。夹紧件图形及尺寸见表 1－7。

学习笔记

表 1－7　夹紧件图形及尺寸　　mm

<table>
<tr><th>元件名称</th><th>结构图</th><th>规格</th></tr>
<tr><td>等边压板</td><td> 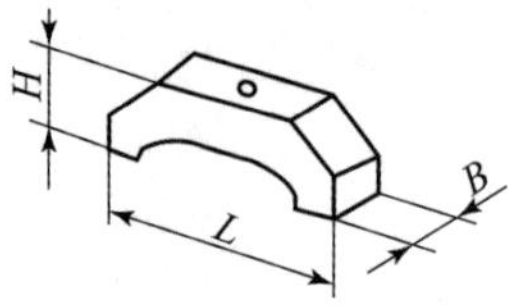</td><td><table><tr><td>L</td><td>110</td><td>140</td><td>200</td></tr><tr><td>B</td><td>35</td><td>35</td><td>40</td></tr><tr><td>H</td><td>35</td><td>40</td><td>45</td></tr></table></td></tr>
<tr><td>回转压板</td><td> 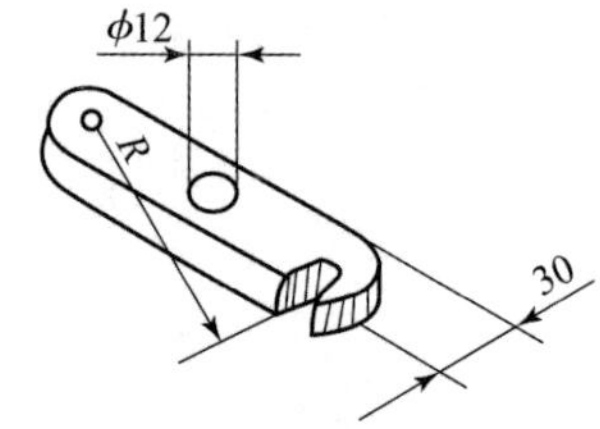</td><td>R：40，60，80，100</td></tr>
<tr><td>伸长压板</td><td></td><td><table><tr><td>L</td><td>95</td><td>140</td><td>175</td></tr><tr><td>B</td><td>30</td><td>35</td><td>40</td></tr><tr><td>H</td><td>15</td><td>18</td><td>22</td></tr></table></td></tr>
<tr><td>叉形压板</td><td></td><td><table><tr><td>L</td><td>100</td><td>115</td><td>137.5</td></tr><tr><td>B</td><td>30</td><td>40</td><td>60</td></tr><tr><td>H</td><td>15</td><td>18</td><td>20</td></tr></table></td></tr>
<tr><td>关节压板</td><td></td><td><table><tr><td>L</td><td>115</td><td>145</td><td>205</td><td>265</td></tr><tr><td>B</td><td>35</td><td>35</td><td>40</td><td>40</td></tr></table></td></tr>
<tr><td>平压板</td><td></td><td><table><tr><td>L</td><td>65</td><td>80</td><td>95</td></tr><tr><td>B</td><td>30</td><td>35</td><td>40</td></tr><tr><td>H</td><td>15</td><td>18</td><td>18</td></tr></table></td></tr>
<tr><td>弯压板</td><td></td><td><table><tr><td>L</td><td>96</td><td>117</td></tr><tr><td>B</td><td>35</td><td>40</td></tr><tr><td>C</td><td>13</td><td>18</td></tr></table></td></tr>
</table>

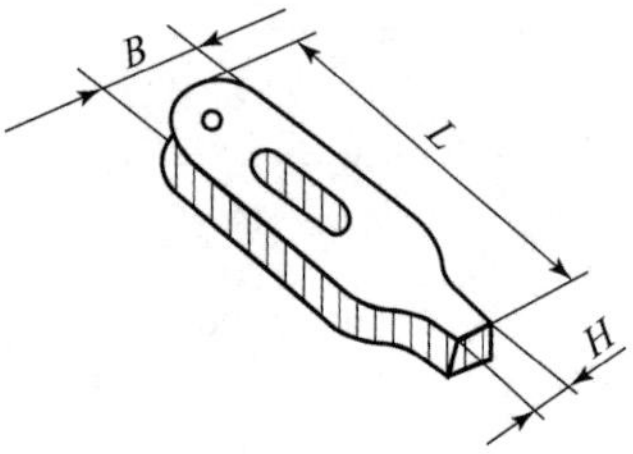

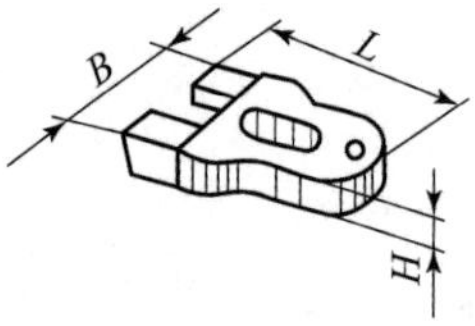

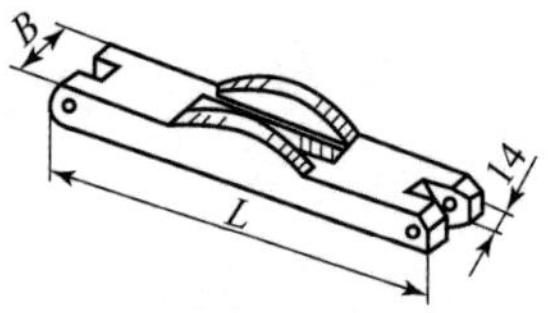

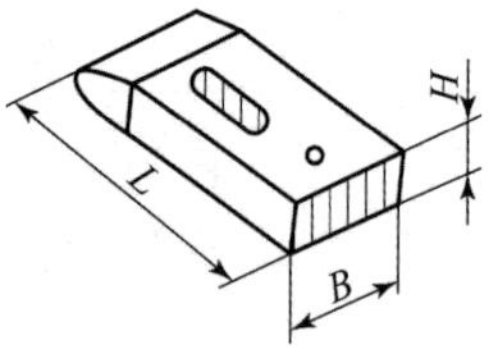

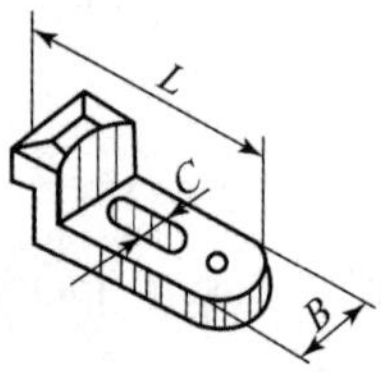

（6）紧固件。主要用于连接组合夹具中的各种元件及紧固被加工工件。由于紧固件在一定程度上影响整个夹具的刚度，因此多采用细牙螺纹，这样可使各元件的连接强度好，紧固可靠。同时所选用的材料、精度、表面粗糙度及热处理等均优于一般标准紧固件。紧固件主要有螺栓、螺母、垫圈等，如图 1－8 所示。

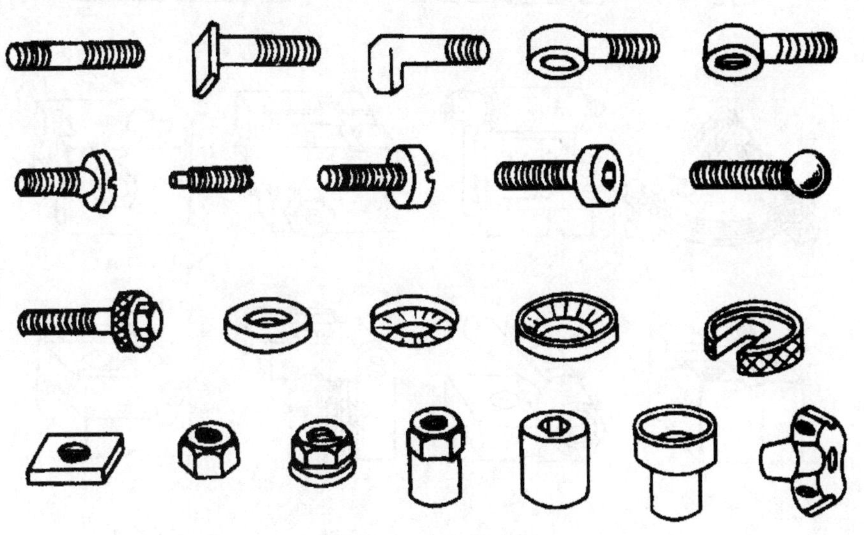

图 1－8　紧固件类型

（7）其他件。除上述 6 种元件以外的各种用途的单一元件称为其他件，如图 1－9 所示，它们在夹具中通常起辅助作用。

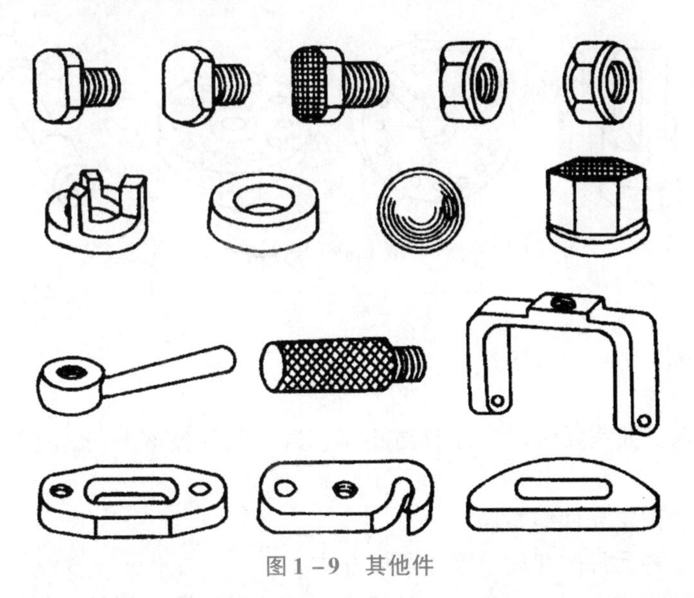

图 1－9　其他件

（8）合件。合件由若干零件装配而成，一般不允许拆卸。它能提高组合夹具的通用性，扩大使用范围，加快组装速度，简化夹具结构等。按用途分为定位合件、导向合件、分度合件、支承合件及专用工具等，部分合件如图 1－10 所示。

学习笔记

学习笔记

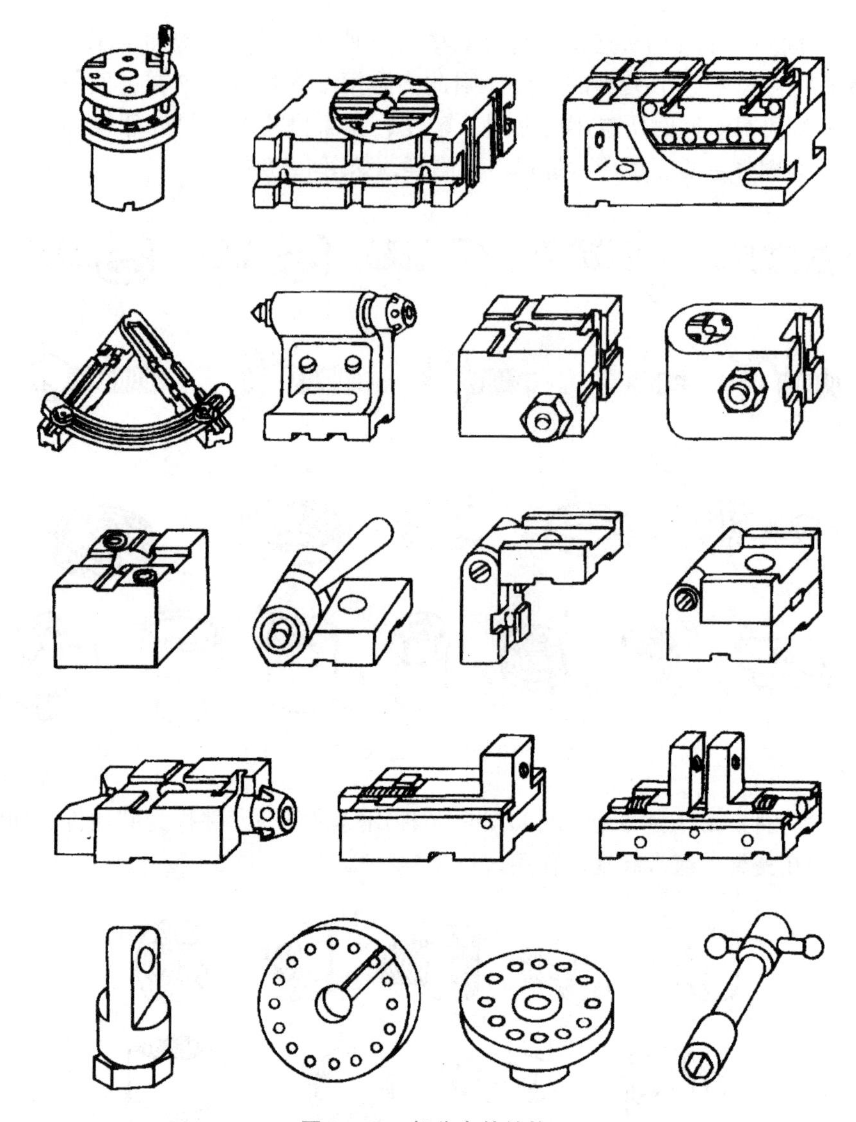

图 1-10　部分合件结构

任务实施

分小组参观实训室元件库，注意防止磕、碰、元件掉落砸伤，观察选取元件，注意存放位置。

（1）观察实训室元件柜布局。

（2）识别 8 种元件的存放位置和摆放方式。

（3）选取定位键，把定位键镶入随机选择的 4 种不同类型的元件键槽，观察键与键槽配合间隙的大小，讨论槽系柔性工装组合夹具的装夹精度。

（4）小组讨论、对比元件形状、表面结构的区别，分析元件的功用和使用方法。

学习笔记

任务评价

考核评价标准如表 1－8 所示。

表 1－8　考核评价标准

评价项目	评价内容	分值	自评 20%	互评 20%	教师评 60%	合计
职业素养（40 分）	专注敬业，安全、责任意识，服从意识	10				
	积极参加项目任务活动，按时完成项目任务	10				
	团队合作，交流沟通能力，集体主义精神	10				
	劳动纪律，职业道德	5				
	现场 5S 管理，行为规范	5				
专业素养（60 分）	专业资料查询能力	10				
	制订计划和执行能力	10				
	操作符合规范，精益求精	15				
	工作效率，分工协作	10				
	任务验收质量，质量意识	15				
创新能力（20 分）	创新性思维和行动	20				
合计		120				

任务1.2　手柄座钻削柔性工装设计

任务引入

小组识读手柄座零件图，分析、讨论零件结构、技术要求、工艺过程，设计柔性工装夹具方案，对照选择柔性工装组合夹具元件，并进行组装、调整、检测，完成项目任务。

任务实施

1. 手柄座钻削柔性工装设计任务实施策略

（1）小组实施方案的讨论、确定。

学习笔记

（2）结构布局设计，元件选择。

（3）结构组装、调整、测量、固定。

（4）实施效果检查、评价。

（5）现场整理。

2. 手柄座钻削柔性工装设计任务实施过程

1）实操1——工件分析

如图1－1所示手柄座零件，主要组成表面有两端面、外圆柱面、外圆锥面和内圆柱面，零件结构简单，体积较小。本工序实施前，其他表面均加工完成。

本工序 ϕ8. 3 mm小孔加工主要保证尺寸：与端面距离27 mm、深度19 mm、角度5°，由于产品试制，尺寸27 mm、角度5°需要调整变换分别加工。所有加工参数要求不高，制造精度低。

考虑零件制造过程，零件加工工艺路线确定为：车外圆、端面及内孔→钻螺纹底孔 ϕ8. 3 mm→攻丝 ϕ10. 3 mm、ϕ8. 3 mm螺纹M12、M10→热处理镀铬→检验。

2）实操2——组装方案设计

根据零件加工工艺过程，钻孔之前零件的外圆及螺纹底孔均已加工，零件结构及外形规则，便于定位与夹紧。根据工序图的要求，确定工件定位方案：工件左端面限制3个自由度，ϕ10. 3 mm螺纹底孔限制2个自由度，实现零件不完全定位。

钻削加工，切削力较小，工件采用螺旋压板结构夹紧。考虑批量生产，选择钻套导向。

3）实操3——组装元件选用

如图1－11所示，根据零件定位方案，选用150 mm×60 mm×30 mm伸长板1作为基础件；选用90 mm×60 mm×5°角度板2一件，支承长方支承15和导向钻模板10，使导向钻模板10与角度板2上的斜面成85°角，保证工件5°锥母线与夹具底面平行；选择18 mm×40 mm×210 mm导向钻模板10引导刀具方向，调整其左右位置，保证27 mm的尺寸要求；选择18 mm×45 mm×110 mm定位钻模板3支承定位销11，定位钻模板3限制工件 $\overset{\frown}{z}$ 、$\overset{\frown}{x}$ 、$\vec{y}$ 3个自由度，定位销11限制工件 $\vec{x}$、$\vec{z}$ 2个自由度；选择90 mm×60 mm×40 mm长方支承15支承导向钻模板10；工件压紧选择叉形压板7，用T形螺栓5、螺母6紧固。

4）实操4——结构组装

（1）组装角度板。内六角螺栓18穿过伸长板1的中心孔，在伸长板1的键槽中装上呈十字形的定位平键13，并用沉头螺钉14紧固，然后将其连接到伸长板1上。上紧内六角螺栓18，固定角度板2。

（2）组装长方支承。角度板2右侧斜面的键槽中装上呈十字形的定位平键13，用沉头螺钉14紧固。长方支承15以其键槽与角度板上的呈十字形的键配合连接，双头螺柱16穿过长方支承15的中心孔连接到角度板2的螺纹孔上，然后上紧螺母，紧固长方支承15。

（3）组装钻模板，实现工件的正确定位和刀具的正确导向。角度板2上左侧面的键槽中装上定位平键17，以沉头螺钉14紧固，其T形槽中穿入槽用T形螺栓5。定位

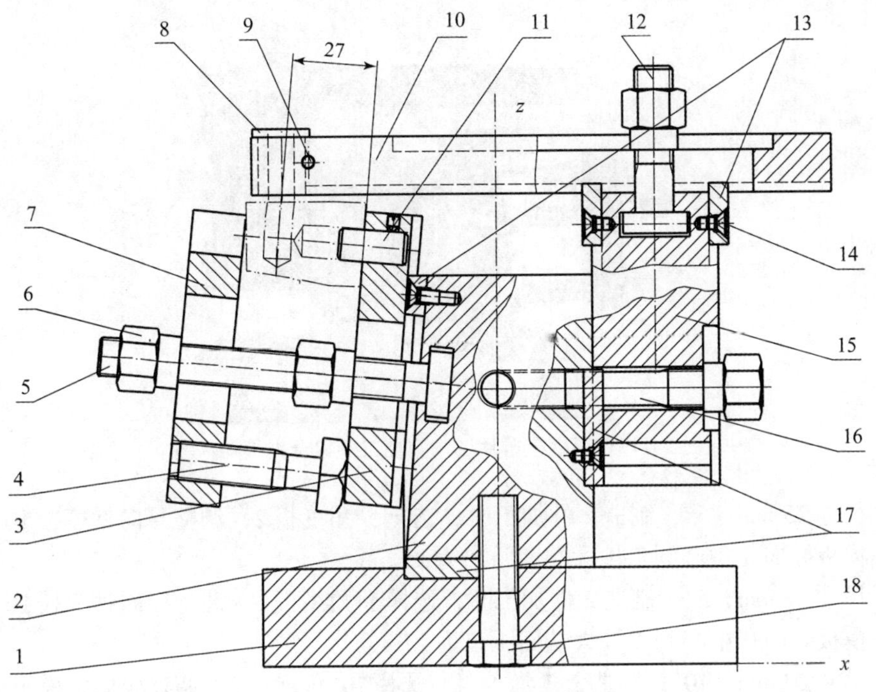

图 1－11　角度面组合钻夹具

1—伸长板；2—角度板；3—定位钻模板；4—方头支承螺钉；5—T 形螺栓；6—螺母；7—叉形压板；8—钻套；9—紧定螺钉；10—导向钻模板；11—定位销；12—T 形螺栓；13，17—定位平键；14—沉头螺钉；15—长方支承；16—双头螺柱；18—内六角螺栓

钻模板 3（18 mm×45 mm×110 mm）的中心长槽穿过 T 形螺栓 5，使其与角度板 2 以键 13 连接，并轻轻带紧螺母 6。

在长方支承 15 上面的 T 形槽中装入一个槽用 T 形螺栓 12，导向钻模板 10（18 mm×40 mm×210 mm）的长槽穿过 T 形螺栓 12 并与长方支承 15 以定位平键 13 实现连接，轻轻带紧螺母，装上钻套 8。

（4）组装压紧装置。按图连接装配各个压紧元件 4、7 和 6。

（5）夹具调整。调整定位钻模板 17 上下位置，使工件锥面的上母线与钻套 8 的下平面间距离不超过钻孔直径的 1/3，上紧螺母，紧固定位钻模板 17。

调整导向钻模板 10。夹具上装好已经钳工划好线的工件（注意调整压紧机构下面的支撑螺栓，使压板微微倾斜，如图 1－11 所示）。导向钻模板 10 的孔中插入 $\phi18$ 标准顶尖，调整其左右位置，使顶尖对准工件上的划线冲孔样眼，然后上紧螺母，紧固导向钻模板 10，保证尺寸 27 mm 的要求。

图 1－12 所示为手柄座零件钻削柔性工装组合夹具实物。

图 1－1 中尺寸 27 mm，5°，要求变换调整参数，分别制造 2 件，具体变换参数夹具结构调整过程：

①尺寸 20 mm，5°，制造 2 件加工时，选择 5°角度板 2，调整导向钻模板 10，调整测量钻模板导向孔中心到工件大端面距离为 20 mm。

②尺寸 23 mm，5°，制造 2 件加工时，选择 5°角度板 2，调整导向钻模板 10，调整测量钻模板导向孔中心到工件大端面距离为 23 mm。

图 1－12　手柄座零件钻削柔性工装组合夹具实物图

③尺寸 25 mm，5°，制造 2 件加工时，选择 5°角度板 2，调整导向钻模板 10，调整测量钻模板导向孔中心到工件大端面距离为 25 mm。

④尺寸 27 mm，5°，制造 2 件加工时，选择 5°角度板 2，调整导向钻模板 10，调整测量钻模板导向孔中心到工件大端面距离为 27 mm。

⑤尺寸 20 mm，10°，制造 2 件加工时，选择 10°角度板 2，调整导向钻模板 10，调整测量钻模板导向孔中心到工件大端面距离为 20 mm。

⑥尺寸 27 mm，10°，制造 2 件加工时，选择 10°角度板 2，调整导向钻模板 10，调整测量钻模板导向孔中心到工件大端面距离为 27 mm。

加工制造的手柄座零件装配产品，在调试试验满足产品设计性能要求后，确定夹具具体结构参数值进行批量生产。

任务评价

小组推荐成员介绍任务的完成过程，展示组装结果，全体成员完成任务评价。学生自评表如表 1－9 所示，小组互评表如表 1－10 所示。

表 1－9　学生自评表

任务	完成情况记录
任务是否按计划时间完成	
理论实践结合情况	
技能训练情况	
任务完成情况	
任务创新情况	
实施收获	

表 1－10　小组互评表

序号	评价项目	小组互评	教师点评
1			
2			
3			
4			

任务1.3　手柄座钻削柔性工装检测

任务引入

手柄座钻削柔性工装组合夹具组装完成后，需要检验定位是否正确、夹紧是否合理、相关结构布局是否满足工件装夹要求。

任务实施

1. 手柄座钻削柔性工装检测任务实施策略

（1）手柄座钻削柔性工装夹具结构检查。

（2）主要尺寸 27 mm 及角度 5°的精度测量：准备高度尺、划针、游标卡尺、游标角度尺、顶尖心轴、测量平台等仪器设备，测量尺寸 27 mm 及角度 5°等参数，按图纸要求调整、固定相关元件。

2. 手柄座钻削柔性工装检测任务实施过程

本项目实操检测包括结构检验和主要尺寸参数测量。

（1）结构检验：包括定位结构、夹紧装置、导向结构、安装连接结构等的检查与评价，如表 1－11 所示。

表 1－11　结构检验项目

序号	项目	检查内容	评价
1	外形与机床匹配	长、宽、高与机床匹配	
2	强度刚性	切削力、重力等影响	
3	定位结构	基准选择，元件选用，结构布局	
4	夹紧装置	力三要素合理，结构布局	
5	导向结构	结构布局，元件选用	

续表

序号	项目	检查内容	评价
6	工件装夹	装夹效率	
7	废屑排出	畅通，容屑空间	
8	安装连接	位置与锁紧	
9	使用安全方便	安全，操作方便	

（2）主要尺寸参数测量：尺寸参数主要复检尺寸 27 mm 及角度 5°的精度，如表 1－12 所示。

表 1－12　参数检测项目

序号	项目	检查内容	评价
1	孔位置参数	27 mm	
2	孔位置参数	5°	
3	孔位置参数	加工孔正对中心线	
4	导向装置布局	排屑空间（加工孔直径的 0.7～1.5 倍）	

考核评价表如表 1－13 所示。

表 1－13　考核评价表

序号	评价项目	自我评价	互相评价	教师评价	综合评价
1	实施准备				
2	方案设计、元件选用				
3	规范操作				
4	完成质量				
5	关键操作要领掌握情况				
6	完成速度				
7	参与讨论主动性				
8	沟通协作				
9	展示汇报				

注：评价档次统一采用 A（优秀）、B（良好）、C（合格）、D（努力）4 个。

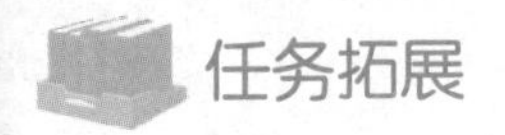

任务拓展

学习笔记

柔性钻床工装应用研讨

各小组组织活动，回顾钻削加工实训操作场景，结合手柄座零件角度面孔钻削工作任务要求，分析、讨论手柄座钻削柔性工装夹具应用问题：

（1）夹具在钻床上的安装方法及位置调整注意事项。

（2）工件装夹：定位元件、定位结构；夹紧力三要素确定；夹紧装置的选择、设计。

（3）刀具导向：导向方法，导向元件调整与位置检测，导向精度影响因素。

（4）工件加工：工件装卸，废屑排出，主要参数测量、控制。

（5）加工孔位置参数变化时，关键元件位置调整、检测及注意事项等。

思考练习

1－1　解释：工装，工装夹具，柔性工装夹具，柔性工装组合夹具。

1－2　与专用机床夹具相比，柔性组合夹具有何特点？

1－3　柔性组合夹具有哪些类型？它们之间有什么区别？

1－4　槽系柔性组合夹具元件有哪些类型？它们有什么功用？

1－5　手柄座零件 ϕ8. 3 mm 孔加工工序零件装夹如何定位？

1－6　该组合夹具组装过程中如何检测调整结构保证加工尺寸 27 mm？如何保证钻孔时钻头穿过工件中心轴线？如何保证 5°的夹角？

1－7　选择题

（1）手柄座零件主要组成表面包括（　　）两大类型。

A. 圆柱面　　B. 圆锥面　　C. 端面　　D. 螺纹孔

（2）手柄座零件斜孔钻削选择（　　）作为基准面进行装夹。

A. 大端面　　B. 中心孔　　C. 外圆柱面

1－8　判断题

（1）手柄座零件斜孔钻削钻床组合夹具伸长板作平面定位元件。（　　）

（2）手柄座零件斜孔钻削组合夹具组装过程中，尺寸 27 mm 可以根据加工要求任意调整。（　　）

项目二　钳口双孔钻削柔性工装设计

项目导读

本项目主要学习工件的定位及钳口钻双孔柔性工装设计。在加工工件前应正确装夹工件，即应使工件在夹具或机床上占有正确的位置并夹紧，才能进行工件的加工。钳口是平口虎钳上一个重要的零件，如图 2 – 1 所示。

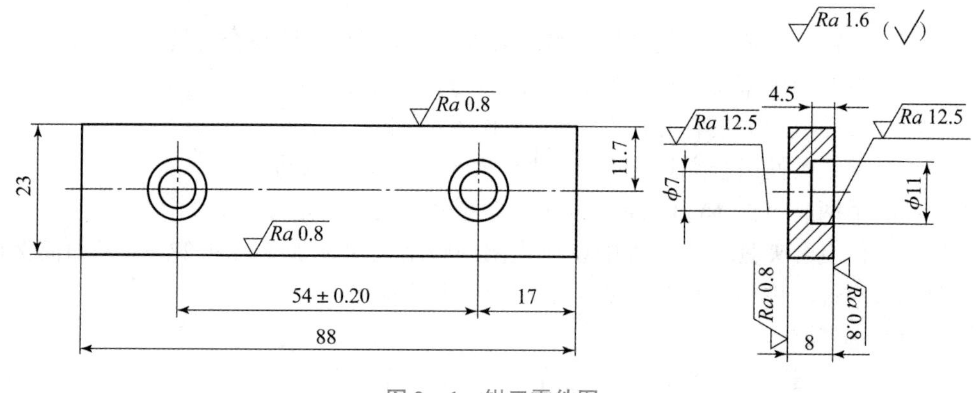

图 2 – 1　钳口零件图

平口虎钳是刨床、铣床、钻床、磨床及插床等机床通用附件，用来装夹被加工工件，配合工作台进行各种平面、沟槽、角度等的加工。

钳口双孔钻削柔性工装设计主要内容包括：

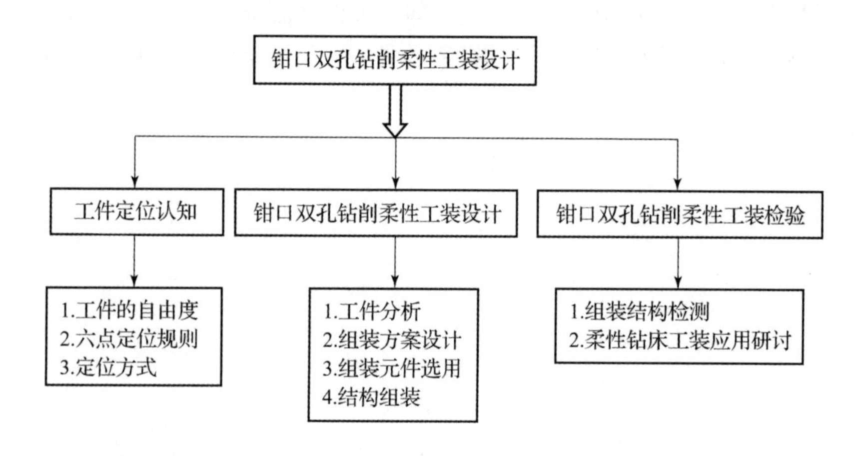

项目分析

工装夹具工作室接到企业设计万能工具磨床 M6025A 零件——钳口加工工装夹具配置任务，钳口零件图样（技术要求：淬火 HRC59，发蓝，全部倒角 C1）如图 2-1 所示。

（1）产品名称：万能工具磨床 M6025A。

（2）零件名称及编号：虎钳钳口 F3-11。

（3）生产数量：6 件。

（4）零件加工工艺路线：毛坯退火——刨削四周，留磨量 0.35~0.40——铣端面，取长 88 mm——钳工钻孔 2×ϕ7 mm，锪深 ϕ11 mm×4.5 mm——刨倒角——热处理：淬火 HRC59，发蓝——磨削：23×8——检验。

（5）零件工序简图：如图 2-2 所示，根据零件加工工艺过程，钻孔之前零件的四周表面已经过刨削加工，零件钻孔时具有较好的加工和定位条件，零件结构及外形规则，便于定位与夹紧。

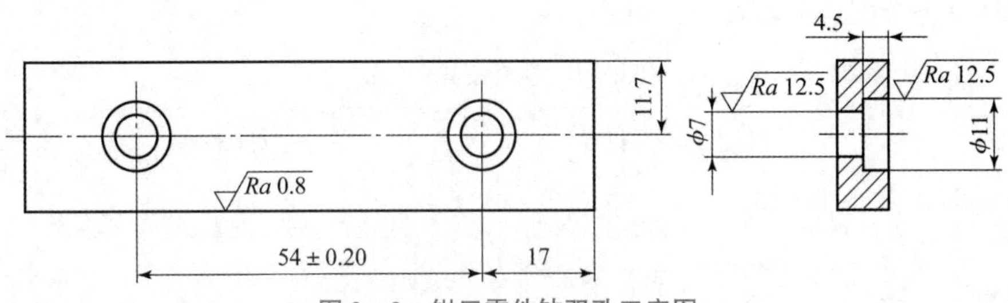

图 2-2　钳口零件钻双孔工序图

因为产品试制，结合性能调试试验，零件主要加工尺寸参数为（54±0.20）mm，17 mm，11.7 mm，按照研究所试验要求变换调整，分别制造 6 件，试验满足产品设计性能要求后确定夹具具体结构参数值进行批量生产。变换具体要求是：

尺寸参数（52±0.20）mm，15 mm，11.7 mm，制造 2 件；尺寸参数（54±0.20）mm，17 mm，11.7 mm，制造 2 件；尺寸参数（56±0.20）mm，（52±0.20）mm，19 mm，11.7 mm，制造 2 件。

项目目标

1. 知识目标

（1）了解自由度的概念，掌握工件定位基本原理。

（2）熟悉钳口柔性工装钻床组合夹具组装过程。

（3）掌握钳口柔性工装钻床组合夹具应用注意事项。

2. 能力目标

（1）能正确设计工件定位方案。

（2）能根据钳口零件的加工要求构思设计柔性工装结构，选用组装元件，组装、调整、检测、应用柔性钻床工装组合夹具。

3. 素质目标

（1）培养学生正确的劳动价值观和爱岗敬业、求精、专注的工匠精神。

（2）培养学生正确的思维方法，树立规范化操作意识，增强学生职业荣誉感。

（3）培养学生生产现场5S管理的素养，文明生产。

项目计划/决策

本项目所选的学习载体为万能工具磨床M6025A虎钳钳口零件，通过零件结构分析、定位方案设计、组装元件选用、结构组装调整、结构检验及尺寸测量、小组讨论评价等任务过程的学习，学生可了解钳口零件加工所需的柔性钻床工装组合夹具组装方法，按照基于工作过程的项目导向模式完成任务实施。

任务分组

学生任务分配情况填入表2－1。

表2－1 学生任务分配表

<table>
<tr><td>班级</td><td></td><td>组号</td><td></td><td>指导教师</td><td></td></tr>
<tr><td>组长</td><td></td><td>学号</td><td colspan="3"></td></tr>
<tr><td rowspan="5">组员</td><td>姓名</td><td>学号</td><td>姓名</td><td colspan="2">学号</td></tr>
<tr><td></td><td></td><td></td><td colspan="2"></td></tr>
<tr><td></td><td></td><td></td><td colspan="2"></td></tr>
<tr><td></td><td></td><td></td><td colspan="2"></td></tr>
<tr><td></td><td></td><td></td><td colspan="2"></td></tr>
</table>

任务2.1 工件定位认知

任务引入

如图2－1所示钳口零件，加工该零件上2×ϕ7 mm（沉孔ϕ11 mm，深4.5 mm）孔，设计、组装柔性工装以装夹工件。正确装夹工件首要解决的问题是确定工件在机床或夹具上的正确位置，即工件的定位。工件定位的目的是使一批工件每次放置在夹具上都能占据同一个准确的位置。

学习笔记

知识链接

定位是通过工件的定位基准面与夹具定位元件的接触或配合实现的，准确的定位可以保证加工要素的尺寸和表面之间的位置精度。工件的定位所涉及的主要内容有：工件的自由度、六点定位原理、定位方式、定位元件选用与设计、定位误差计算及定位设计的方法与步骤等。

知识模块一　工件的自由度

一个尚未定位的工件，其位置是不确定的，这种不确定性称为自由度。将工件假设为一理想刚体，其在空间直角坐标系的位置是任意的，如图 2－3 所示，由刚体运动学可知，一个自由刚体在空间直角坐标系中既能沿 x、y、z 三个坐标轴移动，又能绕 x、y、z 三个坐标轴转动，共 6 个自由度。其中，沿 x、y、z 三个坐标轴的移动称为移动自由度，分别表示为 $\vec{x}$、$\vec{y}$、$\vec{z}$；绕 x、y、z 三个坐标轴的转动称为转动自由度，分别表示为 $\overset{\frown}{x}$、$\overset{\frown}{y}$、$\overset{\frown}{z}$。

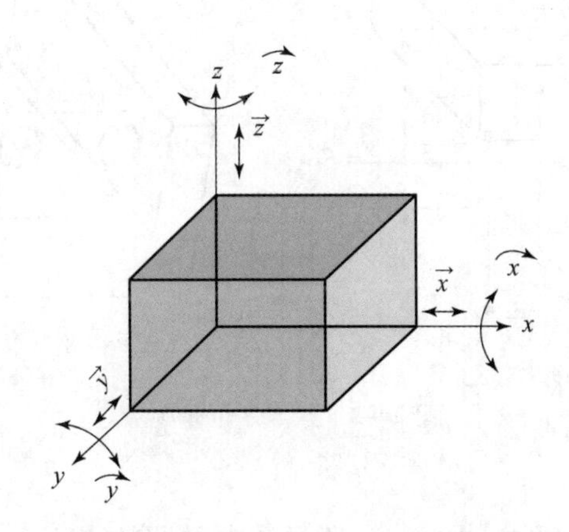

图 2－3　工件在空间直角坐标系中的自由度

在讨论工件的定位时，工件即自由刚体。如图 2－4 所示，在工件底面上设置一个支承点 1，则工件沿 z 轴的移动自由度就被限制了，即限制了工件的 $\vec{z}$，也就是确定了工件沿 z 轴的移动位置；如果在工件底面设置两个支承点（1 和 2），则除了限制工件的 $\vec{z}$，还限制了工件的 $\hat{y}$，即确定了工件沿 z 轴的移动和绕 y 轴的转动位置；若在工件底面设置三个支承点，则除了限制工件的 $\vec{z}$、$\overset{\frown}{y}$，还限制了工件的 $\overset{\frown}{x}$，即确定了工件沿 z 轴移动、绕 y 转动、绕 z 轴转动等三个方向的位置。由此可知，要使一个自由刚体在空间某个方向上有确定的位置，就必须设置相应的约束点限制其在该方向上的自由度。因此，定位的实质是约束工件的自由度。

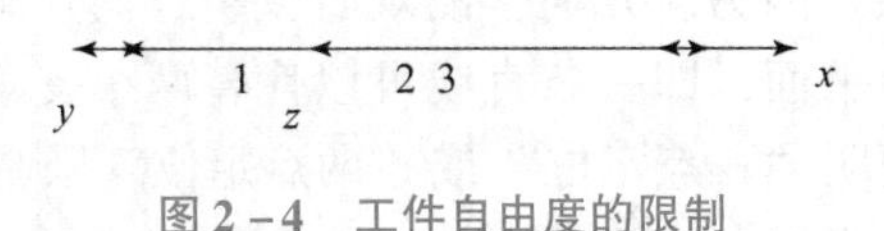

图 2－4　工件自由度的限制

知识模块二　六点定位规则

由上述可知，要确定工件在空间某个方向上的位置就要限制该方向的自由度，即用合适的支承点约束工件相应的自由度。用合理设置的 6 个支承点限制工件的 6 个自由度，使工件在夹具中的位置完全确定，就是六点定位规则。

如图 2－5（a）所示，在工件底面设置三个不共线的支承点 1、2、3，可约束工件的三个自由度：$\vec{z}$、$\overset{\curvearrowright}{x}$、$\overset{\curvearrowright}{y}$；侧面设置两个支承点 4、5，约束工件的两个自由度：$\vec{x}$、$\overset{\curvearrowright}{z}$；后端面设置一个支承点 6，约束工件的一个自由度：$\vec{y}$。于是，工件的 6 个自由度全部被约束了，实现了六点定位，工件在夹具中的位置也就完全确定了。在具体的夹具中，支承点是由定位元件来体现的。如图 2－5（b）所示，为了将矩形工件定位，合理设置了 6 个支承钉。

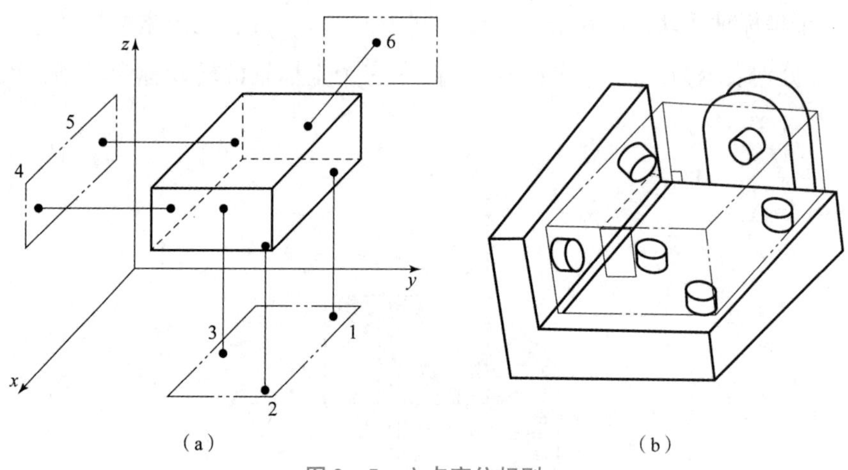

图 2－5　六点定位规则

（a）定位分析；（b）支承点布置

对于圆柱形工件，如图 2－6（a）所示，在外圆柱表面上设置 4 个支承点 1、2、3、4，约束工件的 4 个自由度：$\vec{y}$、$\vec{z}$、$\overset{\curvearrowright}{y}$、$\overset{\curvearrowright}{z}$；侧槽设置 1 个支承点 5，约束工件的 1 个自由度：$\overset{\curvearrowright}{x}$；端面设置 1 个支承点 6，约束工件的 1 个自由度：$\vec{x}$，工件实现了六点定位，工件在夹具中的位置也就完全确定了。外圆柱面上 4 个支承点的设置一般通过 V 形块实现，如图 2－6（b）所示。

上述分析的六点定位规则，应注意以下几个问题：

（1）定位支承点是由定位元件抽象而来的，在夹具的实际结构中，定位支承点是通过具体的定位元件体现的，即一个支承点可以是一个支承钉，两个支承点既可以是两个支承钉，也可以是一个相对工件定位面而言窄长的平面（条形支承），而三个不在同一条直线上的支承点可以是三个不在同一条直线上的支承钉，也可以是两个支承板，还可以是一个大的支承板。因为从几何学的观点分析，两点确定一条直线，不在同一条直线上的三点确定一个平面，即一条直线可以代替两个支承点，一个平面可以替代三个支承点。进而，也说明“三点定位”或“两点定位”限制“三个”或“两个”自由度是指某种定位中数个定位点的综合结果，而不是指各定位点具体限制的自由度。

学习笔记

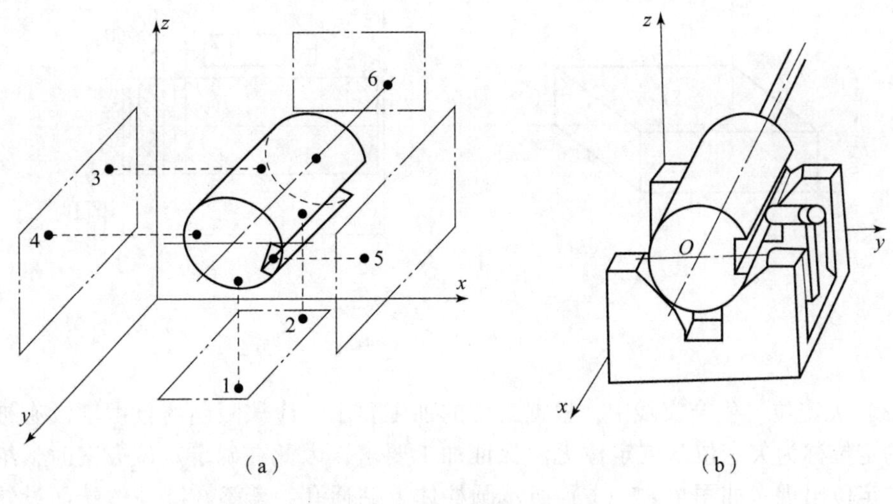

图 2－6　圆柱形工件的六点定位

（a）定位分析；（b）支承点布置

（2）定位支承点与工件定位基准面始终保持接触才能起到约束自由度的作用，即实现定位。

（3）分析支承点的定位作用时，不考虑力的影响。工件的某一自由度被约束，是指工件在该方向的位置确定了，并不是指工件在外力作用下不能运动。要使工件在外力作用下不能运动，需靠夹紧装置来完成。

注意：生产实际中，不一定要将工件的 6 个自由度全部限制，而是根据工序加工要求限制影响加工精度的自由度即可。

知识模块三　定位方式

根据工件自由度被限制的情况，工件的定位方式可分为以下几种类型：

（1）完全定位。工件的 6 个自由度不重复地被全部限制的定位称为完全定位。这种定位方式满足六点定位规则，如图 2－5、图 2－6 所示。一般当工件在 x、y、z 3 个坐标方向均有尺寸或位置精度要求时，需要采用这种定位方式。

（2）不完全定位。根据工件的工序要求，将影响加工精度的自由度全部限制，但限制的自由度个数小于 6 个的定位。如图 2－7（a）所示长方体工件磨平面，工件有高度和平行度的要求，需要限制工件的 $\vec{z}$、$\overset{\curvearrowright}{x}$、$\overset{\curvearrowright}{y}$ 3 个自由度，在磨床上采用电磁工作台就能实现三点定位，限制这 3 个自由度。如图 2－7（b）所示圆柱体上钻通孔，工件在 x 轴上有尺寸精度要求，以及对称度要求，需要限制工件的 $\vec{x}$、$\vec{y}$、$\overset{\curvearrowright}{y}$、$\overset{\curvearrowright}{z}$ 4 个自由度，生产实践中可采用长 V 形块限制工件的 $\vec{y}$、$\vec{z}$、$\overset{\curvearrowright}{y}$、$\overset{\curvearrowright}{z}$ 4 个自由度，再通过端面支承钉将工件的 $\vec{x}$ 自由度限制，从而把影响工件工序加工要求的自由度都限制了，但限制的自由度数小于 6，为不完全定位。由此可知，工件定位时，不一定要将工件的 6 个自由度全部限制，应根据工件该工序的加工要求而定。采用不完全定位可简化定位装置，因此不完全定位在实际生产中应用广泛。

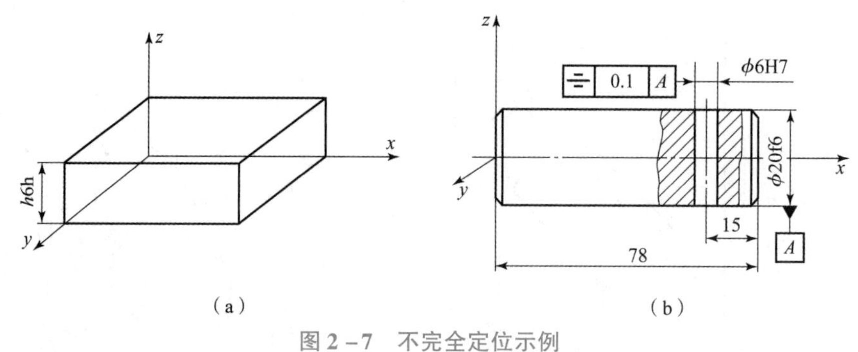

（a）　　　　　　　　　　（b）

图 2－7　不完全定位示例

（a）长方体工件磨平面；（b）圆柱体上钻通孔

（3）欠定位。生产实践中，根据工件的加工要求，应该限制的自由度没有被全部限制的定位称为欠定位。欠定位无法保证加工要求，因此在确定定位方案时，绝不允许有欠定位出现。如图 2－7（b）所示圆柱体上钻通孔，若不在圆柱体端面设置定位元件以约束自由度$\vec{x}$，则在一批工件上被加工孔在 x 轴方向的尺寸就无法保证。

（4）过定位。夹具上的两个或两个以上的定位元件重复限制工件的同一个自由度的现象，称为过定位。如图 2－8（a）所示，铣削上平面时，若底面 A 和左侧面 B 都用大平面定位，则底面 A 限制工件的 $\vec{z}$、$\widehat{x}$、$\widehat{y}$ 3 个自由度，左侧面 B 限制工件的 $\widehat{x}$、$\widehat{y}$、$\widehat{z}$ 3 个自由度，其中$\widehat{y}$被重复限制，即产生了过定位。此时，工件既可处在加工位置“Ⅰ”，也可处在加工位置“Ⅱ”，若要保证被加工面与左侧面 B 的垂直度，则工件需处在加工位置“Ⅰ”，否则不能保证此要求。

过定位会造成定位的不稳定性，从而影响加工精度；严重时会引起定位干涉现象，影响工件的装夹，并导致工件夹紧变形。因此，应该尽量避免和消除过定位现象。消除过定位的办法是减少定位支承点数，如将三点支承定位改为两点支承定位，将两点支承定位改为一点支承定位等，具体为改变定位元件结构，减小定位元件工作面接触长度；当过定位无法避免或定位稳定需要过定位时，可通过控制或提高工件定位基准之间，以及定位元件工作表面间的位置精度，如图 2－8（b）所示，把定位的面接触改为线接触，则$\widehat{y}$不被重复限制，消除了过定位。

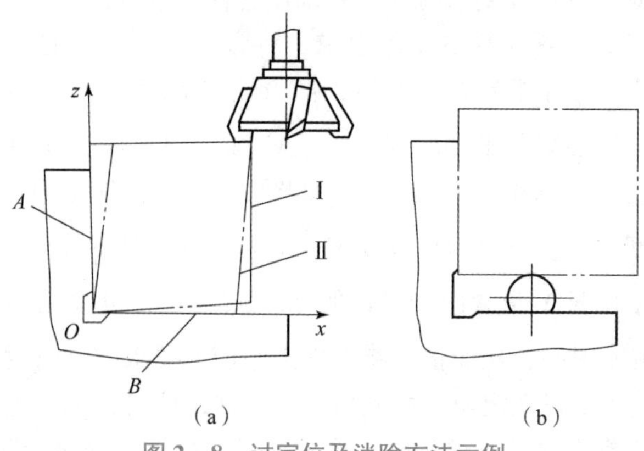

（a）　　　　　　　　　　（b）

图 2－8　过定位及消除方法示例

（a）过定位；（b）改进定位结构

学习笔记

任务实施

识读钳口零件图，了解钻双孔工序内容，小组分析讨论零件装夹定位方案。

（1）识读钳口零件图，了解加工要求。

（2）分析确定工件必须限制的自由度，选择定位基准。

（3）选择定位元件，确定工件定位方式。

（4）小组讨论确定钳口零件装夹定位方案。

任务评价

考核评价标准如表 2－2 所示。

表 2－2　考核评价标准

评价项目	评价内容	分值	自评 20%	互评 20%	教师 评 60%	合计
职业素养 （40 分）	专注敬业，安全、责任意识，服从意识	5				
	积极参加项目任务活动，按时完成项目任务	10				
	团队合作，交流沟通能力，集体主义精神	10				
	劳动纪律，职业道德	5				
	现场“5S”管理，行为规范	5				
专业素养 （60 分）	专业资料查询能力	10				
	制订计划和执行能力	10				
	操作符合规范，精益求精	10				
	工作效率，分工协作	10				
	任务验收质量，质量意识	10				
创新能力 （15 分）	创新性思维和行动	15				
合计		100				

任务2.2　钳口双孔钻削柔性工装设计

任务引入

小组分析、讨论零件结构、技术要求、工艺过程，工序加工内容及要求，设计本工序柔性工装夹具方案，对照选择柔性工装组合夹具元件，并进行组装、调整、检测，

学习笔记

完成项目任务。

任务实施

1. 钳口双孔钻削柔性工装设计任务实施策略

（1）小组实施方案的讨论、确定。

（2）结构布局设计，元件选择。

（3）结构组装、调整、测量、固定。

（4）实施效果检查、评价。

（5）现场整理。

2. 钳口双孔钻削柔性工装设计任务实施过程

1）实操 1——工件分析

由图 2－1 所示钳口零件可知，钳口零件是一个长方体，主要组成表面有上、下、前、后、左、右 6 个面及 2×ϕ7 mm 沉孔，零件结构简单、形状规则、体积小。

本工序为加工 2×ϕ7 mm 孔，由工艺路线可知本工序实施前，其他表面已经过铣削加工，零件钻孔时具有较好的定位条件。加工要求除孔的直径，沉孔的深度，还有两孔中心距（54±0.20）mm，右边孔距右端 17 mm，距后端 11.7 mm，其余两个尺寸为自由尺寸，精度要求不高。由此可见，工件在 x、y、z 三个坐标轴都有精度要求，故工件的 6 个自由度都应被限制。

2）实操 2——组装方案设计

根据工序要求，确定工件定位方案：根据零件结构，基准重合、定位稳定可靠等定位基准的选择原则，工件 A 面限制 3 个自由度，B 面限制 2 个自由度，C 面限制 1 个自由度，如图 2－9 所示，实现完全定位。

夹紧方案设计：为使定位稳定可靠，夹紧力的方向应朝向主要定位基准面，并有利于减少夹紧力，故夹紧方案设计如图 2－9 所示，本工序钻削孔的直径小，切削力较小，工件采用螺旋压板结构夹紧。

考虑批量生产及需要加工沉孔，选择钻模板和快换钻套导向。

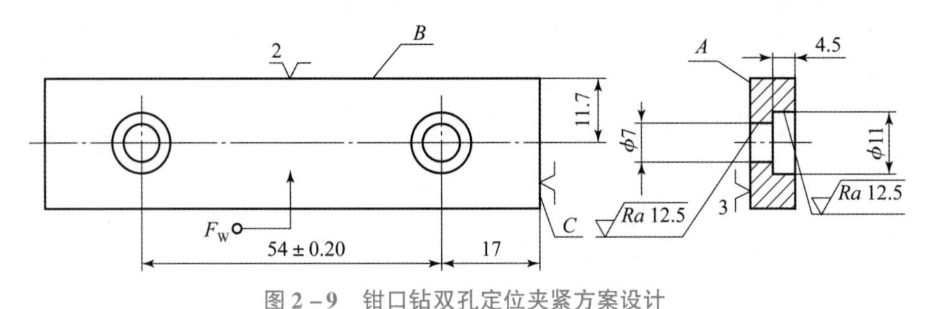

图 2－9　钳口钻双孔定位夹紧方案设计

3）实操 3——组装元件选用

根据定位方案设计，选用 90 mm×60 mm×120 mm 长方形支承（图 2－10（a））作为第一定位元件，与钳口 A 面接触限制零件的 $\vec{z}$、$\overset{\frown}{x}$、$\overset{\frown}{y}$ 三个自由度，该支承板也

学习笔记

为夹具基础件，夹具的其他元件装在该元件上；选择两个 60 mm×45 mm×15mm 长方形垫板（图 2－10（b））作为第二定位元件，与钳口零件 B 面接触限制工件的$\vec{x}$、$\overset{\curvearrowright}{z}$ 2 个自由度，调整它们的前后位置，保证尺寸 11.7 mm，调整它们左右间的相互位置，保证尺寸(54±0.20）mm；选择连接板（图 2－10（c）），配合平头支承钉（图 2－10（d）），限制工件$\vec{y}$一个自由度，保证尺寸 17mm。

导向方案元件限制：选择 ϕ12 mm×30 mm×80 mm 钻模板（图 2－10（e））两个，及快换钻套（图 2－10（f））两个；夹具夹紧采用螺旋压板（图 2－10（g）为平压板）夹紧。

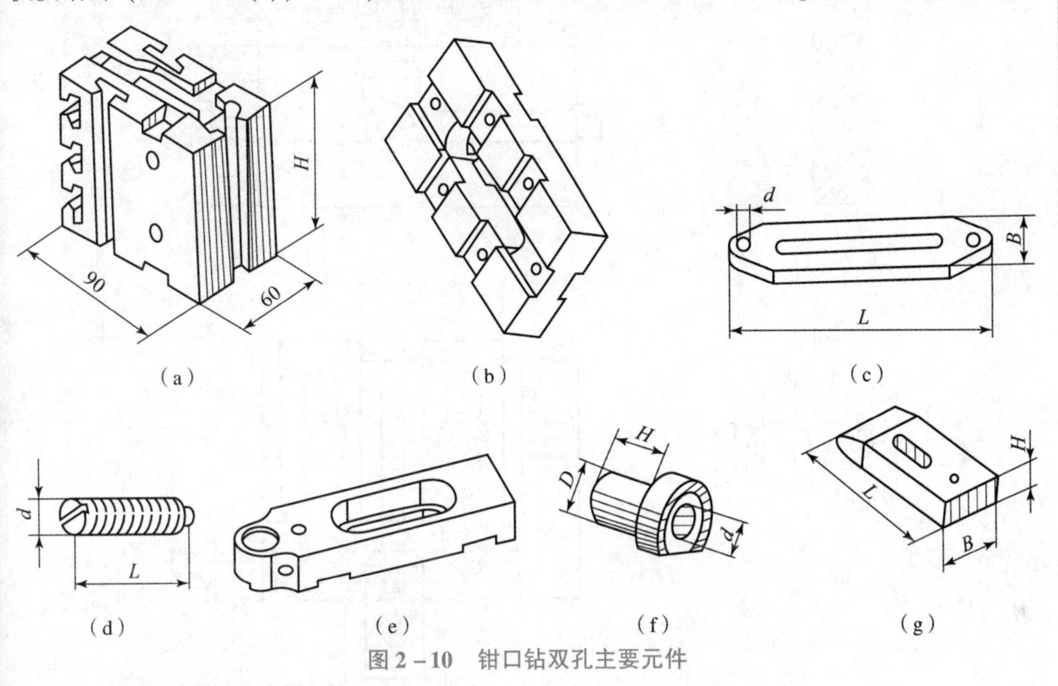

图 2－10　钳口钻双孔主要元件

4）实操 4——结构组装

根据夹具方案设计依次组装钳口双孔钻削柔性工装的定位元件，导向方案即夹紧装置，如图 2－11 所示。

（1）组装定位键。在第一个长方垫板 4 的 x、y 两个方向的键槽中各装一个定位平键 18，并用螺钉 17 将其固定；在第二个长方垫板 4 的 y 方向（平行尺寸 45 的方向）装上两个定位键 18，并用螺钉 17 将其固定。

（2）组装第二定位元件——两个 60 mm×45 mm×15 mm 长方形垫板，实现工件 $\vec{x}$、$\overset{\curvearrowright}{z}$ 两个方向上的正确定位。在长方支承 1 上支承面的 T 形槽中装入两个槽用螺栓 10，长方垫板 4 的中心孔穿过螺栓，然后将两个长方垫板 4 以定位平键 18 连接在长方支承 1 的上平面上，第一个长方垫板 4 装在右边，使其右端面与长方支承 1 的右端面平齐，第二个长方垫板 4 装在第一个长方垫板 4 的左边，并允许其左右自由移动。

（3）组装 ϕ12 mm×30 mm×80 mm 两个钻模板，实现刀具的正确导向。在两个长方垫板 4 上平面的前后向的键槽中，分别装上两个定位平键 18，并用螺钉 17 紧固。两个钻模板 8 穿过槽用螺栓 10 并与长方垫板 4 以定位平键 18 实现连接，槽用螺栓 10 装上带肩螺母等待进一步调整钻模板 8 之后再进行紧固；调整垫板 4 和钻模板 8。右边钻

学习笔记

模板8孔中插入ϕ12 mm标准芯棒，用铜棒轻敲钻模板8，调整其前后位置保证零件工序尺寸11.7 mm，拧紧带肩螺母9，从而固定钻模板8。在左右长方垫板之间垫入厚度为9 mm的支承板或支承环16，右移左垫板4，使两个垫板4紧贴支承板或支承环16，以和调整右钻模板8的相同方法调整左钻模板8的前后位置，保证零件工序尺寸11.7 mm，拧紧带肩螺母9，固定左长方垫板4和钻模板8。

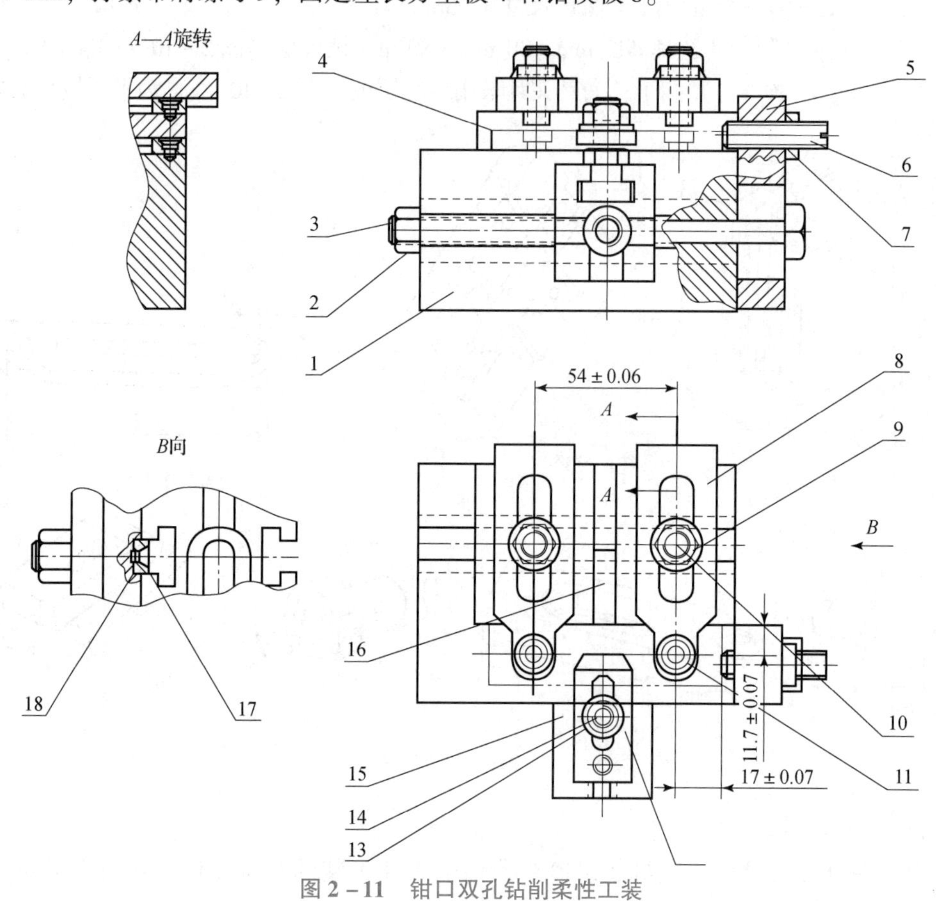

图2-11 钳口双孔钻削柔性工装

1，15—长方支承；2，13—螺母；3—方头螺栓；4—长方垫板；5—连接板；6—平头支承钉；7—锁紧螺母；8—钻模板；9—带肩螺母；10，14—T形螺栓；11—钻套；12—平压板；16—支承环（板）；17—螺钉；18—定位平键

（4）组装第三定位元件——平头支承钉，实现工件$\vec{y}$方向的正确定位。方头螺栓3穿过连接板5的长槽、长方支承1的中心孔并在其左端装上带肩螺母9轻轻拧紧。平头支承钉6上旋入锁紧螺母7，然后旋入连接板5的螺纹孔中，调整连接板5的位置，使平头支承钉6的端面能有效地支承工件的右侧面。调整平头支承钉6的左右位置，保证工件尺寸17 mm的要求，然后拧紧锁紧螺母7。

（5）组装夹紧装置。长方支承1前端面的T形槽中装入槽用T形螺栓，螺栓先后穿过长方支承15、螺母等。长方支承15上面的T形槽中装入T形螺栓14，螺栓先后穿过平压板12、螺母13，调整平压板12上下位置，使其有效地压紧工件的上面，然后紧固螺母13，即夹紧工件。

图 2－12 所示为钳口双孔钻削柔性工装组合夹具实物。

图 2－12　钳口双孔钻削柔性工装组合夹具实物

（6）夹具调整。钳口双孔钻削柔性工装设计过程中，调整参数围绕三个主要尺寸参数（54 ± 0.20）mm，17 mm，11.7 mm 开展，按照研究所试制试验要求，分别进行三次调整：

①调整两个钻模板 8，检测两个钻模板钻套安装孔中心距离尺寸为（52 ± 0.20）mm，固定钻模板连接的长方支承件；调整平头支承钉 6，检测钻模板 8 的钻套安装孔中心到平头支承钉端面距离尺寸为 15 mm，固定平头支承钉 6。

②调整两个钻模板 8，检测两个钻模板钻套安装孔中心距离尺寸为（54 ± 0.20）mm，固定钻模板连接的长方支承件；调整平头支承钉 6，检测钻模板 8 的钻套安装孔中心到平头支承钉端面距离的尺寸为 17 mm，固定平头支承钉 6。

③调整两个钻模板 8，检测两个钻模板钻套安装孔中心距离尺寸为（56 ± 0.20）mm，固定钻模板连接的长方支承件；调整平头支承钉 6，检测钻模板 8 的钻套安装孔中心到平头支承钉端面距离尺寸为 19 mm，固定平头支承钉 6。

任务评价

小组推荐成员介绍任务的完成过程，展示组装结果，全体成员完成任务评价。学生自评表和小组互评表分别如表 2－3、表 2－4 所示。

表 2－3　学生自评表

任务	完成情况记录
任务是否按计划时间完成	
理论实践结合情况	
技能训练情况	
任务完成情况	
任务创新情况	
实施收获	

学习笔记

表 2-4　小组互评表

序号	评价项目	小组互评	教师点评
1			
2			
3			
4			

任务2.3　钳口双孔钻削柔性工装检测

任务引入

钳口双孔钻削柔性工装组合夹具组装完成后，需要检验定位是否正确、夹紧是否合理、相关结构布局是否满足工件装夹要求。

任务实施

1. 钳口双孔钻削柔性工装检测任务实施策略

（1）钳口双孔钻削柔性工装夹具结构检查。

（2）主要尺寸（54 ±0.05）mm [为保证夹具装夹精度，夹具组装时对应的工件尺寸（54 ±0.20）mm 按照（54 ±0.05）mm 测量控制，以下处理方法相同]、（17 ±0.05）mm（对应工件尺寸 17 mm）及（11.7 ±0.05）mm（对应工件尺寸 11.7 mm）的精度测量：准备游标卡尺、测量板、测量心轴、测量平台等仪器设备，测量尺寸（54 ±0.05）mm，（17 ±0.05）mm 及（11.7 ±0.05）mm，按图纸要求调整、固定相关元件。

2. 钳口双孔钻削柔性工装检测任务实施过程

本项目实操检测包括结构检验和主要尺寸参数测量。

（1）结构检验：包括定位结构、夹紧装置、导向结构、安装连接结构等检查、评价，如表 2-5 所示。

表 2-5　结构检验项目

序号	项目	检查内容	评价
1	外形与机床匹配	长、宽、高与机床匹配	
2	强度刚性	切削力、重力等影响	
3	定位结构	基准选择，元件选用，结构布局	

续表

序号	项目	检查内容	评价
4	夹紧装置	力三要素合理，结构布局	
5	导向结构	结构布局，元件选用	
6	工件装夹	装夹效率	
7	废屑排出	畅通，容屑空间	
8	安装连接	位置与锁紧	
9	使用安全方便	安全，操作方便	

学习笔记

（2）参数测量。尺寸参数主要复检尺寸（54 ±0.05）mm，（17 ±0.05）mm 及（11.7 ±0.05）mm，如表 2－6 所示。

表 2－6　参数检测项目

序号	项目	检查内容	评价
1	孔位置参数	（54 ±0.05）mm	
2	孔位置参数	（17 ±0.05）mm	
3	孔位置参数	（11.7 ±0.05）mm	
4	导向装置布局	排屑空间（加工孔直径的 0.7～1.5 倍）	

任务评价

考核评价表如表 2－7 所示。

表 2－7　考核评价表

序号	评价项目	自我评价	互相评价	教师评价	综合评价
1	实施准备				
2	方案设计、元件选用				
3	规范操作				
4	完成质量				
5	关键操作要领掌握情况				
6	完成速度				
7	参与讨论主动性				
8	沟通协作				
9	展示汇报				

注：评价档次统一采用 A（优秀）、B（良好）、C（合格）、D（努力）4 个。

柔性钻床工装应用研讨

各小组组织活动，回顾钻削加工实训操作场景，结合钳口零件孔钻削工作任务要求，分析、讨论钳口双孔钻削柔性工装夹具应用问题：

（1）夹具在钻床上的安装方法及位置调整注意事项；夹具安装误差及产生因素，安装注意事项。

（2）工件装夹：工件定位；夹紧力三要素确定；夹紧装置选择、设计。

（3）工件加工：工件装卸，废屑排出，主要加工参数测量、控制。

（4）钳口钻双孔加工尺寸参数变化时，关键元件位置调整、检测及注意事项等。

思考练习

2－1　名词解释：自由度、六点定位规则、不完全定位、欠定位。

2－2　工件定位的实质是什么？如何利用六点定位规则限制工件自由度？

2－3　过定位带来的影响有哪些？如何避免？

2－4　工件的6个自由度是不是必须全部限制？哪些自由度是必须要限制的？

2－5　钳口双孔钻削柔性工装组合夹具组装过程中如何检测调整结构保证（54 ± 0.20）mm 加工尺寸？如何保证工序尺寸 17 mm 及 11.7 mm？

2－6　判断题

（1）如果一个工件在空间不被施加任何约束、限制，它最多有 6 个自由度。（　　）

（2）不完全定位违背六点定位规则，故很少被柔性工装夹具设计采用。（　　）

（3）钳口零件钻两孔组合夹具主要检测 3 个尺寸，即 54 mm、11.7 mm 和 17 mm。（　　）

2－7　选择题

（1）限制工件自由度数少于 6 个仍可满足加工要求的定位称为（　　）定位。

A. 完全　　B. 不完全　　C. 过　　D. 欠

（2）如图 2－11 所示钳口双孔钻削柔性工装夹具装夹工件，选择（　　）限制 3 个自由度，（　　）限制 2 个自由度，（　　）限制 1 个自由度，实现工件完全定位。

A. 工件底面　　B. 工件上侧面　　C. 工件右端面　　D. ϕ11 mm 内孔

项目三　体座填料式钻削柔性工装设计

项目导读

本项目主要学习定位元件的选择及体座钻削柔性工装设计。定位元件的选用要结合工件定位基准面具体形态，包括平面、圆柱表面和其他表面。

体座填料式钻削柔性工装设计主要内容包括：

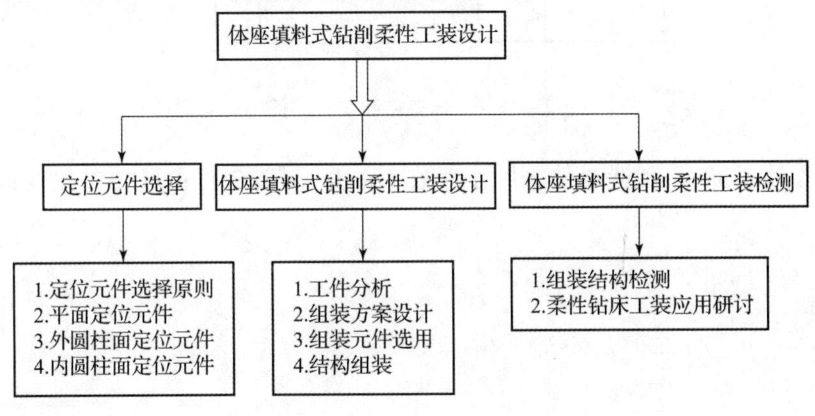

项目分析

工装夹具工作室接到企业研究所万能工具磨床零件——体座钻削加工工装夹具配置任务，体座零件图样如图 3－1 所示。

（1）产品名称：万能工具磨床 M6020A。

（2）零件名称及编号：体座 F5－52。

（3）生产数量：6 件。

（4）零件加工工艺路线：钳工划线→铣各处平面→刮削底面→铣工艺基准搭子面→划钻各孔→检验。

（5）零件工序简图：如图 3－1 所示，根据零件加工工艺过程，钻孔之前零件的四周表面已经过刨削加工，零件结构及外形不规则，零件钻孔时具有较好的加工和定位条件，便于定位与夹紧。

因为产品试制，结合性能调试试验，零件主要加工尺寸参数 5 mm 按照研究所试验要求变换调整，分别制造 3 件，满足产品性能调试分析要求，试验满足产品设计性能要求后，确定夹具具体结构参数值，进行批量生产。变换的具体要求如下：

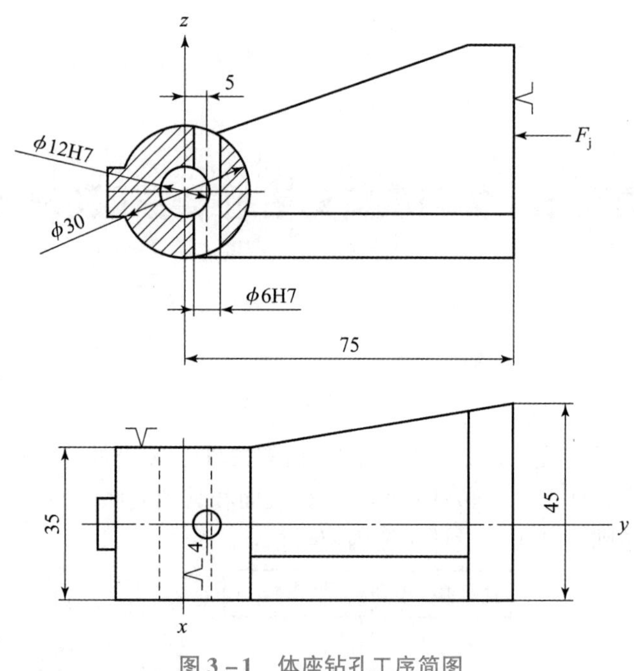

图 3-1　体座钻孔工序简图

尺寸参数 4 mm，制造 2 件；尺寸参数 5 mm，制造 2 件；尺寸参数 6 mm，制造 2 件。

1. 知识目标

（1）熟悉定位元件选用原则，掌握定位元件选用方法。

（2）了解体座柔性工装钻床组合夹具组装过程。

（3）掌握体座柔性工装钻床组合夹具应用注意事项。

2. 能力目标

（1）能根据定位基准面形态设计、选择定位元件。

（2）能根据体座零件的加工要求构思设计柔性工装结构，选用组装元件，组装、调整、检测、应用柔性钻床工装组合夹具。

3. 素质目标

（1）培养学生正确的劳动价值观和爱岗敬业、踏实、求精、专注的工匠精神。

（2）培养学生正确的思维方法，树立规范化操作意识，增强学生的职业荣誉感。

（3）培养学生团结协作、勤于沟通的工作作风，提升分析问题和解决问题的能力。

项目计划/决策

本项目所选的学习载体为万能工具磨床 M6020A 体座零件，通过零件结构分析、

学习笔记

定位方案设计、组装元件选用、结构组装调整、结构检验及尺寸测量、小组讨论评价等任务过程的学习，学生可了解体座零件加工所需的柔性钻床工装组合夹具组装方法，按照基于工作过程的项目导向模式完成任务实施。

任务分组

学生任务分配情况填入表 3－1 所示。

表 3－1　学生任务分配表

<table>
<tr><td>班级</td><td colspan="2"></td><td colspan="2">组号</td><td></td><td>指导教师</td><td></td></tr>
<tr><td>组长</td><td colspan="2"></td><td colspan="2">学号</td><td colspan="3"></td></tr>
<tr><td rowspan="5">组员</td><td colspan="2">姓名</td><td colspan="2">学号</td><td colspan="2">姓名</td><td>学号</td></tr>
<tr><td colspan="2"></td><td colspan="2"></td><td colspan="2"></td><td></td></tr>
<tr><td colspan="2"></td><td colspan="2"></td><td colspan="2"></td><td></td></tr>
<tr><td colspan="2"></td><td colspan="2"></td><td colspan="2"></td><td></td></tr>
<tr><td colspan="2"></td><td colspan="2"></td><td colspan="2"></td><td></td></tr>
</table>

任务3.1　定位元件选择

任务引入

根据工件加工要求明确了应该限制的自由度，通过选择定位基准面确定工件定位方式，还需要元件定位基准面的具体形态设计、选择定位元件与定位基准面接触或配合，拟定工件定位方案，完成定位结构设计、布局。

知识链接

定位元件主要有：平面定位元件、内外圆柱表面定位元件等，设计、选择定位元件就是要确定定位元件的具体形态，包括结构形状、尺寸参数和应用方法等。

知识模块一　定位元件选择原则

工件在夹具中位置的确定，主要是通过各种类型的定位元件实现的，在机械加工中，虽然被加工工件的种类繁多和形状各异，但从它们的基本结构来看，不外乎是由平面、圆柱面、圆锥面及各种成形面所组成的。工件在夹具中定位时，可根据各自的结构特点和工序加工精度要求，选取其上的平面、圆柱面、圆锥面或它们之间的组合表面作为定位基准。为此，在夹具设计中可根据需要选用下述各种类型的定位元件。

学习笔记

知识模块二　平面定位元件

在夹具设计中常用的平面定位元件有固定支承、可调支承、自位支承及辅助支承等。在工件定位时，上述支承中除辅助支承外均对工件起主要定位作用。

1. 固定支承

在夹具体上，支承点的位置固定不变的定位元件称为固定支承。根据工件上平面定位基准的加工状况，可选取如图 3－2、图 3－3 所示的各种支承钉或支承板。

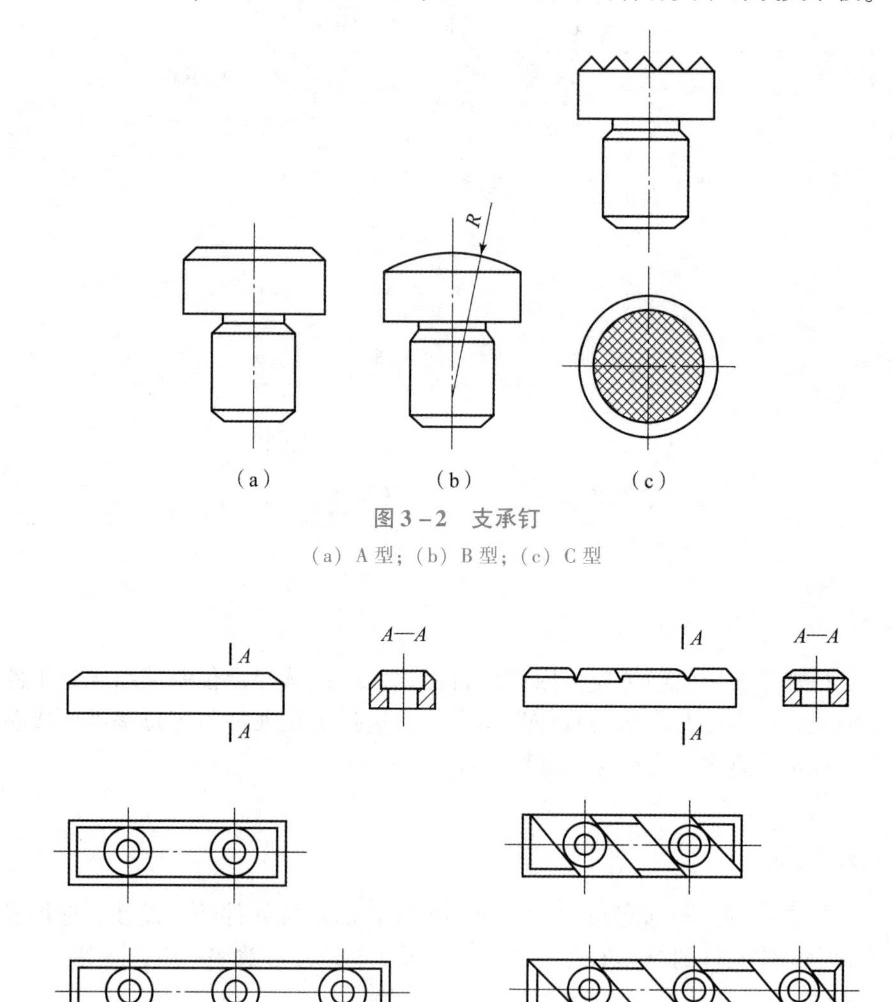

图 3－2　支承钉

(a) A 型；(b) B 型；(c) C 型

(a)　(b)

图 3－3　支承板

(a) A 型；(b) B 型

图 3－2 所示为用于工件平面定位的各种固定支承钉，它们的结构和尺寸均已标准化。图中 A 型为平头支承钉，主要用于支承工件上已加工过的基准平面；图中 B 型为球头支承钉，主要用于工件上未经加工的粗糙平面定位；图中 C 型为网纹顶面的支承

钉，常用于要求摩擦力大的工件侧平面定位。

学习笔记

图 3－3 所示为用于平面定位的各种固定支承板，主要用于工件上已加工过的平面定位。图中 A 型支承板结构简单、制造方便，但由于埋头螺钉处积屑不易清除，一般多用于工件的侧平面定位；图中 B 型支承板则易于清除切屑，广泛应用于工件上已加工过的平面定位。

工件以已加工过的平面定位时所用的平头支承钉或支承板，一般在安装到夹具体上后，应进行最终的精磨加工，以保证各支承钉或支承板的工作面处于同一平面内，且与夹具体底面保持必要的位置精度。因此，在夹具设计中若自行设计非标准的平面定位元件，或选用上述标准定位支承钉、支承板时，应注意在其高度尺寸 H 上预留必要的终磨余量。

2. 可调支承

在夹具体上，支承点的位置可调节的定位元件称为可调支承。图 3－4 所示即常用的几种可调支承结构，这几种可调支承都是采用螺钉－螺母形式，并通过螺钉和螺母实现支承点位置的调节。图 3－4（a）是直接用手或扳手拧动球头螺钉进行调节，一般适用于质量轻的小型工件；图 3－4（b）和（c）则是通过扳手进行调节，故适用于较重的工件。

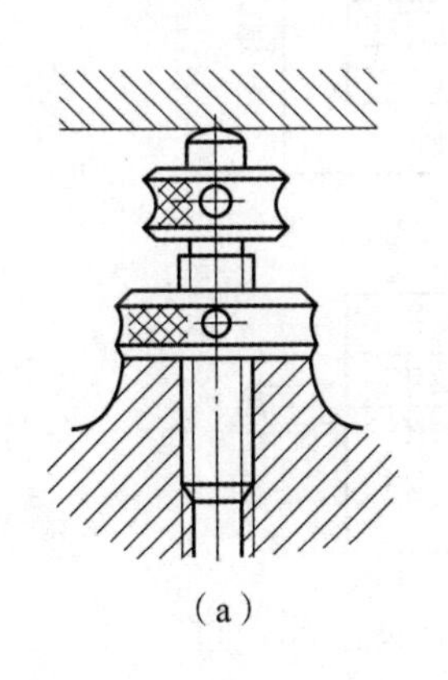
（a）

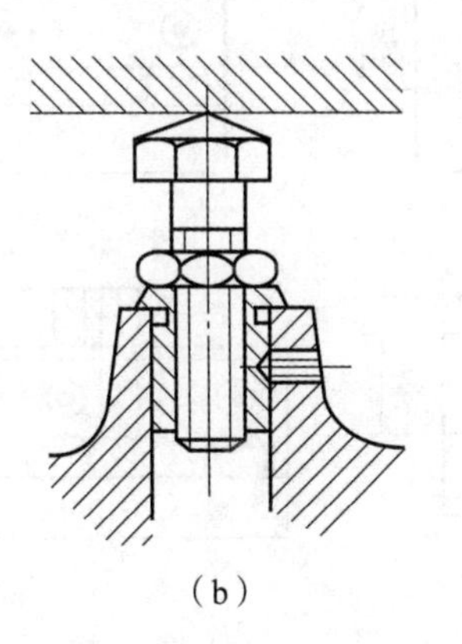
（b）

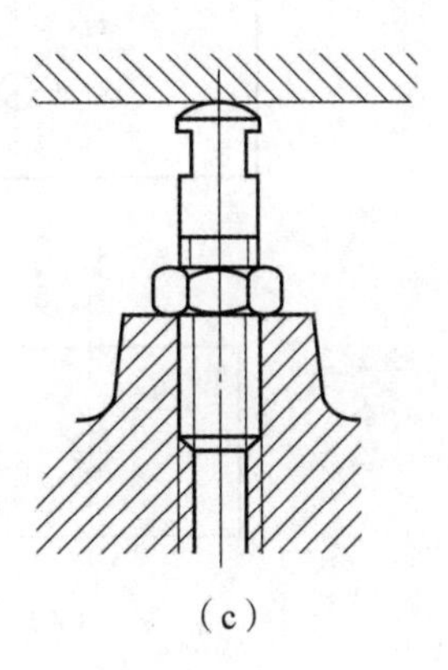
（c）

图 3－4　可调支承

可调支承主要用于工件的毛坯制造精度不高，而又以未加工过的毛面作为定位基准的工序中，尤其是在中小批生产时，不同批的毛坯尺寸往往相差较大，若选用固定支承在夹具中定位，在调整法加工的条件下，各批毛坯尺寸的差异将直接引起后续工序有关加工表面位置的变动，从而因加工余量的变化而影响其加工精度。为了避免发生上述情况，保证后续工序的加工精度，则需改用可调支承对同一批工件进行调节定位。例如毛坯精度不高，而又以粗基准定位时。如图 3－5 所示箱体零件，因 H 有 ΔH 误差，当工件第一道工序以图示下平面定位加工上平面，然后第二道工序再以上平面定位加工孔，出现余量不均，影响加工孔的表面质量。若第一道工序用可调支承钉定位，保证 H 有足够精度，再加工孔时，就能保证余量均匀，从而可保证加工孔表面的质量。如图 3－6 所示，用图（b）所示夹具加工图（a）所示工件，因 L 不同，定位右侧支承用可调支承钉，对应工件尺寸参数变化，调节可调支承的左右位置，满足同批

毛坯加工时的定位要求。

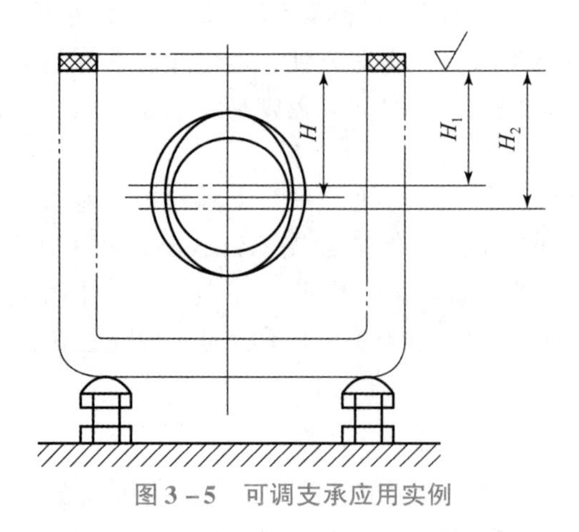

图 3-5　可调支承应用实例

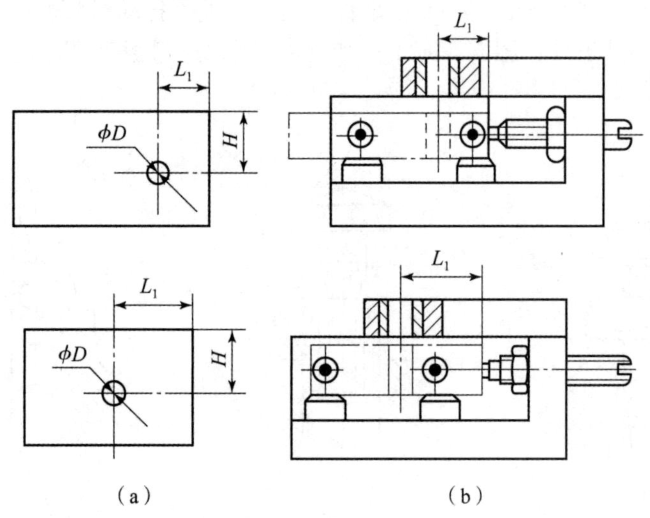

图 3-6　可调支承应用实例

在系列化产品的生产中，对结构形状相近和尺寸差异不大的同类零件，可采用同一个夹具通过可调支承进行定位装夹和加工。

3. 自位支承

自位支承是指支承点的位置在工件定位过程中，随工件定位基准面位置变化而自动与之适应的定位元件。因此，这类支承在结构上均需设计成活动或浮动的。图 3-7 即在夹具设计中经常采用的两种自位支承结构。图 3-7（a）为摆动式浮动支承，与工件呈两点接触；图 3-7（b）为两点移动式自位支承；图 3-7（c）为球面式自位支承，与工件呈 2~3 点接触。

上述的固定支承、可调支承和自位支承，都是在工件以平面定位时起主要定位作用的支承，因此一般称为主要支承。

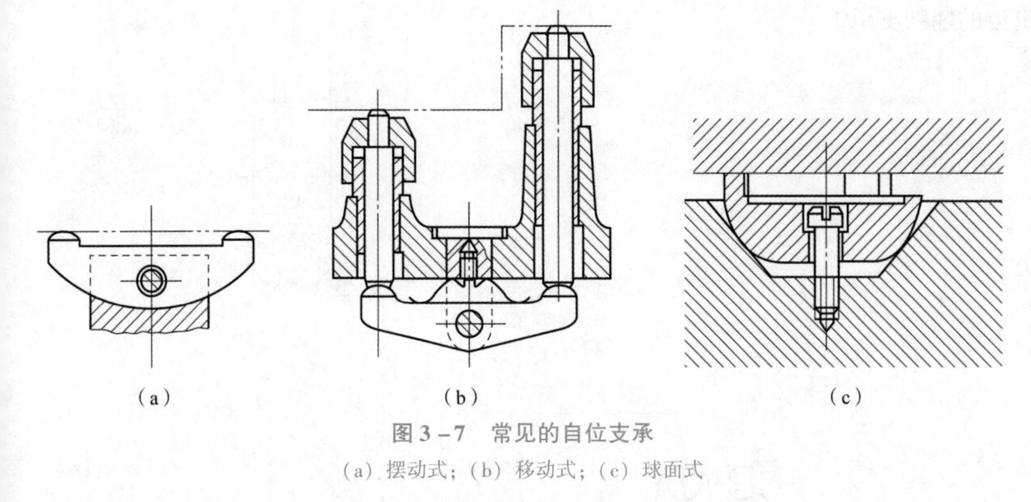

图 3-7 常见的自位支承

(a) 摆动式；(b) 移动式；(c) 球面式

4. 辅助支承

辅助支承用来提高工件的装夹刚度和稳定性，不起定位作用。辅助支承的工作特点是：待工件定位夹紧后，再调整支承钉的高度，使其分别与工件的有关表面接触并锁紧。每安装一个工件就调整一次辅助支承，而且辅助支承还可起到预定位作用。所以在夹具设计中，为了实现工件的预定位或提高工件定位的稳定性，常采用辅助支承。

如图 3-8 所示，在一阶梯轴上铣一键槽，为保证键槽的位置精度可采用长 V 形块定位，夹紧工件前，由于工件的重心超越出主要支承所形成的稳定区域时，工件重心所在一端会下垂而使工件上的定位基准面脱离定位元件，为了避免出现这种现象，在工件重心所在部位下方设置辅助支承，先实现预定位，然后在夹紧力作用下再实现与主要定位元件全部接触的准确定位。图 3-8 所示的辅助支承，结构上虽然与可调支承相同，也是由最简单的螺钉-螺母结构组成的，但在作用上却有很大区别，选用时应特别注意，以免混淆。螺钉-螺母式辅助支承虽然结构简单，但使用操作较麻烦，效率不高，在使用扳手操作时很易用力过度而使工件的原有定位遭到破坏。

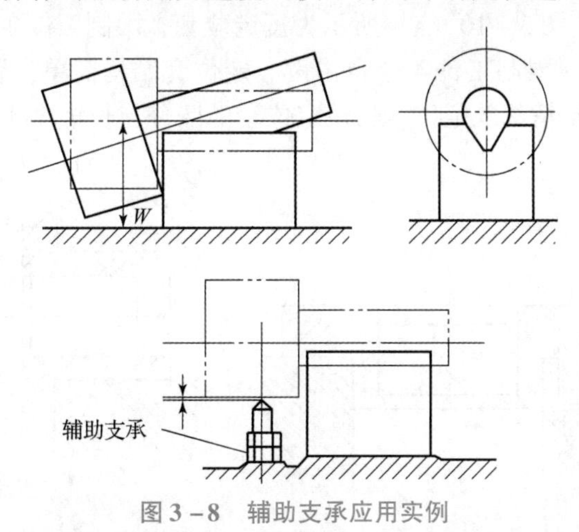

图 3-8 辅助支承应用实例

如图 3-9 所示，在铣削工件右端面过程中，工件已经定位，但加工时工件右端不够稳定且易受力变形，为了保证铣面的加工精度，必须在其右端设置不破坏工件原有

定位的辅助支承。

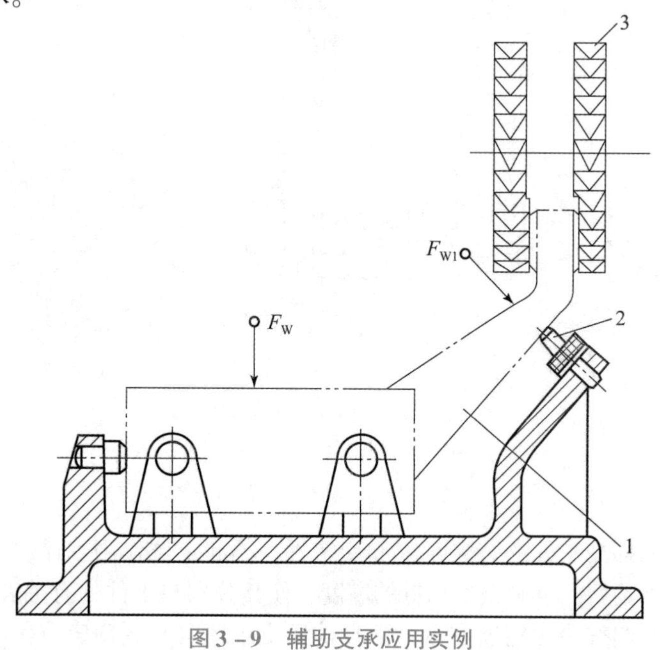

图3-9　辅助支承应用实例

1—工件；2—辅助支承；3—铣刀

知识模块三　外圆柱面定位元件

在工装夹具设计中常用于外圆表面的定位元件有定位套、半圆套和V形块等。各种定位套对工件外圆表面主要实现定心定位，半圆套实现对外圆表面的支承定位，V形块则实现对外圆表面的定心对中定位。

1. 定位套

在夹具中，工件以外圆表面定心定位时，如工件以外圆柱面定位时，也可采用图3-10所示的定位套。图3-10（a）所示为短定位套，限制工件2个自由度；图3-10（b）所示为长定位套，限制工件4个自由度。定位套结构简单，容易制造，但是定心精度不高，一般适用于精基准定位。长短定位套的区分与长短V形块的区分相同。

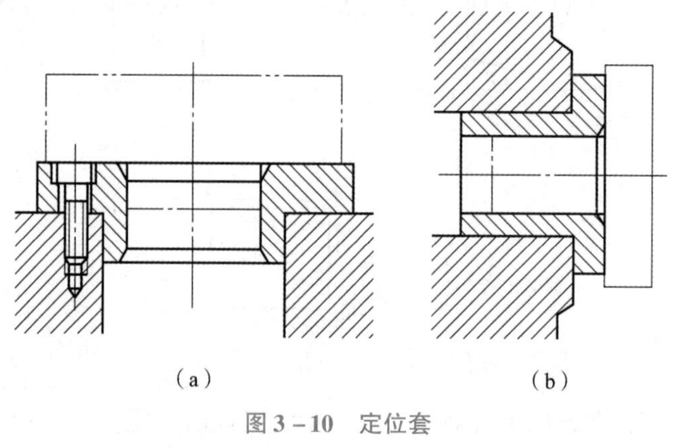

图3-10　定位套

（a）短定位套；（b）长定位套

图 3－11 所示两种结构的半圆套定位装置，主要用于大型轴类工件及不便轴向装夹的工件定位。工件定位面的精度应不低于 IT8～IT9，上半圆套 1 起夹紧作用，下半圆套 2 起定位支承作用。

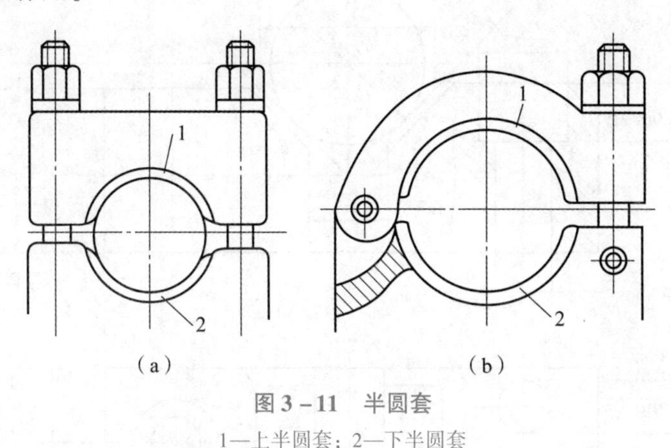

图 3－11　半圆套

1—上半圆套；2—下半圆套

各种类型的定位套和定位销一样，可根据被加工工件批量和工序加工精度要求，设计成固定式和可换式，固定式定位套在工装夹具中可获得较高的位置定位精度。

2. V 形块

在夹具中，为了确定工件定位基准——外圆表面中心线的位置，也常采用以两个支承平面组成的 V 形块定位。此种 V 形块定位元件，还可对具有非完整外圆表面的工件进行定位。V 形块的典型结构如图 3－12 所示。图 3－12（a）是用于精基准的短 V 形块；图 3－12（b）是用于精基准的长 V 形块；图 3－12（c）是用于粗基准的长 V 形块，也可定位两段精基准外圆相距较远的阶梯轴；图 3－12（d）为大质量工件用镶淬硬垫块或镶硬质合金 V 形块。采用这种结构除制造经济性好外，还便于 V 形块定位工作面磨损后更换，还可通过更换不同厚度的垫块以适应不同直径的工件定位，使结构通用化。长、短 V 形块是按照 V 形块量棒和 V 形块定位工作面的接触长度 L 与量棒直径 d 之比来区分的，即 $L/d \ll 1$ 时为短 V 形块，$L/d \gg 1$ 时为长 V 形块。

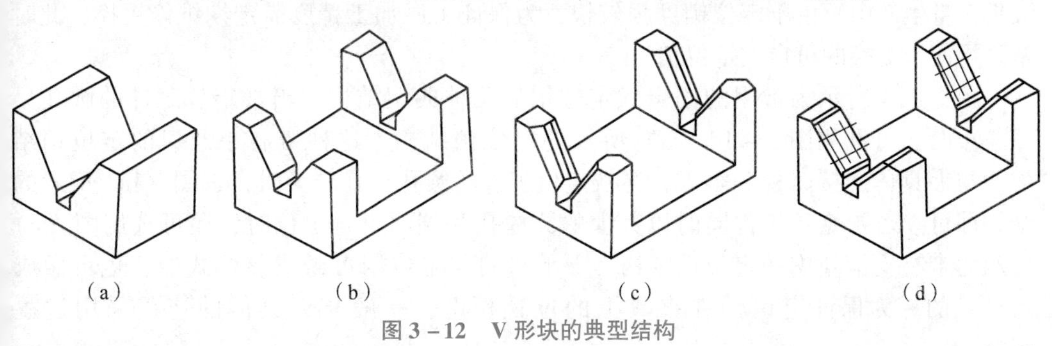

图 3－12　V 形块的典型结构

V 形块上两斜面的夹角 α 一般选用 60°、90°和 120°三种，最常用的是夹角为 90°的 V 形块。90°夹角的 V 形块结构和尺寸可参阅国家有关标准。工装夹具设计过程中，需根据工件定位要求自行设计时，可参照图 3－13 对有关尺寸进行计算。

学习笔记

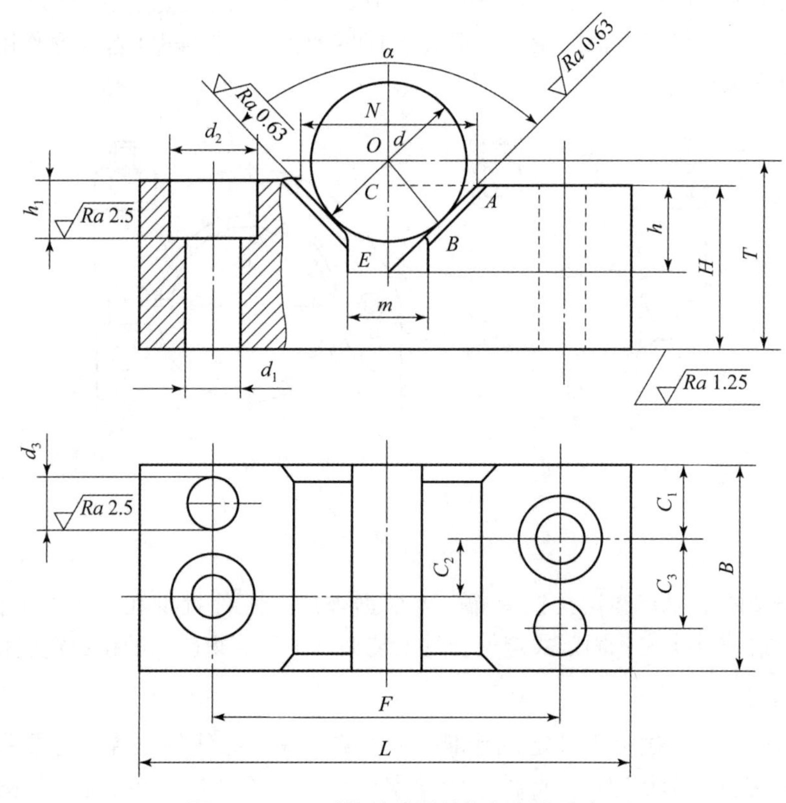

图 3－13 V 形块的典型结构和主要尺寸

知识模块四 内圆柱面定位元件

工装夹具设计中常用于圆孔表面的定位元件有定位销、刚性心轴和锥度心轴等。

1. 定位销

在夹具中，工件以圆孔表面定位时使用的定位销一般有固定式和可换式两种。在大批大量生产中，由于定位销磨损较快，为保证工序加工精度需定期维修更换，此时常采用便于更换的可换式定位销。

图 3－14 所示为常用的固定式定位销的几种典型结构。当被定位工件的圆孔尺寸较小时，可选用图 3－14（a）所示的定位销结构，这种带有小凸肩的定位销结构，与夹具体连接时稳定牢靠，当被定位工件的圆孔尺寸较大时，选图（b）所示的结构即可。若被定位工件同时以其上的圆柱孔和端面组合定位时，还可选用图（c）所示的带有支承垫圈的定位销结构。支承垫圈与定位销可做成整体式的，也可做成组合式的。为保证定位销在夹具上的位置精度，一般与夹具体的连接采用过盈配合。

可换式定位销如图 3－15（a）所示，为了便于定期更换，在定位销与夹具体之间装有衬套，定位销与衬套内径的配合采用间隙配合，而衬套与夹具体则采用过渡配合。由于这种定位销与衬套之间存在装配间隙，故其位置精度较固定式定位销低。

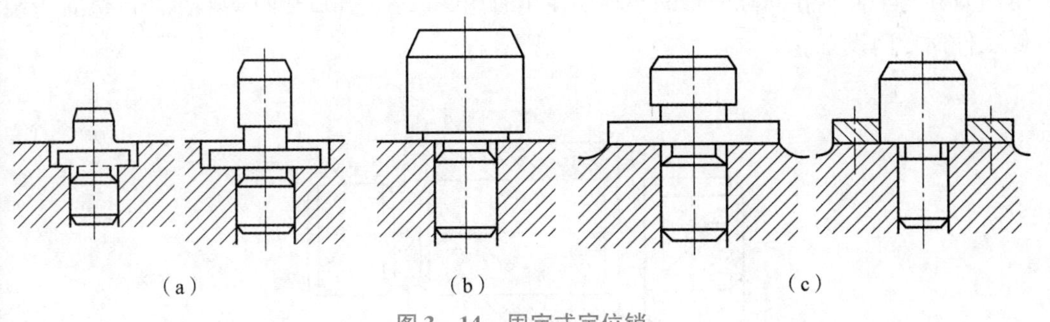

图 3-14 固定式定位销

为装夹工件方便，上述定位销的定位端头部均加工成15°的大倒角，各种类型定位销与工件圆孔定位接触时限制的自由度，视其与工件定位孔的接触长度而定，一般选用长定位销时限制4个自由度，选用短定位销时则限制2个自由度。若采用削边销，则分别限制2个或1个自由度。采用如图3-15（b）所示锥面定位销定位时，相当于3个支承点，限制3个自由度。

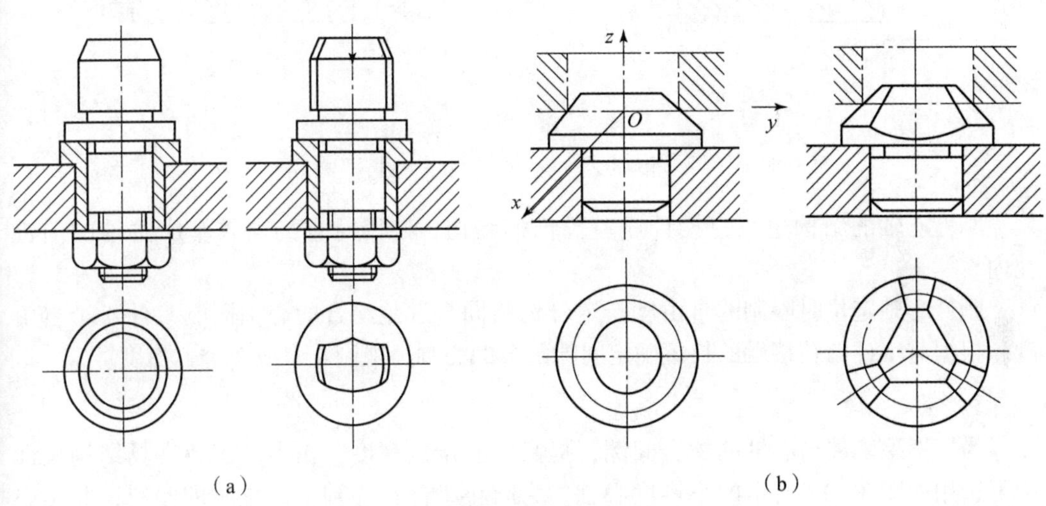

图 3-15 可换式定位销和锥面定位销

（a）可换式定位销；（b）锥面定位销

在固定式和可换式定位销中，为适应以工件上的2个孔一起定位的需要，应在2个定位销中采用1个削边定位销。

2. 刚性心轴

为简化定心定位装置，套类等件常采用刚性心轴作为定位元件。刚性心轴的结构如图3-16所示，图（a）为与工件内孔过配合的心轴，心轴由导向部分1、定位部分2及传动部分3组成。导向部分使工件能迅速正确地套在心轴的定位部分上，其直径尺寸按间隙配合选取；心轴两端设有顶尖孔，左端传动部分设计台阶轴扁平结构，能迅速放入车床主轴带长方的内孔中。图3-16（b）为无凸肩的过盈配合心轴，可同时加工工件两端面；工件在心轴上的轴向位置 L_1，在工件用油压机压入心轴时予以保证。上述两种刚性心轴，定位精度高，但装卸工件麻烦，生产效率较低。图3-16（c）为

学习笔记

带凸肩并与工件圆孔间隙配合的心轴，使用时用螺母 5、开口垫圈夹紧，开口垫圈为装卸工件而专门设置。

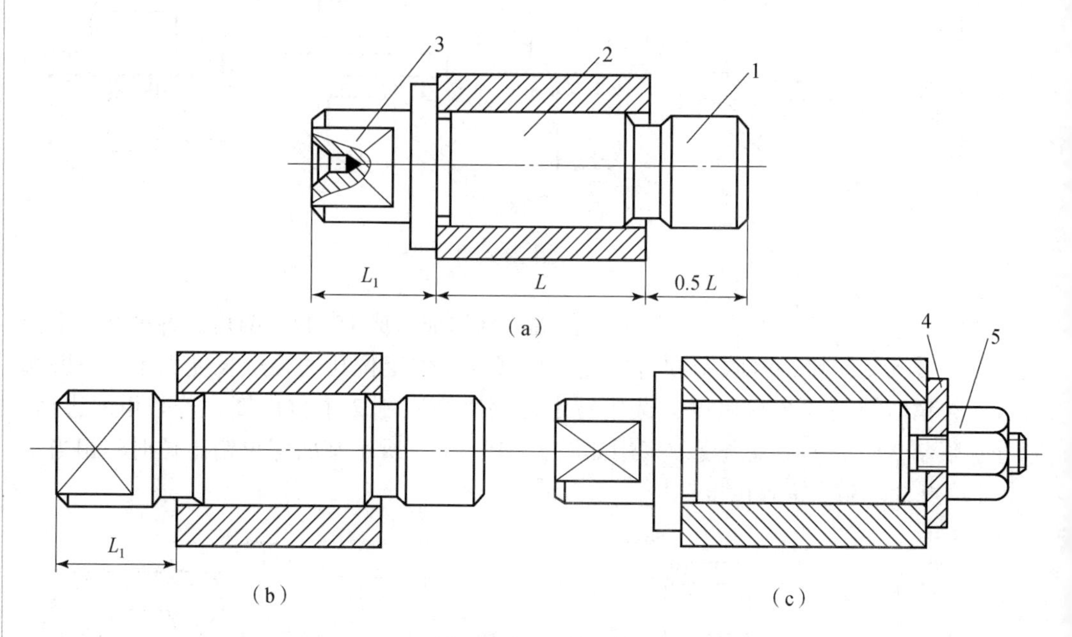

图 3－16　刚性心轴

1—导向部分；2—定位部分；3—传动部分；4—开口垫圈；5—螺母

刚性心轴的结构也可以设计成莫氏锥柄结构，使用时直接插入车床主轴的前锥孔内。

刚性心轴定位时限制的自由度与定位销相同，过盈配合的心轴限制工件 4 个自由度；根据与工件圆孔接触的长短确定间隙配合的心轴，限制 4 个或 2 个自由度。

3. 锥度心轴

为了消除工件与心轴的配合间隙，提高定心定位精度，在柔性工装夹具结构设计中可选用如图 3－17 所示的小锥度心轴。为防止工件在心轴上定位时的倾斜，此类心轴的锥度 K 通常取心轴的长度，所以根据被定位工件内孔的长度、孔径尺寸公差情况确定锥度心轴等参数。

$$K=\frac{1}{5\ 000}\sim\frac{1}{1\ 000}$$

定位时，工件楔紧在心轴锥面上，楔紧后由于孔的局部弹性变形，使它与心轴在长度 L 上为过盈配合，保证工件定位后不致倾斜。此外，加工时也靠楔紧所产生的过盈部分带动工件，而不需要另外再夹紧工件。

设计小锥度心轴时，选取锥度越小，楔紧接触长度越大，定心定位精度越高。但当工件定位孔径尺寸有变化时，锥度越小引起工件轴向位置的变动也越大，造成加工不方便。故刚性心轴，一般只适用于工件定位孔精度高于 I7 级，切削负荷较小的精加工。为了减少工件在锥度心轴上轴向位置的变动量，可采用按工件孔径尺寸公差分组设计相应的分组锥度心轴解决这个问题。

学习笔记

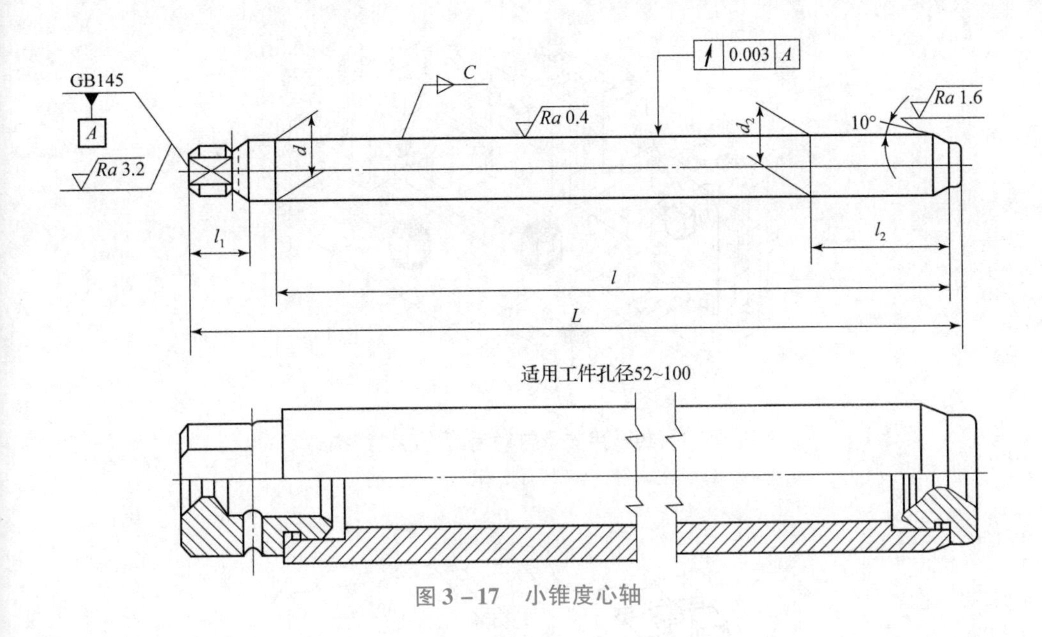

图 3-17　小锥度心轴

知识拓展

柔性工装组合夹具典型定位结构

对柔性工装组合夹具结构设计而言，一般依据工件定位基准面具体形态选用定位元件，如表 1-5 定位件图形及尺寸，主要有定位键、台阶板、定位销、对位栓、方形支座、定位盘等。实际选配过程中，组合夹具元件精度高，表面质量好，结合工件具体情况常常选用其他各类元件，如基础件、支承件等。

因为工件形状千变万化，工件定位基准面形状、尺寸相应也千变万化，工件装夹时选用的定位元件各式各样，一般槽系组合夹具元件不一定有合适的规格配套，就需要选择不同的元件组合装配。一般常用典型定位结构有：

（1）元件之间的定位结构，如图 3-18 所示。

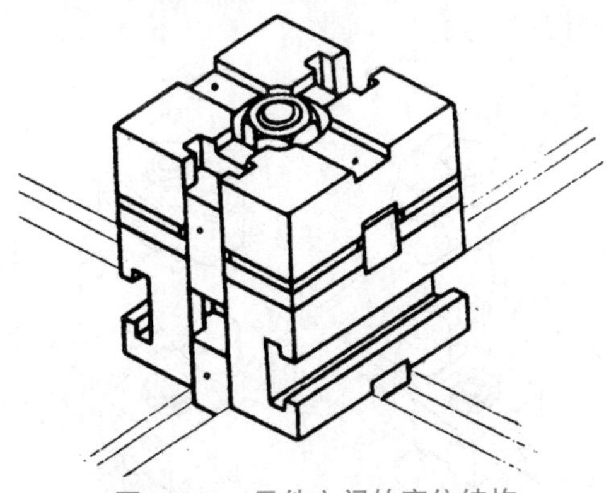

图 3-18　元件之间的定位结构

（2）用支承钉对毛面的定位结构，如图 3-19 所示。

（3）用三爪支承的定位结构，如图 3-20 所示。

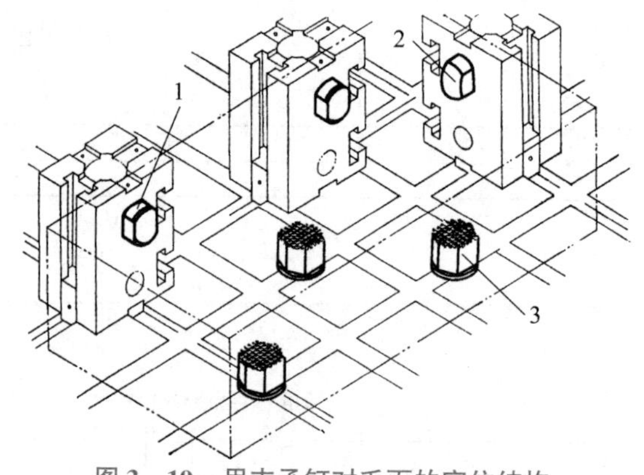

图 3－19　用支承钉对毛面的定位结构

1—平面支承钉；2—球面支承钉；3—齿面支承钉

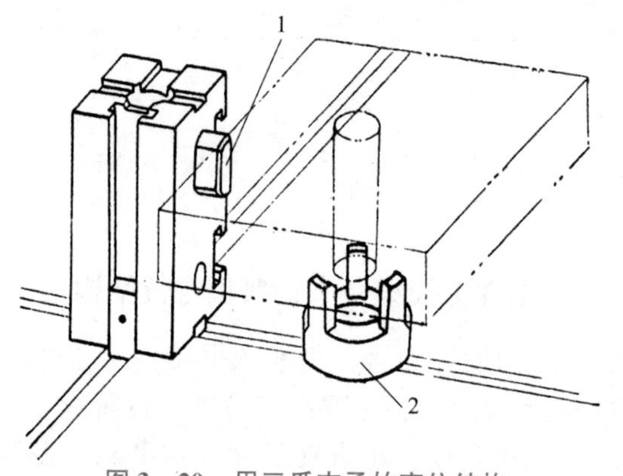

图 3－20　用三爪支承的定位结构

1—平面支承钉；2—三爪支承

（4）用定位销组成定位轴或孔的定位结构，如图 3－21 所示。利用定位销和钻模板组成均布的 3 点、4 点、6 点、8 点等分所形成的圆，作为圆柱或孔的定位，这是组合夹具常用的一种典型定位方法。其具有很好的灵活性，适应性强，但是调整尺寸较为麻烦，安装工件时易划伤定位面。

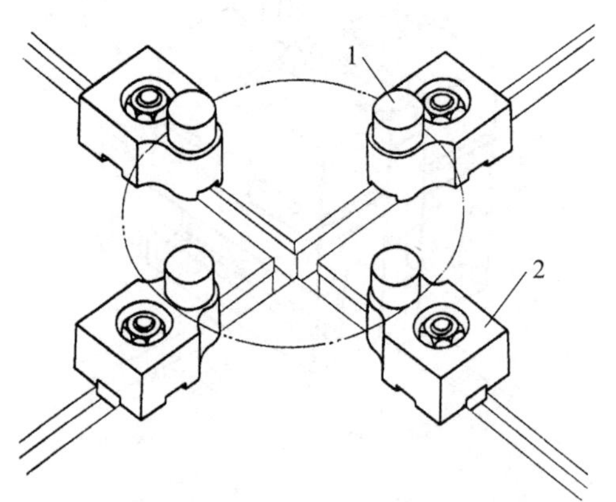

图 3－21　用定位销组成定位轴或孔的定位结构

1—圆柱定位销；2—钻模板

（5）圆柱面的定位结构，如图 3－22 所示。当工件以外圆定位时，可用台阶板组成均布的 4 点所形成的圆定中心。组装调整台阶板时应找正 M 面跳动。

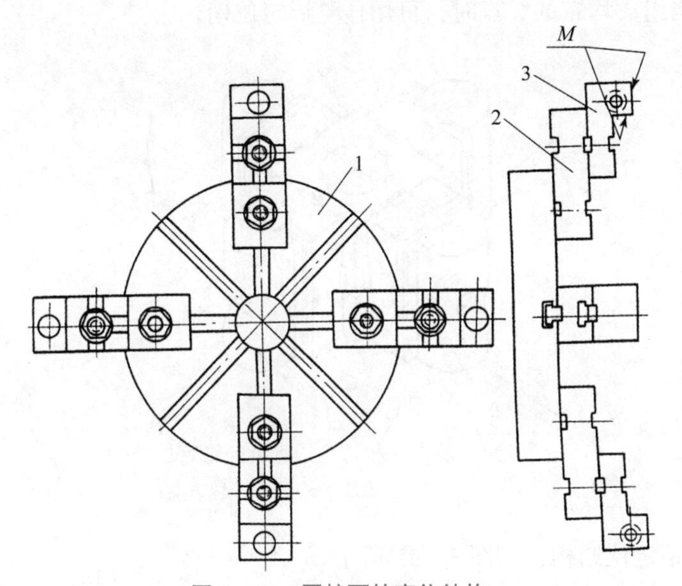

图 3－22　圆柱面的定位结构

1—圆基础板；2—伸长板；3—台阶板

（6）平面定位结构，如图 3－23 所示。

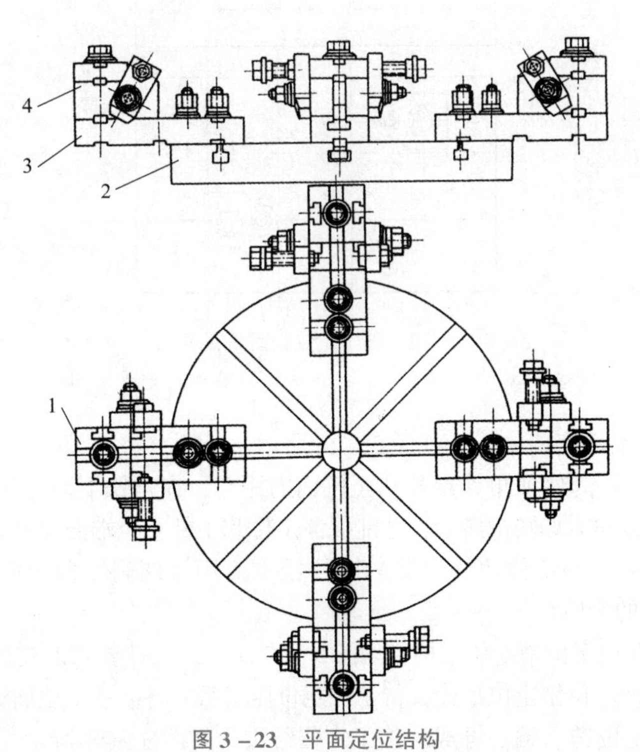

图 3－23　平面定位结构

1—正方形支承；2—圆基础板；3—伸长板；4—长方形支承

学习笔记

(7) 用支座和切边轴组装的轴定位结构，如图 3 - 24 所示。用各种支座（含三面支座、正方形支座、六面支座）和垫片、垫板、支承、切边轴组成均布的 4 点、3 点、6 点定位轴。当组成均布的 2 点时，可用作菱形定位销。

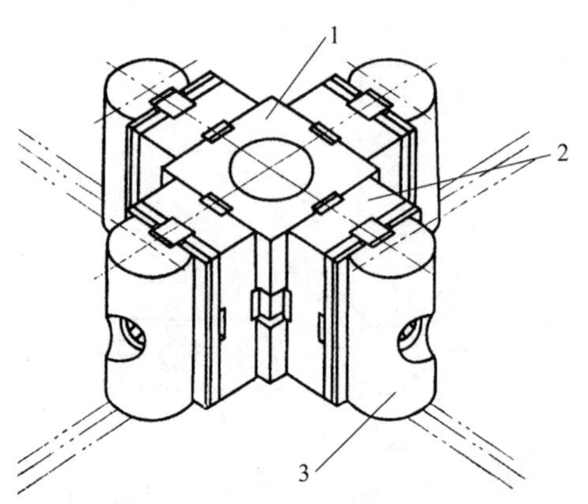

图 3 - 24　用支座和切边轴组装的轴定位结构

1—正方形支座；2—支承；3—切边轴

(8) 定位销定位结构，如图 3 - 25 所示。

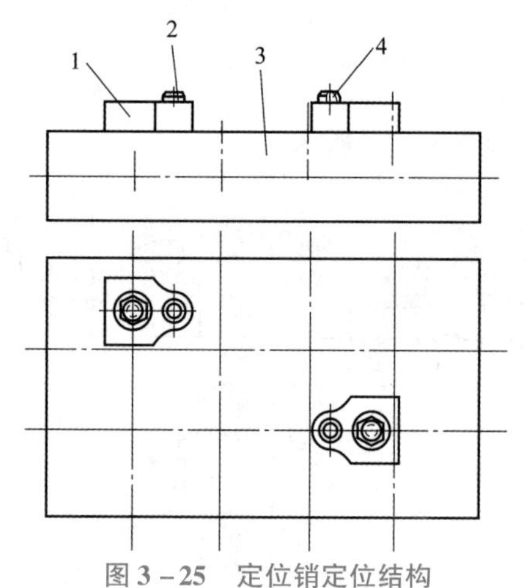

图 3 - 25　定位销定位结构

1—深孔钻模板；2—圆柱定位销；3—基础板；4—菱形定位销

(9) 孔定位端面定向结构，如图 3 - 26 所示。

图 3 - 26 (a)：为保证角铁定位孔至端面的距离，在角铁下面必须垫上所需要的尺寸，菱形定位销方向需如图中所示，才能保证定位和工件孔至端面尺寸公差的补偿作用。

图 3 - 26 (b)：在定位角铁组装的圆柱销下面用微调高度器定向，能消除工件孔至端面尺寸公差的影响。

(10) 活动圆柱定位销定位结构，如图 3 - 27 所示。工件要求以被加工工件的初孔定位时，则采取活动定位销定位形式，待工件定位压紧后，将活动定位插销拿出进行加工。

(11) 更换定位销、偏心键成组加工定位结构，如图 3 - 28 所示。更换定位销以适应不同工件孔径的定位；更换偏心键保证不同工件的 H 尺寸。

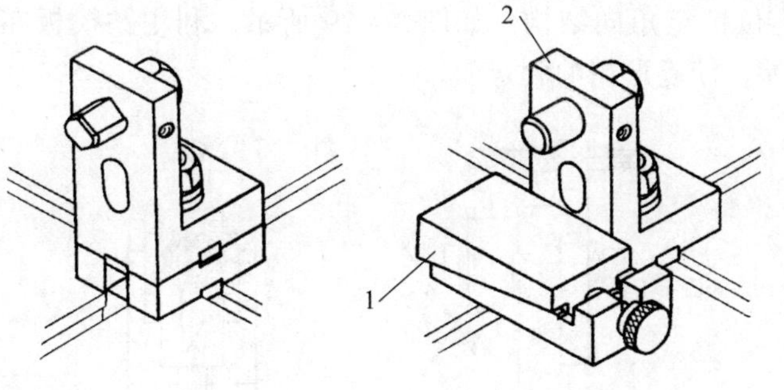

学习笔记

(a) (b)

图 3－26　孔定位端面定向结构

1 一微调高度器；2 一定位角铁

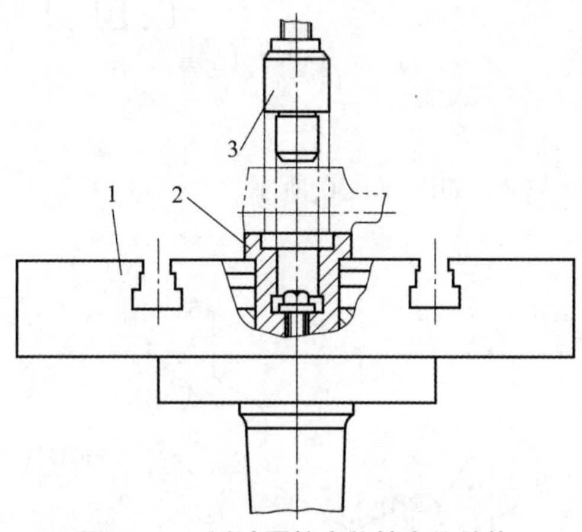

图 3－27　活动圆柱定位销定位结构

1—圆基础板；2—专用定位套；3—专用圆柱定位销

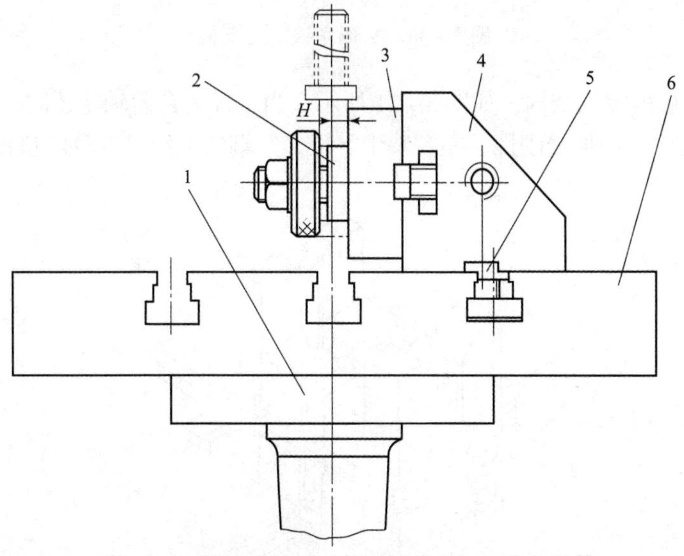

图 3－28　更换定位销、偏心键成组加工定位结构

1—莫氏锥尾基体；2—定位销；3—定位板；4—加肋角铁；5—偏心键；6—圆基础板

（12）菱形定位销定角向结构，如图 3－29 所示。利用钻模板在导向支承中的移动，消除工件误差，使菱形销顺利定向。

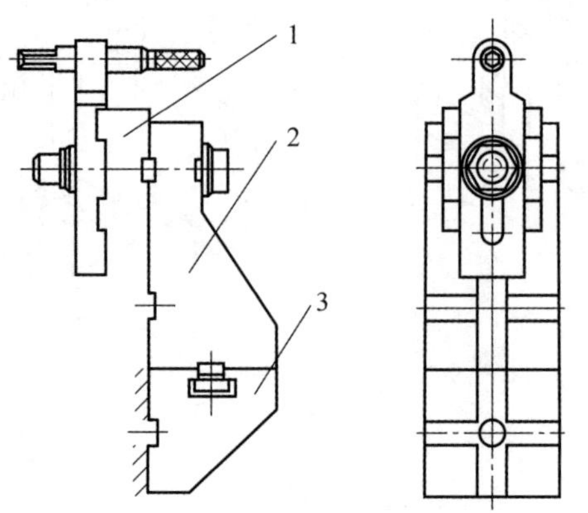

图 3－29　菱形定位销定角向结构

1—导向支承；2—角铁；3—加肋角铁

（13）V 形角铁定位结构，如图 3－30 所示。

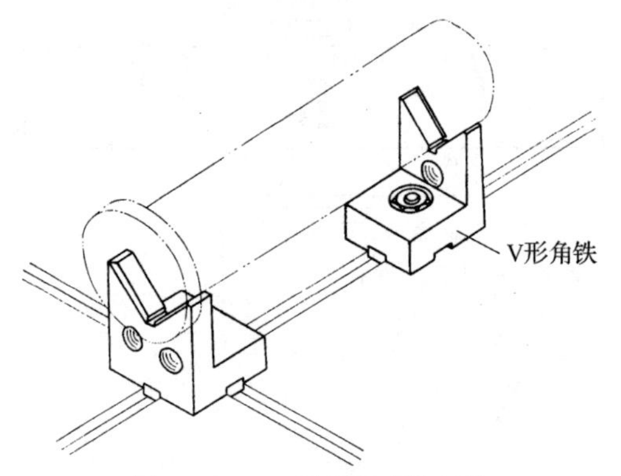

图 3－30　V 形角铁定位结构

（14）V 形垫板定位结构，如图 3－31 所示。当工件为台阶轴定位时，可用 V 形支承板、V 形垫板定位。为加强刚性，左端装十字键，右端装上经过计算的垫板或垫片。

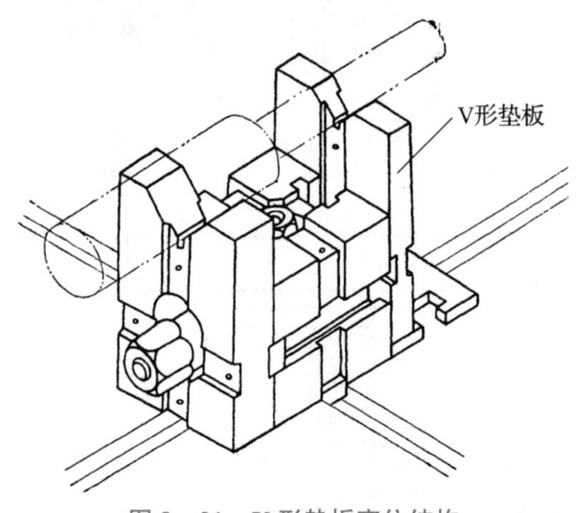

图 3－31　V 形垫板定位结构

（15）滑动 V 形垫板定位结构，如图 3－32 所示。

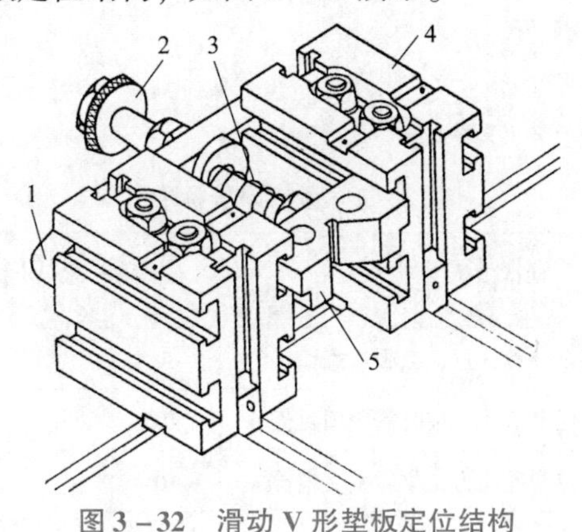

图 3－32　滑动 V 形垫板定位结构

1—连接板；2—压紧螺钉；3—弹簧；4—支承；5—滑动 V 形垫板

（16）用顶尖座定位，如图 3－33 所示。

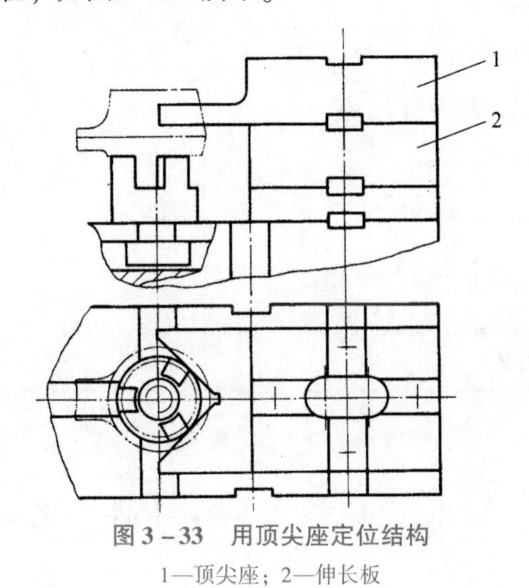

图 3－33　用顶尖座定位结构

1—顶尖座；2—伸长板

任务实施

识读体座零件图，了解体座钻孔工序内容，小组分析讨论装夹体座零件选用哪些定位元件。

（1）识读体座零件图，选择装夹定位基准。

（2）依据各个定位基准面形态，选择对应的定位元件。

（3）依据体座零件结构，布局定位元件。

（4）小组讨论确定体座零件装夹定位方案。

学习笔记

学习笔记

任务评价

考核评价标准如表 3－2 所示。

表 3－2　考核评价标准

评价项目	评价内容	分值	自评 20%	互评 20%	教师评 60%	合计
职业素养（25 分）	专注敬业，安全、责任意识，服从意识	5				
	积极参加项目任务活动，按时完成项目任务	10				
	团队合作，交流沟通能力，集体主义精神	10				
	劳动纪律，职业道德	5				
	现场 5S 管理，行为规范	5				
专业素养（60 分）	专业资料查询能力	10				
	制订计划和执行能力	10				
	操作符合规范，精益求精	10				
	工作效率，分工协作	10				
	任务验收质量，质量意识	10				
创新能力（15 分）	创新性思维和行动	15				
合计		100				

任务3.2　体座填料式钻削柔性工装设计

任务引入

小组分析、讨论零件结构、技术要求、工艺过程，设计柔性工装夹具方案，对照选择柔性工装组合夹具元件，并进行组装、调整、检测，完成项目任务。

任务实施

1. 体座填料式钻削柔性工装设计任务实施策略

（1）小组实施方案的讨论、确定。

（2）结构布局设计，元件选择。

（3）结构组装、调整、测量、固定。

（4）实施效果检查、评价。

（5）现场整理。

2. 体座填料式钻削柔性工装设计任务实施过程

1）实操1——工件分析

如图3－1所示磨床体座零件，零件主要组成表面有内圆柱面、端面、内孔表面，零件结构简单，体积较小。钻削 ϕ6H7 孔之前，其他表面均加工完成。

本工序 ϕ6H7 小孔加工时，长度方向上其中心线与 ϕ12H7 中心线距离 5 mm，宽度方向上前后对称，高度方向上贯通。所有加工参数要求不高，制造精度低。

考虑零件制造过程，其加工工艺路线为：钳工划线——铣各处平面——刮削底面——铣工艺基准搭子面——划钻各孔——检验。

2）实操2——组装方案设计

根据零件加工工艺过程，钻孔之前零件的各处平面及工艺搭子面均已加工，零件结构及外形规则，便于定位与夹紧。图3－34所以为体座零件钻 ϕ6H7 孔时的工序简图。根据工序图的要求，确定工件定位方案：工件 ϕ12H7 孔限制4个自由度，底面限制1个自由度，工件前面限制1个自由度，定位方案为完全定位。

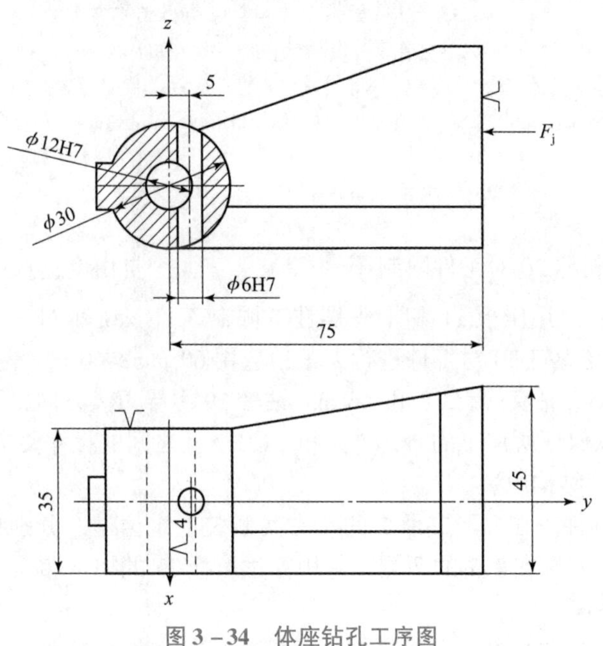

图3－34　体座钻孔工序图

钻削加工，切削力较小，工件采用螺旋压板结构夹紧。考虑批量生产，还可以选择钻套进行导向。

图3－35所示为体座柔性工装组合钻夹具结构方案。

3）实操3——组装元件选用

根据零件定位方案，选用的主要组合元件有以下几种：选用 60 mm × 60 mm × 120 mm 长方形支承1、60 mm × 60 mm × 60 mm 方形支承2 和 60 mm × 60 mm × 60 mm 方形支承6，用平键定位，采用加长螺栓31进行固定，作为基础件；选用左钻模板3、

学习笔记

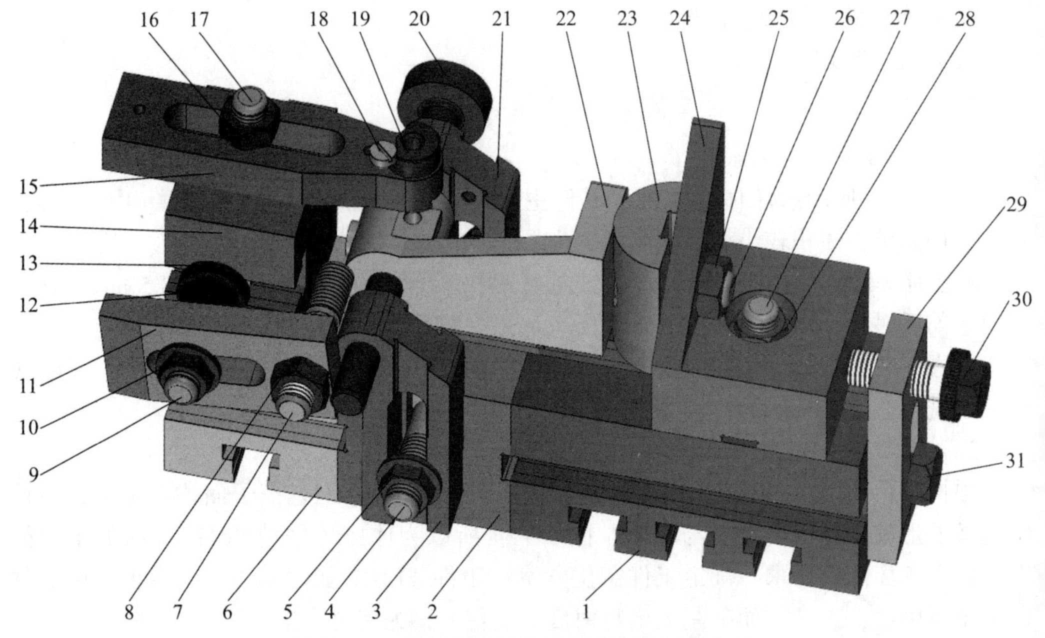

图 3-35　体座柔性工装组合钻夹具结构方案

1，4—长方形支承；2—方形支承（二横二竖）；3—左钻模板；4，9，17，27—T 形螺栓；5，8，10，16，25，28—螺母；6—方形支承（三横一竖）；7—平头螺柱；11，29—压板；12—加厚螺母；13—垫圈；15—导向钻模板；18—钻套螺钉；19—钻套；20—填料棒；21—右钻模板；22—工件；23—半圆块；24—左偏支承；26—六角螺栓；30—滚花螺钉；31—加长螺栓

右钻模板 21 和填料棒 20 对工件限制 $\vec{y}$、$\vec{z}$、$\overset{\frown}{y}$、$\overset{\frown}{z}$ 4 个自由度；选用半圆块 23 限制工件 $\overset{\frown}{x}$ 1 个自由度；选用压板 11 和平头螺柱 7 限制工件 $\vec{x}$ 1 个自由度；选用左偏支承 24、压板 29 和滚花螺钉 30 对工件进行夹紧；选用 60 mm×60 mm×45 mm 长方形支承 14、导向钻模板 15、钻套螺钉 18 和 ϕ6 mm 钻套 19 引导刀具方向，调整导向钻模板 15 的前后位置，可以保证所加工的 ϕ6H7 孔和 ϕ12H7 孔之间的尺寸要求。

4）实操 4——结构组装

（1）组装基础件。在方形支承 2 的左右两侧装上定位键，分别把方形支承 6 和长方形支承 1 连接在方形支承 2 的两侧，并用穿过压板 29 的加长螺栓 31 和螺母紧固，组装成整个夹具的底座。

（2）组装主要定位元件。分别把左钻模板 3 和右钻模板 21 装在方形支承 2 的前后两个竖槽内，用定位键定位，只允许左、右钻模板在方形支承的竖槽内上下移动，调整左、右钻模板之间的同轴后用螺栓和螺母紧固。注意左、右钻模板的底部要尽量离开夹具地面。

（3）组装次要定位元件。半圆块 23 用螺栓 26 和螺母 25 连接在左偏支承 24 上，在左偏支承 24 的底部键槽内安装定位键，使左偏支承 24 和长方形支承 1 对中，并能在长方形支承 1 的长槽内左右移动；将长方形支承 14 底部键槽内装定位键，组装在方形支承 6 的上面，使其与方形支承 6 对中，在长方形支承 14 的侧方横槽内装上 T 形螺栓 9，用垫圈 13 和加厚螺母 12 紧固，再装上压板 11，用螺母 10 紧固，在压板 11 的螺纹孔内装上平头螺柱 7，用螺母 8 紧固。

（4）组装夹紧装置。因为本套夹具中半圆块 23 既是定位元件又是夹紧元件，所以用滚花螺钉沿着压板 29 的螺纹孔向前螺旋夹紧，就可以将半圆块 23 与体座工件 22 下底面实现接触，同时完成定位和夹紧。

（5）组装导向装置。实现工件的正确定位和刀具的正确导向。在长方形支承 14 上面的 T 形槽中装入一个槽用 T 形螺栓 17，导向钻模板 15 的长槽穿过 T 形螺栓 17 并与长方形支承 14 以定位平键实现连接，轻轻带紧螺母 16，装上钻套螺钉 18 和钻套 19，调整钻模板的前后位置使钻套 19 的中心线与填料棒 20 的中心线之间的距离为 5 mm，将螺母 16 紧固。

图 3－36 所示为体座零件填料式钻孔柔性工装组合夹具实物结构。

图 3－36　体座零件填料式钻孔柔性工装组合夹具实物结构

（6）夹具调整。图 3－1 中尺寸 5 mm，要求变换调整参数分别制造 2 件，具体变换参数夹具结构调整过程：

①尺寸 4 mm，制造 2 件加工时，调整导向钻模板 15，调整测量钻模板导向孔中心到左、右钻模板 3、21 钻套孔中心距离为 4 mm。

②尺寸 5 mm，制造 2 件加工时，调整导向钻模板 15，调整测量钻模板导向孔中心到左、右钻模板 3、21 钻套孔中心距离为 5 mm。

③尺寸 6 mm，制造 2 件加工时，调整导向钻模板 15，调整测量钻模板导向孔中心到左、右钻模板 3、21 钻套孔中心距离为 6 mm。

对于加工制造的体座零件装配产品，调试试验满足产品设计性能要求后，确定夹具具体结构参数值进行批量生产。

任务评价

小组推荐成员介绍任务的完成过程，展示组装结果，全体成员完成任务评价。学生自评表和小组互评表分别如表 3－3、表 3－4 所示。

学习笔记

表 3－3　学生自评表

任务	完成情况记录
任务是否按计划时间完成	
理论实践结合情况	
技能训练情况	
任务完成情况	
任务创新情况	
实施收获	

表 3－4　小组互评表

序号	评价项目	小组互评	教师点评
1			
2			
3			
4			

任务3.3　体座填料式钻削柔性工装检测

任务引入

体座填料式钻削柔性工装组合夹具组装完成后，需要检验定位是否正确，夹紧是否合理、相关结构布局是否满足工件装夹要求。

任务实施

1. 体座填料式钻削柔性工装检测任务实施策略

（1）体座填料式钻削柔性工装夹具结构检查。

（2）孔主要位置尺寸 5 mm 及 ϕ6H7 孔前后对中精度的测量：准备游标卡尺、标准心轴、标准填料棒、测量平台等仪器设备，测量尺寸 5 mm 及 ϕ6H7 孔前后对中等参数，按图纸要求调整、固定相关元件。

2. 体座填料式钻削柔性工装检测任务实施过程

本项目实操检测包括结构检验和主要尺寸参数测量。

（1）结构检验：包括定位结构、夹紧装置、导向结构、安装连接结构等的检查和评价，如表 3－5 所示。

学习笔记

表 3－5　结构检验项目

序号	项目	检查内容	评价
1	外形与机床匹配	长、宽、高与机床匹配	
2	强度刚性	切削力、重力等影响	
3	定位结构	基准选择，元件选用，结构布局	
4	夹紧装置	力三要素合理，结构布局	
5	导向结构	结构布局，元件选用	
6	工件装夹	装夹效率	
7	废屑排出	畅通，容屑空间	
8	安装连接	位置与锁紧	
9	使用安全方便	安全，操作方便	

（2）参数测量：尺寸参数主要复检尺寸 5 mm 及 ϕ6H7 孔前后对中精度，如表 3－6 所示。

表 3－6　参数检测项目

序号	项目	检查内容	评价
1	孔位置参数	5 mm	
2	孔位置参数	对中	
3	孔位置参数	加工孔对中心线	
4	导向装置布局	排屑空间（加工孔直径的 0.7～1.5 倍）	

任务评价

考核评价表如表 3－7 所示。

表 3－7　考核评价表

序号	评价项目	自我评价	互相评价	教师评价	综合评价
1	实施准备				
2	方案设计、元件选用				
3	规范操作				

续表

序号	评价项目	自我评价	互相评价	教师评价	综合评价
4	完成质量				
5	关键操作要领掌握情况				
6	完成速度				
7	参与讨论主动性				
8	沟通协作				
9	展示汇报				

注：评价档次统一采用 A（优秀）、B（良好）、C（合格）、D（努力）4 个。

任务拓展

柔性钻床工装应用研讨

各小组组织活动，回顾钻削加工实训操作场景，结合体座零件钻削工作任务要求，分析、讨论体座孔钻削柔性工装夹具应用问题：

（1）夹具在钻床上的安装方法及位置调整注意事项。

（2）工件装夹：工件定位；夹紧力三要素确定；夹紧装置的选择、设计。

（3）刀具导向：导向方法，导向元件调整与位置检测，导向精度影响因素。

（4）工件加工：工件装卸，废屑排出，主要参数测量、控制。

（5）加工孔位置参数变化时关键元件位置调整、检测及注意事项等。

拓展训练

如图 3－37 所示，在连接板零件上钻削 3 个 $\phi5.2$ mm 小孔。

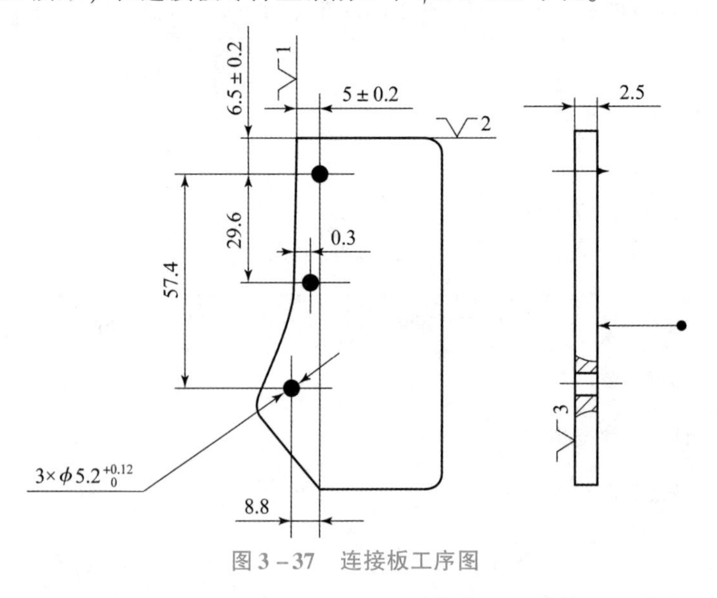

图 3－37　连接板工序图

学习笔记

请各小组同学识读工件图，熟悉工件结构，分析工件加工要求，对照图 3－38 所示连接板钻削柔性工装组合夹具，课后讨论、探索：

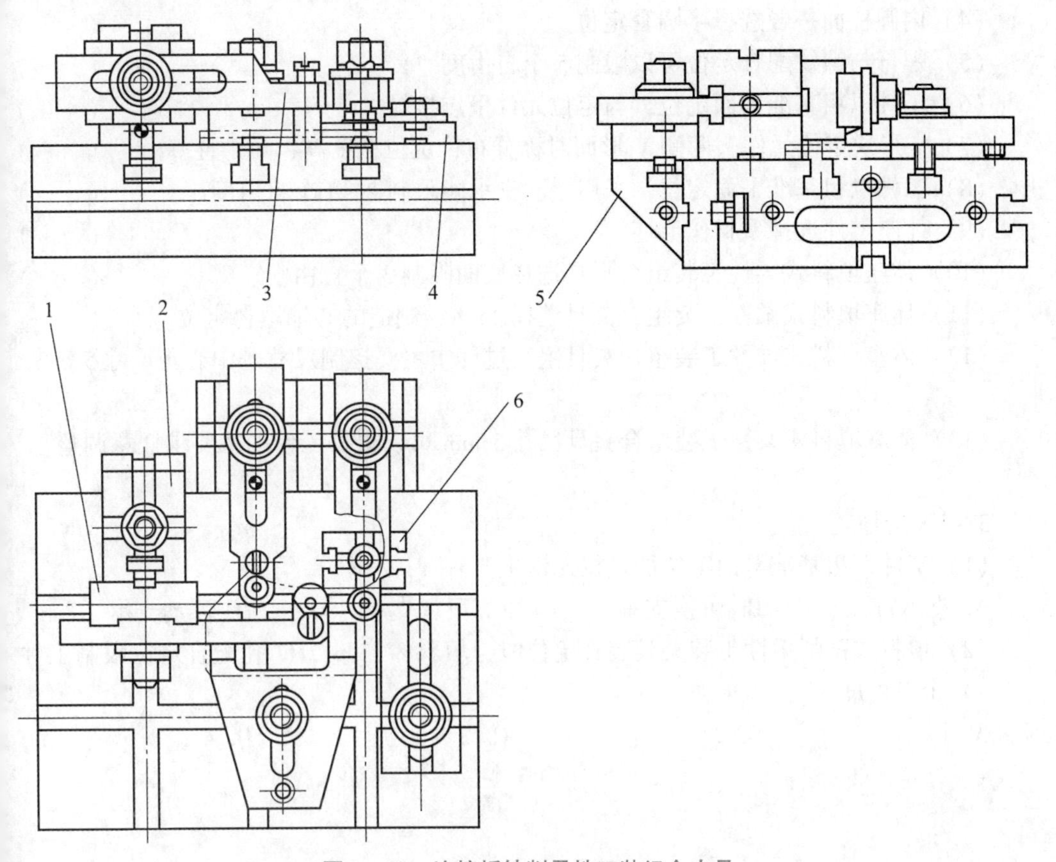

图 3－38　连接板钻削柔性工装组合夹具

1—长方形导向支承；2—一竖槽长方形支承；3—专用钻模板；4—强固长方形垫板；5—加肋角铁；6—二竖槽长方形垫板

（1）满足加工要求，需要限制工件哪些自由度？

（2）选择哪些定位基准面装夹工件？分析这些定位基准面分别限制的自由度。

（3）搭建定位结构选择哪些元件？

（4）工件是如何夹紧的？

（5）应用连接板钻削柔性工装组合夹具加工台阶轴需要注意哪些事项？

思考练习

3－1　选用定位元件一般遵循什么原则？

3－2　分别以平面、外圆柱面、内圆柱面定位时，常用的定位元件有哪些？

3－3　试分析一面两孔定位时的定位元件该如何设计？

3－4　判断题

（1）定位元件精度高才能保证工件装夹要求。　（　）

学习笔记

（2）球面支承钉可以用于精基准表面定位。 （ ）

（3）V 形块对中性能好。 （ ）

（4）内圆柱面一般选择半圆套定位。 （ ）

（5）螺母与螺纹配合定位可以限制 5 个自由度。 （ ）

（6）工件以粗基准平面定位，与定位元件呈点接触。 （ ）

（7）V 形块定位元件，两侧 V 形面对称分布，定位精度高，对中性好。 （ ）

（8）工件以粗基准平面定位，采用浮动支承能限制 2 ~ 3 个自由度。 （ ）

（9）体座零件选择型材作毛坯。 （ ）

（10）体座填料式柔性工装组合夹具选择底面限制 3 个自由度。 （ ）

（11）体座填料式柔性工装组合夹具选择 45 * 钢制造的心轴填料定位。 （ ）

（12）体座填料式柔性工装组合夹具组装过程中主要控制尺寸是中心距尺寸 5 mm。 （ ）

（13）体座填料式柔性工装组合夹具尺寸 5 mm 可以根据工件加工要求任意调整。 （ ）

3 - 5　选择题

（1）工件以粗基准平面定位的定位元件主要有（ ）。

A. 支承钉　　B. 可换支承　　C. 可调支承　　D. 浮动支承

（2）填料式钻削柔性工装夹具装夹定位时，填料棒与 ϕ12H7 孔配合定位限制工件（ ）个自由度。

A. 1　　B. 2　　C. 3　　D. 4

项目四　挡块钻削柔性工装设计

项目导读

对于柔性工装夹具装夹工件，除了识读工件图纸，分析加工要求，明确工件装夹限制的自由度外，还需要确定工件定位基准，选择定位元件并合理布局定位结构，实施工件装夹定位。工件定位是否准确，加工质量能否保证，还需要静态分析装夹时的定位误差，准确掌控夹具装夹质量。

挡块钻削柔性工装设计主要内容包括：

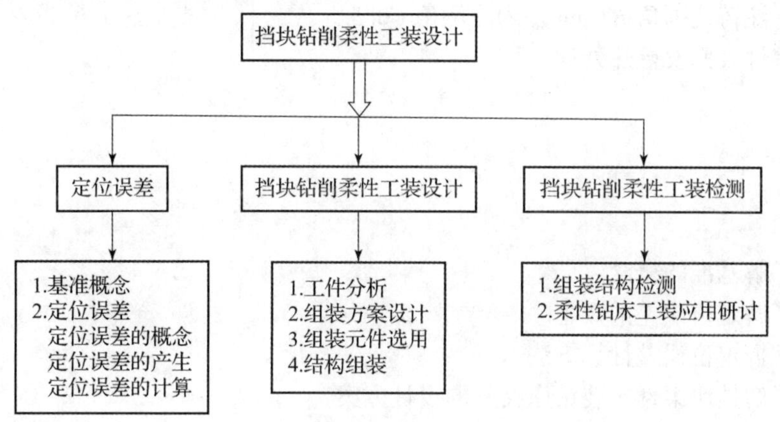

项目分析

工装夹具工作室接到企业设计所工具磨床结构零件——挡块加工工装夹具配置任务，挡块零件图样和技术要求如图 4－1 所示。

（1）产品名称：万能工具磨床 M6025A。

（2）零件名称及编号：挡块 2－13。

（3）生产数量：8 件。

（4）零件加工工艺路线：铸造→毛坯退火→端面、左侧面、上下表面及倒角刨削→刨削右侧面台阶及倒角→钳工钻铰端面 ϕ18H7 孔、钻攻 M12×1.25 mm 螺孔、钻 ϕ14 mm 及 ϕ4 mm 孔→钻削 ϕ9 mm 孔→表面发蓝→检验。

技术要求：

（1）产品试制，图中上下方向位于宽 10d11 mm 凸台中心，左右方向尺寸 30 mm，要求变换调整参数分别制造 2 件，满足产品性能调试要求。尺寸参数 30 mm 具体变换

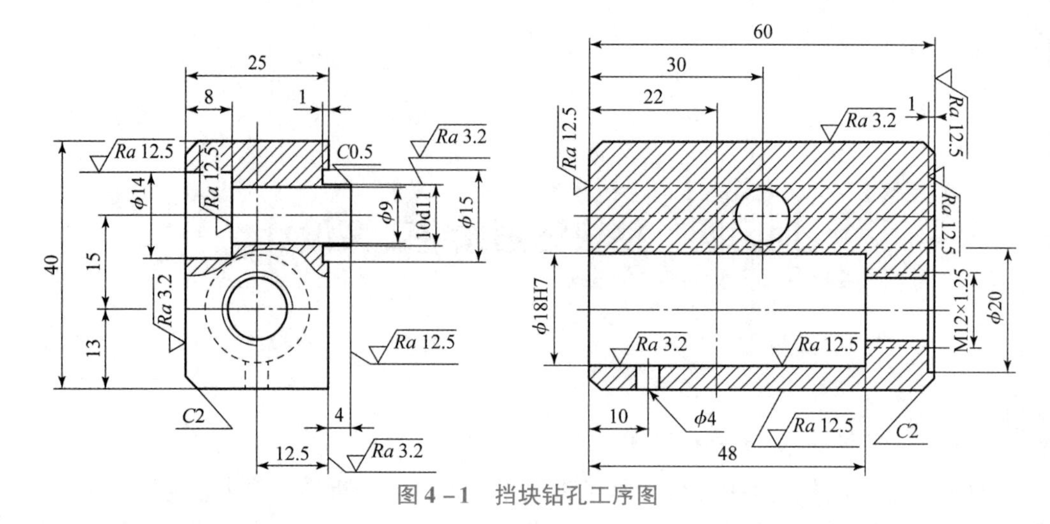

图 4－1　挡块钻孔工序图

有：尺寸 30 mm，尺寸 28 mm，尺寸 26 mm，尺寸 24 mm。试验满足产品性能设计要求后确定具体参数值进行批量生产。

（2）铸件不允许存在气孔、沙眼、凸瘤等影响强度和外观质量的缺陷。

（3）未注铸造圆角 *R*3 mm，未注倒角 *C*0. 5。

（4）零件表面发蓝热处理。

项目目标

1. 知识目标

（1）了解基准的概念。

（2）了解定位误差的概念。

（3）掌握定位误差计算方法。

（4）了解挡块柔性工装钻床夹具的设计方案。

（5）熟悉挡块柔性工装钻床组合夹具组装过程。

（6）掌握挡块柔性工装钻床组合夹具应用注意事项。

2. 能力目标

（1）能设计挡块装夹柔性工装夹具定位结构。

（2）能分析、计算柔性工装夹具的定位误差。

（3）能根据挡块零件加工要求组装、调整、检测、应用柔性钻床工装组合夹具。

3. 素质目标

（1）培养学生爱岗敬业、踏实、求精、专注的工匠精神。

（2）培养学生生产现场“5S”管理职业素养。

项目计划/决策

本项目所选的训练载体为万能工具磨床 M6025A 典型结构零件挡块，通过零件结

构分析、定位方案设计、组装元件选用、结构组装调整、结构检验及尺寸测量、小组讨论评价等任务过程的学习，学生可了解挡块零件加工所需的柔性钻床工装组合夹具方案设计、结构组装方法，按照基于工作过程的项目导向模式完成任务实施。

学习笔记

任务分组

学生任务分配情况填入表4－1。

表4－1 学生任务分配表

<table>
<tr><td>班级</td><td></td><td colspan="2">组号</td><td></td><td>指导教师</td><td></td></tr>
<tr><td>组长</td><td></td><td colspan="2">学号</td><td colspan="3"></td></tr>
<tr><td rowspan="5">组员</td><td>姓名</td><td>学号</td><td colspan="2">姓名</td><td colspan="2">学号</td></tr>
<tr><td></td><td></td><td colspan="2"></td><td colspan="2"></td></tr>
<tr><td></td><td></td><td colspan="2"></td><td colspan="2"></td></tr>
<tr><td></td><td></td><td colspan="2"></td><td colspan="2"></td></tr>
<tr><td></td><td></td><td colspan="2"></td><td colspan="2"></td></tr>
</table>

任务4.1 定位误差

任务引入

如图4－1所示挡块零件，加工该零件上（上下方向位于宽10d11 mm凸台中心）多个参数规格的ϕ9 mm小孔，设计、配置柔性工装装夹工件，了解基准概念，分析柔性工装夹具的定位误差。

知识链接

利用夹具装夹工件，首先需识读工件图纸，明确工件加工要求，确定定位基准，然后选配定位元件与定位基准面接触配合，限制工件需要限制的自由度，完成工件定位，解决工件装夹时位置“定不定”的问题。

夹具装夹工件时，工件、定位元件都存在制造误差，而且工件、定位元件都不是刚体，相互接触配合必然存在变形，使工件实际定位不准确，形成工件装夹时的定位误差，引起工件加工误差。分析、计算定位误差就是解决工件装夹时定位“准不准”的问题。

知识模块一 基准概念

1. 基准及基准的分类

基准是指确定零件上几何要素（点、线、面）位置关系所依据的点、线、面。根

学习笔记

据功用，基准分为设计基准与工艺基准。

1）设计基准

在工件图上确定零件上几何要素（点、线、面）位置关系的那些点、线、面称为设计基准。如图4－2（a）所示零件，对尺寸20 mm而言，*A*、*B*面互为设计基准；图4－2（b）中，ϕ30 mm圆柱面的设计基准是ϕ30 mm的轴线，就同轴度而言，ϕ50 mm的轴线是ϕ30 mm轴线的设计基准。

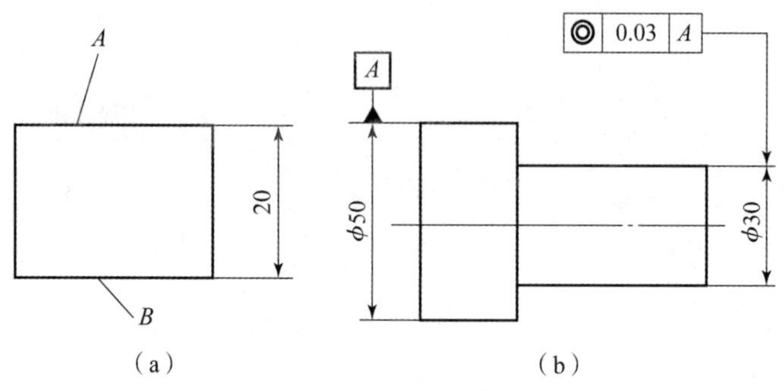

图4－2　设计基准示例

2）工艺基准

零件在加工工艺过程中所采用的基准称为工艺基准。按用途不同，工艺基准分为工序基准、定位基准、测量基准和装配基准。

（1）工序基准。在工序图上，用以确定本工序被加工表面加工后的尺寸、形状、位置的基准称为工序基准。其所标注的加工面尺寸称为工序尺寸。

（2）定位基准。加工时，使工件在机床上或夹具中占据一正确位置所依据的基准称为定位基准。作为定位基准的点、线、面可能是工件上的某些面，也可能是看不见摸不着的中心轴线、对称线、对称面、球心等。工件定位时，往往需要通过某些表面来体现，这些面称为定位基准面。例如，用三爪自定心卡盘夹持工件外圆，工件中心轴线为定位基准，外圆面为定位基准面。

（3）测量基准。零件检验时，用以测量已加工表面尺寸形状及位置的基准称为测量基准。

（4）装配基准。装配时，用以确定零件或部件在产品中的相对位置所采用的基准称为装配基准。

2. 定位基准的选择

工件在夹具中定位是通过定位基准面和定位元件限位面接触或配合合成为定位副来实现的。定位基准面的选择直接影响工件的定位精度和夹具的工作效率、制造工艺、使用性能。

定位基准分为粗基准与精基准两种。毛坯表面作为装夹定位基准的称为粗基准；加工过的表面作装夹定位基准的称为精基准。在加工中，首先使用粗基准装夹，但在选择装夹定位基准时，为了保证零件的加工精度，首先要确定装夹精基准的选择。

1）粗基准的选择

选择工件装夹的粗基准时，主要考虑如何保证加工面都具有合理的加工余量，加工面与非加工面之间的位置精度，为后续工序提供可靠的精基准等，一般遵循：

（1）选用非加工的表面作粗基准。保证零件的加工表面与非加工表面之间的相互位置关系，并尽可能在一次装夹中加工出更多的表面。零件上有多个不需要加工的表面时，应选择与需要加工表面中相对位置精度要求较高的表面作为粗基准。

（2）合理分配加工余量。对有较多加工面的工件，合理分配各加工表面的加工余量。

（3）粗基准避免重复使用。一般情况下，在同一尺寸方向上，粗基准只允许使用一次。

（4）粗基准表面应尽可能平整，面积足够大。

2）精基准的选择

保证加工精度，考虑装夹方便可靠，夹具结构简单，一般遵循：

（1）"基准重合"原则：指设计基准和定位基准重合。

（2）"基准统一"原则：尽可能在多个工序中采用同一基准。

（3）"自为基准"原则：以加工表面自身来作为定位基准，保证加工质量，如铰削孔、拉削孔、无心磨削、珩磨等。

（4）"互为基准"原则：两个表面加工时，为了获得均匀的加工余量和较高的相互位置精度，用其中任意一个表面作为定位基准加工另一表面。如图 4－3 所示精密齿轮内孔磨削，先以内孔为基准装夹齿坯，加工齿形，淬火热处理后，再以齿面为基准装夹磨削修正内孔，最后又以内孔为基准装夹磨削齿面，反复"互为基准"装夹，使齿面磨削余量小而均匀，保证内孔与齿切圆较高的同轴度精度。

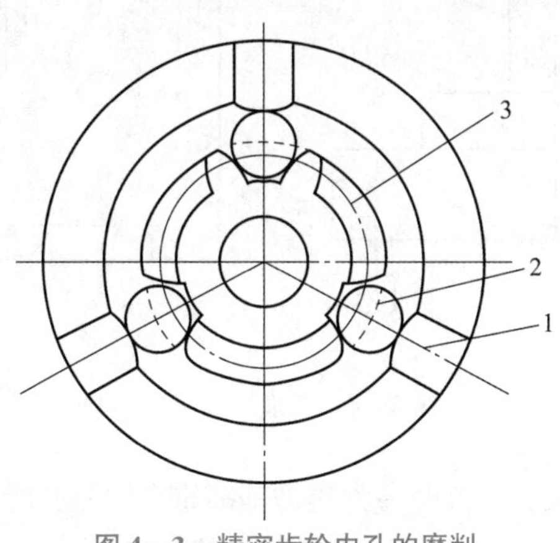

图 4－3　精密齿轮内孔的磨削

1—卡盘；2—滚柱；3—齿轮

（5）其他原则：选择精度较高、定位方便、夹紧可靠、便于操作及夹具结构简单的表面作为精基准。

无论选择工件装夹的粗基准还是精基准，都必须使工件定位稳定、安全可靠，夹具结构简单、成本低廉等。

学习笔记

学习笔记

知识模块二　定位误差

1. 定位误差的概念

工件在夹具中的位置通过工件定位基准面与定位元件限位工作表面的接触或配合来确定，但工件、定位元件表面存在制造误差，同一批工件在夹具中的实际位置不相一致，采用调整法加工时，刀具位置一次调整后固定不变，各个工件加工后的实际尺寸必然大小不一，形成误差。因为是工件定位不准造成的，称为定位误差，用 Δ_D 表示。定位误差的实质是定位引起的同一批工件的工序基准在加工尺寸方向上的最大变动量。

2. 定位误差的产生

造成定位误差的原因包括定位基准与工序基准不重合误差以及定位基准的位移误差两个方面。

1）基准不重合误差

定位基准与工序基准不重合而造成的定位误差，称为基准不重合误差，用 Δ_B 表示。图 4－4（a）所示工件铣削加工工序简图中，尺寸 L_1 工序基准是 E 面，而定位基准选择 A 面，定位基准与工序基准不重合，造成定位误差。由图 4－4（b）所示定位简图知：

$$\Delta_B = L_{2\max} - L_{2\min} = T_2 = \sum_{i=1}^{n} \delta_i \cos\beta$$

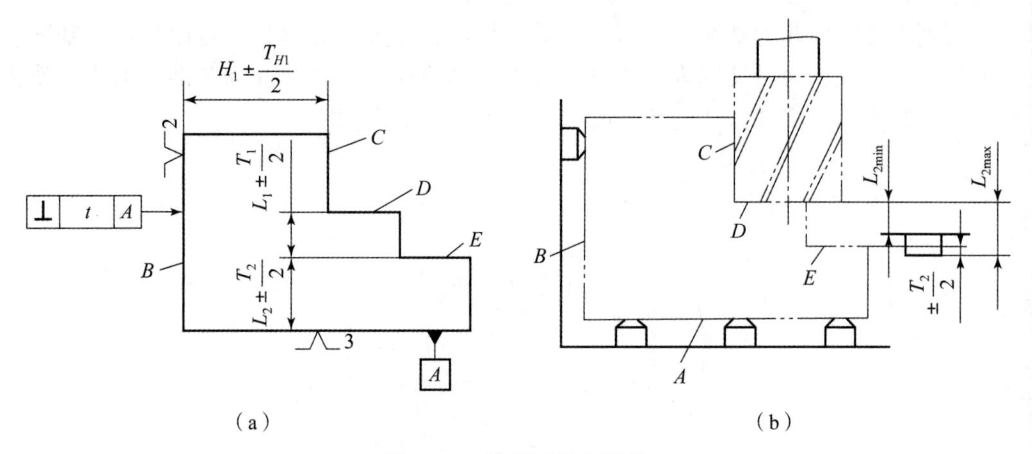

图 4－4　基准不重合误差

Δ_B 仅与基准选择有关，设计时通常遵循基准重合原则，防止产生 Δ_B。图 4－4（a）所示尺寸 H_1 工序基准与定位基准均为侧面 B，基准重合，Δ_B 为零。

2）基准位移误差 Δ_Y

工件在夹具中定位时，由于受工件定位基准面与定位元件限位面制造误差和最小配合间隙的影响，定位基准在加工方向上产生位移，导致各个工件位置不一致，造成加工误差，这种定位误差称为基准位移误差，用 Δ_Y 表示。定位方式不同，Δ_Y 计算方法也不同。

（1）圆柱定位销、圆柱心轴中心定位：圆柱定位销、圆柱心轴与被加工工件内孔

过盈配合，不存在间隙，则

$$\Delta_Y = 0$$

间隙配合定位时，如图 4－5 所示，间隙使工件中心发生偏移，偏移量即 Δ_Y，计算如下：

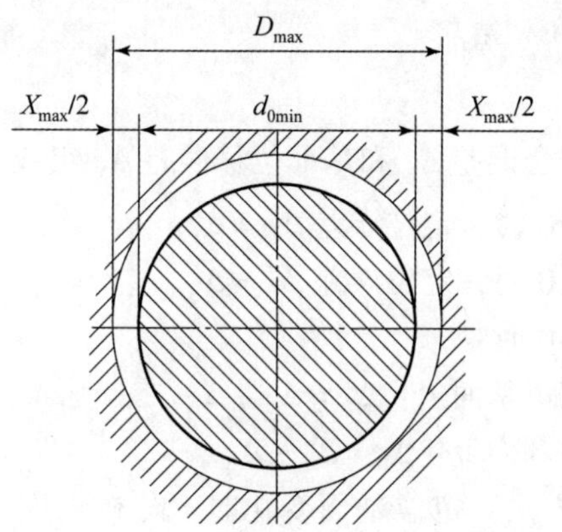

图 4－5　X_{max} 与基准位移误差

$$\Delta_Y = X_{max} = \delta_D + \delta_d + X_{min}$$

式中　X_{max}——工件、定位元件最大配合间隙；

δ_D——工件定位基准孔的直径公差；

δ_d——圆柱定位销或圆柱心轴的直径公差；

X_{min}——定位副最小间隙，设计时确定。

（2）平面定位：工件定位面与定位元件工作面平面接触，不存在间隙，Δ_Y 为零，即 $\Delta_Y = 0$。

（3）V 形块定位：如图 4－6 所示，工件以外圆面在 V 形块上定位，工件定位面是外圆，但定位基准是外圆中心轴线。工件外圆直径变化引起竖直方向的基准位移误差。

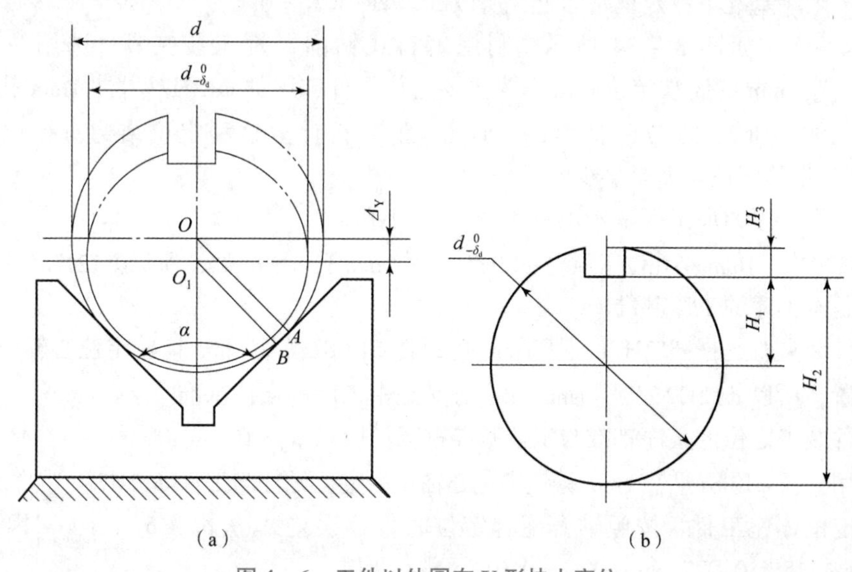

图 4－6　工件以外圆在 V 形块上定位

学习笔记

$$\Delta_Y = OO_1 = \frac{\delta_d}{2\sin\frac{\alpha}{2}}$$

式中 δ_d——工件基准面直径公差（mm）；

α——V 形块两斜面夹角。

3. 定位误差的计算

定位误差由基准不重合误差 Δ_B 和基准位移误差 Δ_Y 组成。

（1）当 $\Delta_B = 0$，$\Delta_Y \neq 0$ 时，定位误差 $\Delta_D = \Delta_Y$。

（2）当 $\Delta_B \neq 0$，$\Delta_Y = 0$ 时，定位误差 $\Delta_D = \Delta_B$。

（3）当 $\Delta_B \neq 0$，$\Delta_Y \neq 0$ 时：

如果工序基准不在定位基面上：$\Delta_D = \Delta_Y + \Delta_B$；

如果工序基准在定位基面上：$\Delta_D = \Delta_Y \pm \Delta_B$。

“+”“-”号判定方法：定位基面变化时，分析工序基准随之变化所引起的 Δ_Y 和 Δ_B 变动方向是相同的还是相反的，相同为“+”号，相反则为“-”号。

例 4-1 如图 1-1、图 1-11 所示，利用手柄座钻削柔性工装夹具装夹手柄座零件钻削加工 ϕ8.3 mm 孔，选择手柄座工件的左端面和 ϕ10.3 mm 内孔面作定位基准对工件进行定位，请分析计算这种定位结构对孔位置尺寸 27 mm 所产生的定位误差是多少?

解 本工序的加工面是 ϕ8.3 mm 孔。

ϕ8.3 mm 孔位于距离左端面 27 mm 位置处，所以左端面是本工序的工序基准。

工件装夹时选择左端面限制工件左右位置，所以左端面又是本工序的定位基准。

工件装夹定位的工序基准与定位基准重合，所以 $\Delta_B = 0$。

采用左端面平面定位，所以 $\Delta_Y = 0$。

由于工序基准不在定位基面上，所以 $\Delta_D = \Delta_Y + \Delta_B = 0$。

例 4-2 如图 3-34 所示，利用填料式钻削柔性工装夹具，选用一个直径 $\phi12f8(^{-0.016}_{-0.043})$ mm 的铸铁定位心轴作为主要定位元件与工件 $\phi12H7(^{+0.018}_{0})$ mm 孔配合装夹体座工件，加工 $\phi6H7(^{+0.012}_{0})$ mm 小孔，请分析计算这种定位结构对孔位置尺寸 5 mm 所产生的定位误差是多少?

解 本工序的加工面是 $\phi6H7(^{+0.012}_{0})$ mm 小孔。

$\phi6H7(^{+0.012}_{0})$ mm 小孔位于距离 $\phi12H7(^{+0.018}_{0})$ mm 孔 5 mm 处，所以 $\phi12H7(^{+0.018}_{0})$ mm 孔中心是本工序的工序基准。

工件装夹时选择 $\phi12H7(^{+0.018}_{0})$ mm 孔配套 $\phi12f8(^{-0.016}_{-0.043})$ mm 铸铁定位心轴限制工件左右位置，所以 $\phi12H7(^{+0.018}_{0})$ mm 孔中心又是本工序的定位基准。

工件装夹定位的工序基准与定位基准重合，所以 $\Delta_B = 0$。

采用直径 $\phi12f8(^{-0.016}_{-0.043})$ mm 铸铁定位心轴作为定位元件与工件 $\phi12H7(^{+0.018}_{0})$ mm 孔配合装夹定位体座工件，按照轴套配合定位时位移误差 $\Delta_Y = \delta_D + \delta_d + X_{min}$，因为 $\delta_D = 0.018$ mm，$\delta_d = 0.027$ mm，$X_{min} = 0.016$ mm，所以：

$$\Delta_Y = 0.018 + 0.027 + 0.016 = 0.061(\text{mm})$$

由于工序基准不在定位基面上，$\Delta_B = 0$，所以 $\Delta_D = \Delta_Y = 0.061$ mm。

柔性工装组合夹具典型基础件结构

柔性工装组合夹具一般结合设计方案，按照表 1－3 基础件图形及尺寸的推荐选用标准规格的基础件进行结构组装，常用规格的基础件元件有圆形基础板、等边辐射梯形槽基础件、方形基础件、矩形基础件、直角形基础件等。实际选配过程中，结合工件大小、夹具结构布局等情况选用合适的规格。

工件结构千变万化，夹具结构布局各式各样，选用标准规格的基础件的大小、结构等不一定满足工件装夹要求，常常需要构思、组装基础件结构，典型的基础件组装结构有：

（1）等宽基础板加长结构，如图 4－7 所示。两件基础板两侧用加肋角铁连接，加肋角铁纵向槽两端、横向槽一端装键。注意选择等厚度等宽基础板，保持基础板连接后的精度。

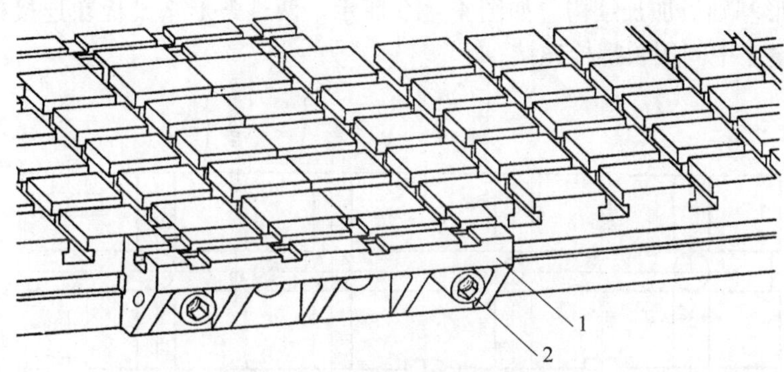

图 4－7　等宽基础板加长结构

1—加肋角铁；2—螺母

（2）等宽基础板中间隔开加长结构，如图 4－8 所示。两基础板中间隔开，两侧用伸长板连接，伸长板纵、横向键槽两端都装键。

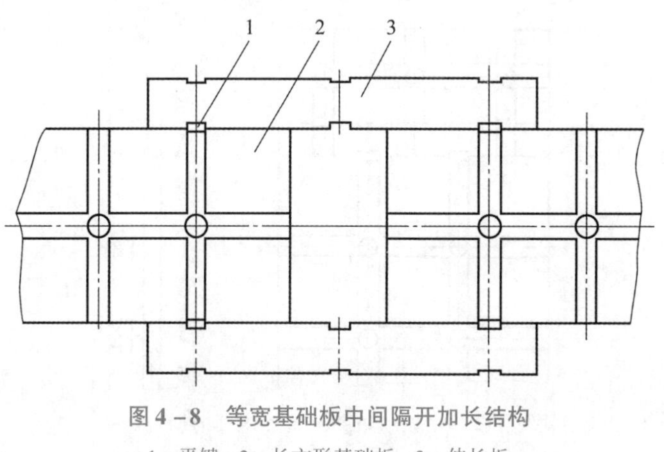

图 4－8　等宽基础板中间隔开加长结构

1—平键；2—长方形基础板；3—伸长板

学习笔记

（3）等宽基础板中间用偏心键隔开加长结构，如图 4－9 所示。伸长板横键槽的一端装平键，另一端装偏心键，两基础板之间隔开不搭起。

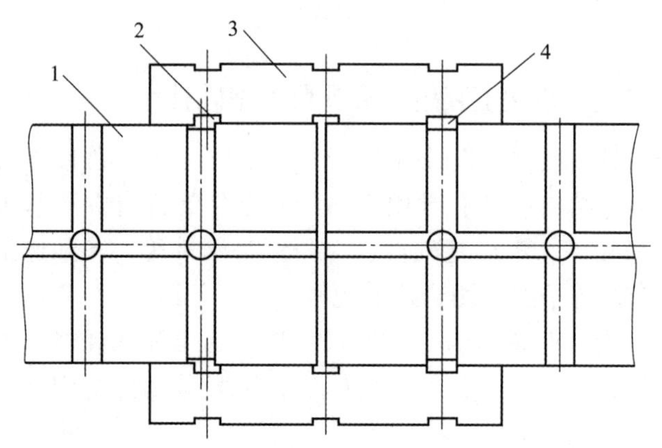

图 4－9　等宽基础板中间用偏心键隔开加长结构

1—长方形基础板；2—偏心键；3—伸长板；4—平键

（4）条形基础板加长结构，如图 4－10 所示。两件条形基础板在连接处几个侧面都装上 T 形键，中间用长螺栓连接。

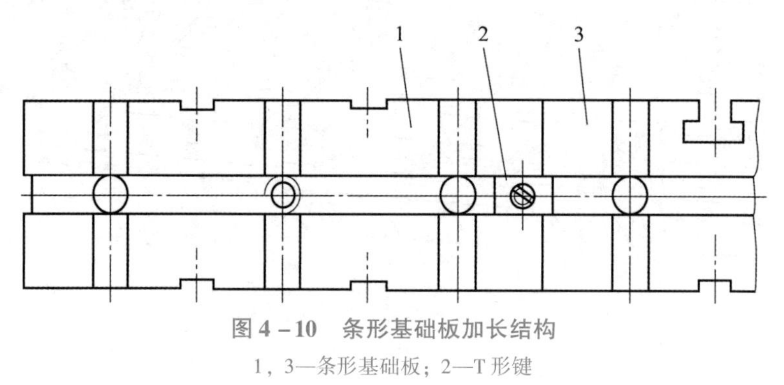

图 4－10　条形基础板加长结构

1，3—条形基础板；2—T 形键

（5）用加肋角铁、垫板连接的加长结构，如图 4－11 所示。

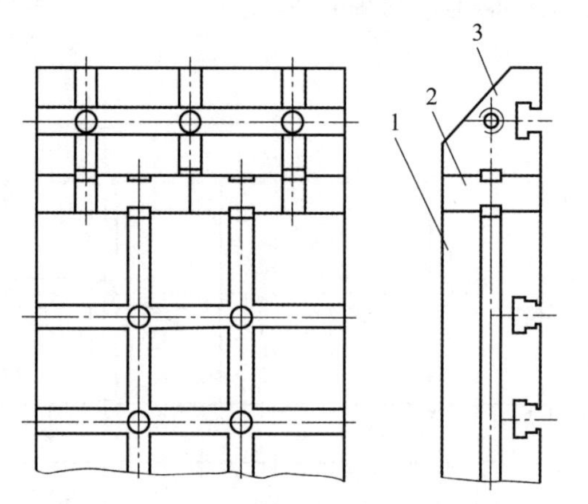

图 4－11　用加肋角铁、垫板连接的加长结构

1—基础板；2—垫板；3—加肋角铁

（6）不等宽基础板加长结构，如图 4 - 12 所示。由于选用了偏心键，则在伸长板的纵向槽和横向槽中均装上键。

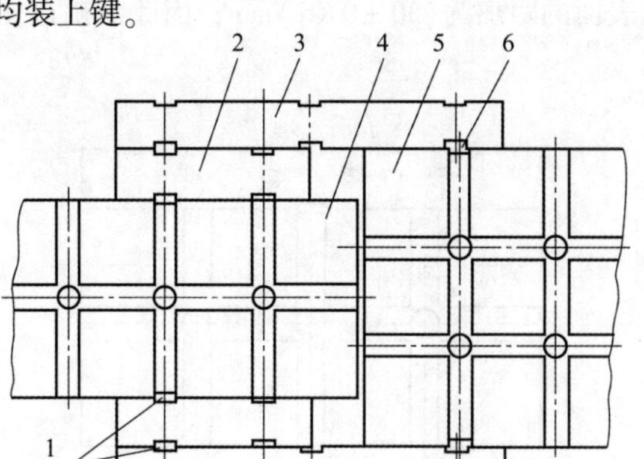

图 4 - 12　不等宽基础板加长结构

1—平键；2—长方形垫板；3—伸长板；4，5—基础板；6—偏心键

（7）基础板垂直连接加长结构，如图 4 - 13 所示。

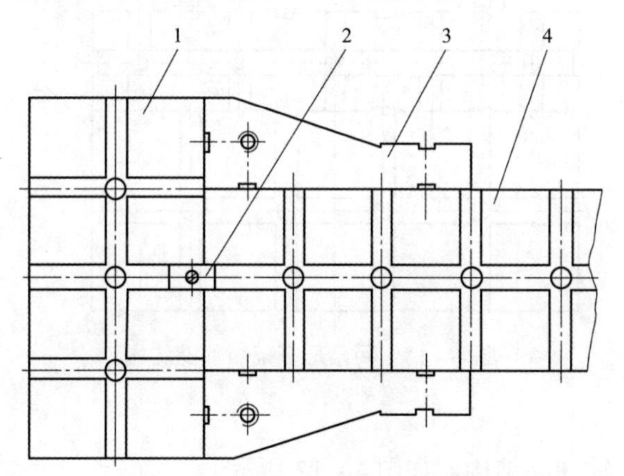

图 4 - 13　基础板垂直连接加长结构

1，4—长方形基础板；2—T 形键；3—角铁

（8）用支承加宽基础角铁结构，如图 4 - 14 所示。

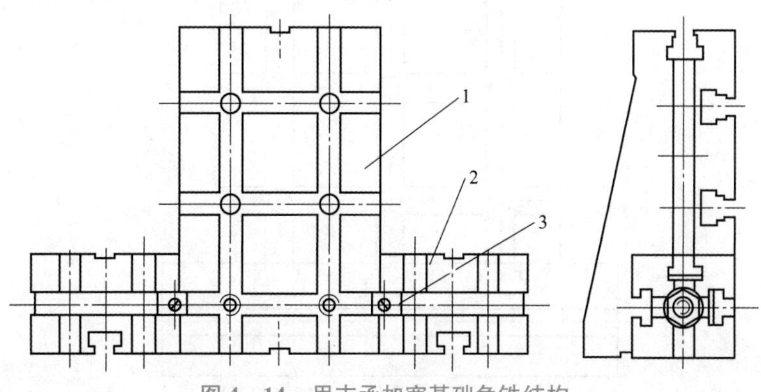

图 4 - 14　用支承加宽基础角铁结构

1—基础角铁；2—支承；3—T 形键

学习笔记

(9) 用伸长板加宽结构，如图4－15所示。由于伸长板的宽度为$60_{-0.74}^{0}$ mm，基础板的侧面T形槽至上表面的距离为(30 ±0.01)mm，因此需挑选才能使伸长板与基础板的平面齐平。

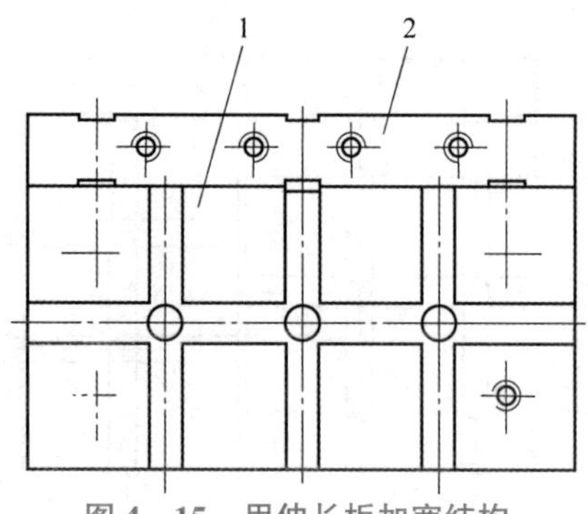

图4－15　用伸长板加宽结构

1—长方形基础板；2—伸长板

(10) 用条形基础板加宽结构，如图4－16所示。

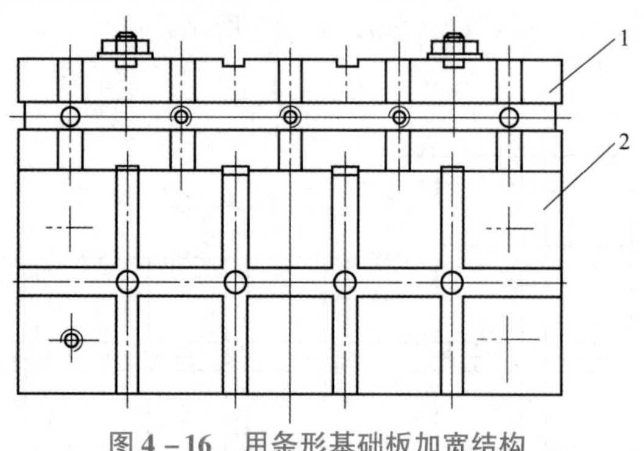

图4－16　用条形基础板加宽结构

1—条形基础板；2—长方形基础板

(11) 用基础角铁加高结构，如图4－17所示。

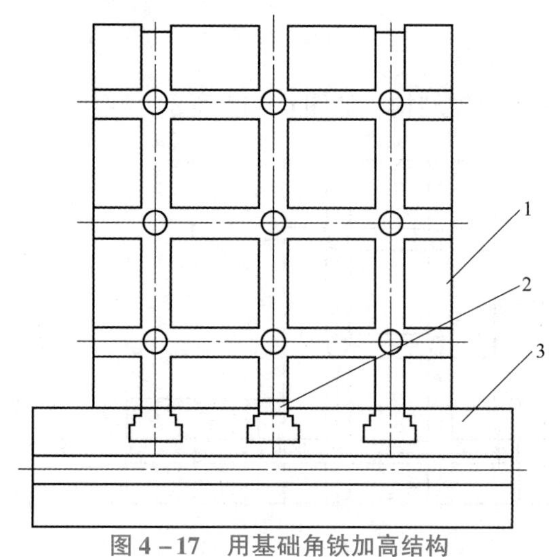

图4－17　用基础角铁加高结构

1—基础角铁；2—平键；3—基础板

（12）用伸长板加大圆基础板直径结构，如图 4－18 所示。伸长板上装十字平键，用大于圆基础中心孔直径尺寸的长方形螺母、紧定螺钉、螺母等进行定位夹紧连接。

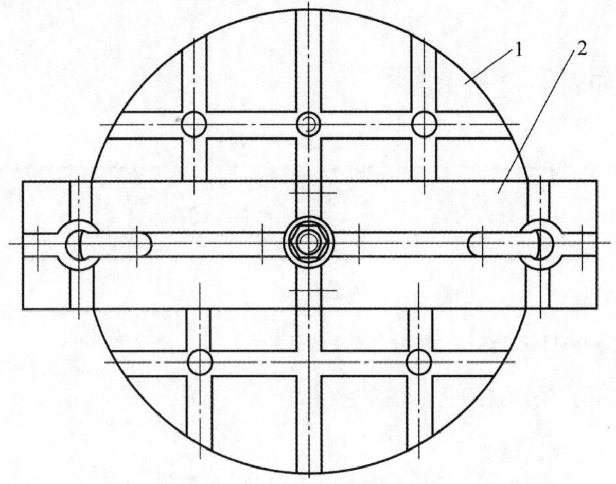

图 4－18　用伸长板加大圆基础板直径结构

1—圆基础板；2—伸长板

（13）用伸长板加大圆基础板半径结构，如图 4－19 所示。

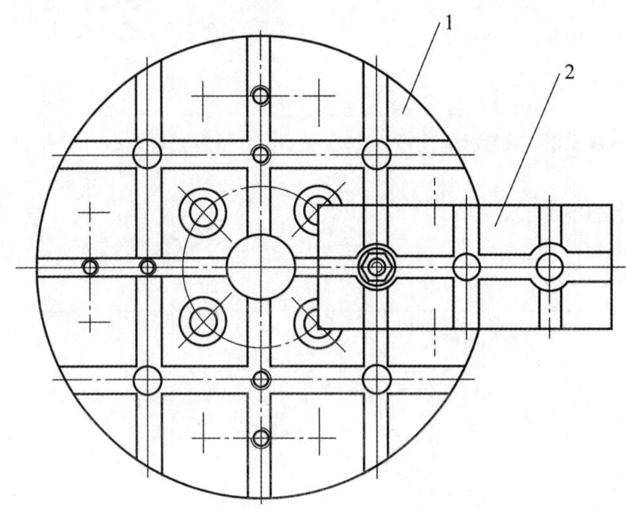

图 4－19　用伸长板加大圆基础板半径结构

1—圆基础板；2—伸长板

任务实施

识读挡块零件图，了解挡块钻孔工序内容，小组分析讨论挡块零件定位结构的定位精度。

（1）识读挡块零件图，设计挡块零件定位结构。

（2）分析确定挡块钻孔工序的工序基准和定位基准。

（3）分析计算挡块钻孔时所产生的定位误差。

(4) 小组讨论影响挡块装夹精度的因素。

任务评价

考核评价标准如表 4 - 2 所示。

表 4 - 2　考核评价标准

评价项目	评价内容	分值	自评 20%	互评 20%	教师评 60%	合计
职业素养（40 分）	专注敬业，安全、责任意识，服从意识	10				
	积极参加项目任务活动，按时完成项目任务	10				
	团队合作，交流沟通能力，集体主义精神	10				
	劳动纪律，职业道德	5				
	现场“5S”管理，行为规范	5				
专业素养（60 分）	专业资料查询能力	10				
	制订计划和执行能力	10				
	操作符合规范，精益求精	15				
	工作效率，分工协作	10				
	任务验收质量，质量意识	15				
创新能力（20 分）	创新性思维和行动	20				
合计		120				

任务4.2　挡块钻削柔性工装设计

任务引入

小组识读挡块零件图，分析、讨论零件结构、技术要求、工艺过程，设计挡块零件钻削柔性工装夹具方案，对照选择柔性工装组合夹具元件，并进行组装、调整、检测，完成项目任务。

任务实施

1. 挡块钻削柔性工装设计任务实施策略

(1) 小组实施方案的讨论、确定。

（2）结构布局设计，元件选择。

（3）结构组装、调整、测量、固定。

（4）实施效果检查、评价。

（5）现场整理。

2. 挡块钻削柔性工装设计任务实施过程

1）实操1——工件分析

如图4-1所示挡块零件，外形基本呈长方体结构，零件主要组成表面有两端面、上下表面、前后表面、凸台面、台阶孔等，零件结构简单，体积较小。本工序实施前，其他表面均加工完成。

本工序 ϕ9 mm 孔加工主要保证尺寸与端面距离 30 mm、ϕ14 mm 台阶孔深度 8 mm，ϕ9 mm 加工孔的中心位于零件凸台两侧面中心，由于产品试制，尺寸 30 mm 需要分别调整变换加工4件。所有加工参数要求不高，制造精度低。

考虑零件制造过程，零件加工工艺路线确定为：铸造——毛坯退火——端面、左侧面、上下表面及倒角刨削——刨削右侧面凸台及倒角——钻铰端面 ϕ18H7 孔，钻攻 M12×1.25 mm 螺孔，钻 ϕ20 mm 及 ϕ4 mm、ϕ14 mm 孔——钻削 ϕ9 mm 孔——检验。

2）实操2——组装方案设计

如图4-1所示，根据零件加工工艺过程，钻削加工之前，零件的各表面已完成加工，零件钻削时具有较好的加工和定位条件，零件结构及外形对称。根据工序图的要求，确定工件定位方案：主视图中工件右侧面作为主要定位基准面限制3个自由度，凸台中心定位限制2个自由度，端面小定位基准面限制1个自由度，实现零件完全定位。

钻削加工，切削力较小，工件采用螺旋压板结构从工件左侧面垂直夹紧。

考虑批量生产，选择钻套导向。

3）实操3——组装元件选用

根据零件定位方案，选用 90 mm×60 mm×60 mm 长方形支承件、60 mm×60 mm×60 mm 方形支承件串联组装作为条形基础件；选用 10 mm×60 mm×45 mm 长方形支承件组装 10 mm 凹槽与工件凸台配合中心定位；一件平压板端面定位，一件叉形压板夹紧工件；一件 30 mm×60 mm×30 mm 长方形支承件支承导向钻模板；选择 18 mm×40 mm×90 mm 导向钻模板引导刀具方向，调整其左右位置，保证 30 mm 的尺寸4次变化要求；串联组装的条形基础件上表面限制工件 $\overset{\frown}{z}$、$\overset{\frown}{x}$、$\overset{\frown}{y}$ 3个自由度，凹槽中心定位限制工件 $\vec{x}$、$\vec{z}$ 2个自由度；平压板从工件端面限制 $\vec{y}$；工件压紧选择叉形压板，螺栓、螺母等紧固。

4）实操4——结构组装

（1）组装加长条形基础件。90 mm×60 mm×60 mm 长方形支承件，60 mm×60 mm×60 mm 方形支承件的键槽中装上呈十字形的定位平键，用沉头螺钉紧固，两者之间串入 10 mm×60 mm×45 mm长方形支承件，形成凹槽中心定位结构，用 150 mm 长双头螺栓穿过长方支承中心孔连接，然后旋紧螺母，完成加长条形基础件组装。

（2）组装平压板。条形基础件侧面T形槽中放入T形螺栓，连接锁紧平压板。平压板螺纹孔中组装长度 30 mm 的无头螺钉。

学习笔记

（3）组装钻模板，实现刀具的正确导向。30 mm×60 mm×30 mm 长方形支承件上下表面组装平定位键并用小螺钉锁紧，条形基础件上表面 T 形槽穿入 80 mm 长 T 形螺栓连接长方形支承件，导向钻模板（18 mm×40 mm×90 mm）的长槽穿过 T 形螺栓并与长方支承以定位平键实现连接，轻轻带紧螺母，装上 ϕ9 mm 导向钻套。

（4）组装压紧装置。连接装配叉形压板、T 形螺栓、螺母等压紧元件。

（5）夹具调整。调整导向钻模板（18 mm×40 mm×90 mm）。选择 30 mm×60 mm×30 mm 长方形支承件侧面为测量基准；测量条形基础件上凹槽侧面位置参数；导向钻模板中穿入 ϕ12 mm 标准心轴，测量心轴位置参数，确保钻模板导向孔中心位于条形基础件上凹槽中心位置。锁紧导向钻模板。

调整平压板中无头螺栓位置，保证工件加工孔尺寸参数 30 mm 位置变化要求。尺寸参数 30 mm 变换有：尺寸 30 mm，尺寸 28 mm，尺寸 26 mm，尺寸 24 mm。各个规格分别加工 2 件进行产品调试，试验满足产品性能设计要求后确定 30 mm 具体参数值进行批量生产。

图 4－20 所示为挡块钻削柔性工装组合夹具实物。

图 4－20　挡块钻削柔性工装组合夹具实物

任务评价

小组推荐成员介绍任务的完成过程，展示设计、组装结果，全体成员完成任务评价。学生自评表、小组互评表分别如表 4－3、表 4－4 所示。

表 4－3　学生自评表

任务	完成情况记录
任务是否按计划时间完成	
理论实践结合情况	
技能训练情况	
任务完成情况	
任务创新情况	
实施收获	

学习笔记

表 4－4　小组互评表

序号	评价项目	小组互评	教师点评
1			
2			
3			
4			

任务4.3　挡块钻削柔性工装检测

任务引入

挡块钻削柔性工装组合夹具组装完成后，需要检验定位是否正确、夹紧是否合理、相关结构布局是否满足工件装夹要求。

任务实施

1. 挡块钻削柔性工装检测任务实施策略

（1）挡块钻削柔性工装夹具结构检查。

（2）主要尺寸 30 mm 及 ϕ9 mm 加工孔中心位于凸台中心的精度测量：准备游标卡尺、标准心轴、测量平台等仪器设备，测量尺寸 30 mm 及 ϕ9 mm 加工孔中心位于凸台中心等参数，按图纸要求调整、固定相关元件。

2. 挡块钻削柔性工装检测任务实施过程

本项目实操检测包括结构检验和主要尺寸参数测量。

（1）结构检验：包括定位结构、夹紧装置、导向结构、安装连接结构等的检查、评价，如表 4－5 所示。

表 4－5　结构检验项目

序号	项目	检查内容	评价
1	外形与机床匹配	长、宽、高与机床匹配	
2	强度刚性	切削力、重力等影响	
3	定位结构	基准选择，元件选用，结构布局	
4	夹紧装置	力三要素合理，结构布局	
5	导向结构	结构布局，元件选用	
6	工件装夹	装夹效率	

续表

序号	项目	检查内容	评价
7	废屑排出	畅通，容屑空间	
8	安装连接	位置与锁紧	
9	使用安全方便	安全，操作方便	

（2）参数测量：尺寸参数主要复检尺寸 30 mm 及 $\phi9$ mm 加工孔中心位于凸台中心的精度，如表 4－6 所示。

表 4－6　参数检测项目

序号	项目	检查内容	评价
1	孔位置参数	30 mm（调整 4 个规格：30 mm、28 mm、26 mm、24 mm）	
2	孔位置参数	孔中心位于凸台中心	
3	孔位置参数	加工孔垂直工件定位基准平面	
4	导向装置布局	排屑空间（加工孔直径的 0.7～1.5 倍）	

考核评价表如表 4－7 所示。

表 4－7　考核评价表

序号	评价项目	自我评价	教师评价	综合评价
1	实施准备			
2	方案设计、元件选用			
3	规范操作			
4	完成质量			
5	关键操作要领掌握情况			
6	完成速度			
7	参与讨论主动性			
8	沟通协作			
9	展示汇报			

注：评价档次统一采用 A（优秀）、B（良好）、C（合格）、D（努力）4 个。

柔性钻床工装应用研讨

各小组组织活动，回顾钻削加工实训操作场景，结合挡块零件孔钻削工作任务要求，分析、讨论挡块孔钻削柔性工装夹具应用问题：

（1）夹具在钻床上的安装方法及位置调整注意事项。

（2）工件装夹：定位元件、定位结构；夹紧力三要素确定；夹紧装置的选择、设计。

（3）刀具导向：导向方法，导向元件调整与位置检测，导向精度影响因素。

（4）工件加工：工件装卸，废屑排出，主要参数测量、控制。

（5）加工孔位置参数变化时，关键元件位置调整、检测及注意事项等。

学习笔记

拓展训练

如图 4－21 所示，在连杆零件上钻削加工两个 $\phi 17^{+0.11}_{0}$ mm 孔。

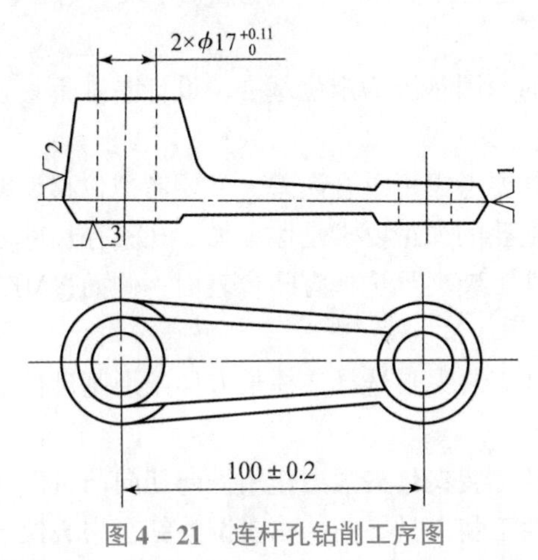

图 4－21　连杆孔钻削工序图

请各小组同学识读工件图，熟悉工件结构，分析工件加工要求，对照图 4－22 连杆孔钻削柔性工装组合夹具，课后讨论、探索：

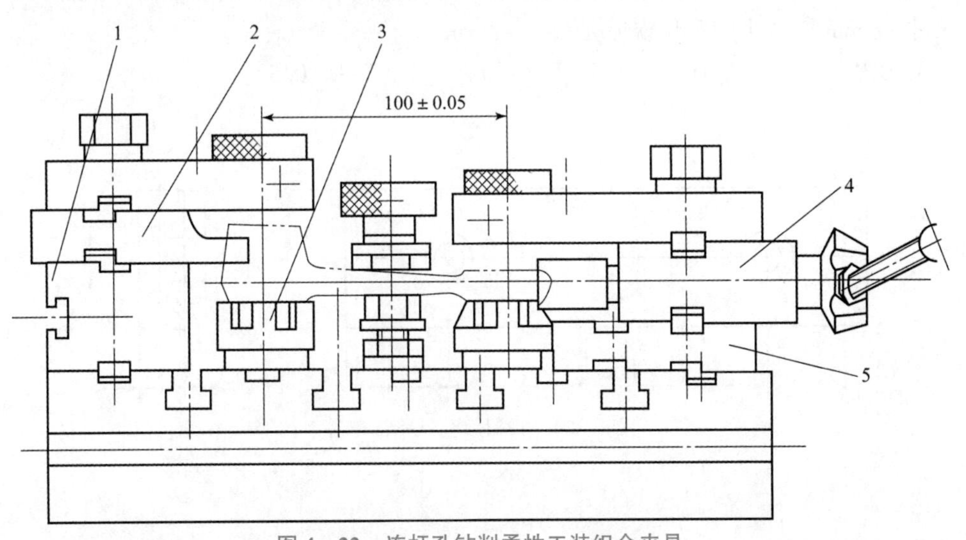

图 4－22　连杆孔钻削柔性工装组合夹具

1—竖槽长方形支承；2—薄头 V 形支承板；3—三爪支承；4—活动 V 形座；5—强固长方形垫板

学习笔记

（1）满足加工要求，需要限制工件哪些自由度？

（2）选择哪些定位基准面装夹工件？分析这些定位基准面分别限制的自由度。

（3）搭建定位结构选择哪些元件？

（4）工件是如何夹紧的？

（5）应用连杆柔性工装组合夹具加工连杆孔需要注意哪些事项？

思考练习

4-1　解释：基准，设计基准，工艺基准，工序基准，基准不重合误差，基准位移误差，定位误差。

4-2　如何选择定位粗基准？如何选择定位精基准？

4-3　判断题

（1）定位误差产生的原因是因为定位基准、设计基准不重合，定位基准位移误差。（　　）

（2）定位误差计算既要考虑不重合误差，又要考虑位移误差。（　　）

（3）挡块孔零件最主要的加工要求是保证加工孔直径尺寸 $\phi 9$ mm。（　　）

（4）挡块孔钻削柔性工装夹具选择有凸台表面、侧面、M12 螺纹孔端面组合定位。（　　）

（5）挡块孔钻削柔性工装夹具选择选择长方形条形基础件限制工件 3 个自由度。（　　）

（6）挡块孔钻削柔性工装夹具夹紧力作用方向朝向凸台侧面。（　　）

（7）挡块孔钻削柔性工装夹具导向结构要调整钻套中心位于凸台两个侧面中心。（　　）

4-4　选择题

如图 4-23 所示，采用双孔钻削柔性工装夹具装夹工件方式加工钳口工件，对工件尺寸 17 mm 所产生的定位误差是（　　）mm。

A. 0.2　　B. 0.7　　C. 0　　D. 0.5

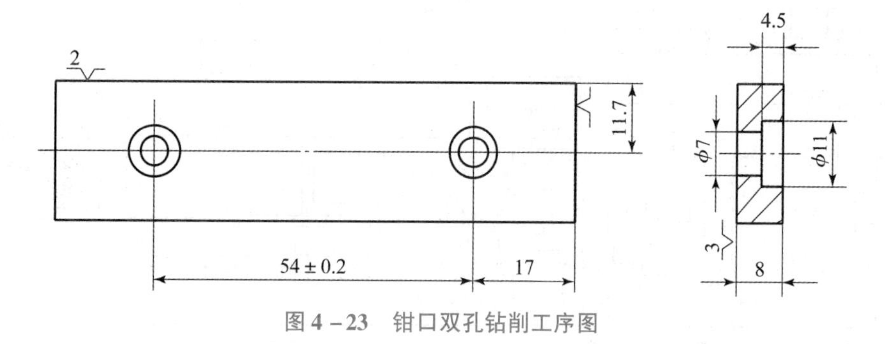

图 4-23　钳口双孔钻削工序图

学习笔记

项目五　端盖车削柔性工装设计

小组分析、讨论零件结构、技术要求、工艺过程，设计柔性工装夹具方案，对照选择柔性工装组合夹具元件，并进行组装、调整、检测，完成项目任务。

项目导读

本项目以端盖车削加工装夹为行动任务，通过夹具定位结构设计，正确选定夹紧力，合理配置夹紧装置，实施柔性工装组合夹具结构组装，满足端盖车削零件制造要求。

端盖车削柔性工装设计主要内容包括：

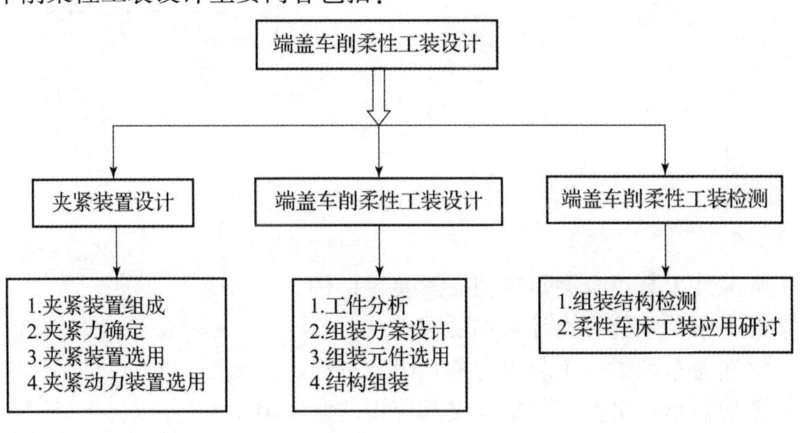

项目分析

工装夹具工作室接到企业设计所万能工具磨床结构零件——端盖车削台阶内孔工装夹具设计配置任务，端盖零件图样和技术要求如图 5－1 所示。

（1）产品名称：万能工具磨床 2M9120。

（2）零件名称及编号：端盖 51－101。

（3）生产数量：6 件。

（4）零件加工工艺路线：铸造——刨削四侧面，留磨量——铣断取总长，留磨量——平面磨四侧面，磨底面——车主轴孔——钻全部孔——铣圆弧槽——检验。

技术要求：

（1）产品试制，图 5－1 中端盖零件台阶内孔中心到下底面尺寸参数 $58_{-0.05}^{\ 0}$ mm，按照 $56_{-0.05}^{\ 0}$ mm 要求变换调整参数制造 2 件，按照 $58_{-0.05}^{\ 0}$ mm 要求变换调整参数制造 2 件，按照 $60_{-0.05}^{\ 0}$ mm 要求变换调整参数制造 2 件，3 种尺寸不同的零件分别装配，试验

学习笔记

验证产品性能满足设计要求后，确定具体合理的参数值进行批量生产。

（2）铸件不允许存在气孔、沙眼、凸瘤等影响强度和外观质量的缺陷。

（3）未注铸造圆角 $R3$ mm，未注倒角 $C0.5$。

（4）零件表面发蓝热处理。

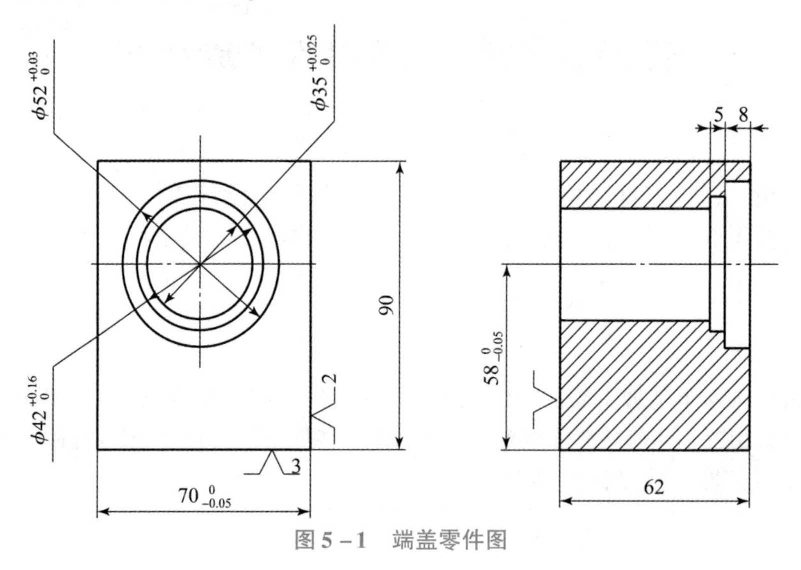

图 5－1　端盖零件图

项目目标

1. 知识目标

（1）了解柔性工装组合夹具典型夹紧装置结构。

（2）掌握夹紧装置选择设计基本要求。

（3）了解端盖车削柔性工装组合夹具组装过程。

（4）熟悉端盖车削柔性工装组合夹具应用注意事项。

2. 能力目标

（1）能识读工件确定柔性工装夹具设计方案。

（2）能根据端盖零件的加工要求构思、设计柔性工装结构，选用组装元件，组装、调整、检测、应用柔性车床工装组合夹具。

3. 素质目标

（1）培养学生正确的劳动价值观和爱岗敬业、踏实、求精、专注的工匠精神。

（2）培养学生团结协作、善于沟通的工作作风，提升分析问题和解决问题的能力。

（3）保持工作环境清洁有序，爱护设备，文明生产。

项目计划/决策

本项目所选的学习载体为万能工具磨床 2M9120 典型结构零件端盖，通过零件结构分析、定位方案设计、组装元件选用、结构组装调整、结构检验及尺寸测量、小组讨论评价等任务过程的学习，学生可掌握端盖零件加工所需柔性车床组合夹具方案设计、结构组装方法，按照基于工作过程的项目导向模式完成任务实施。

学习笔记

任务分组

学生任务分配情况填入表 5－1。

表 5－1　学生任务分配表

班级		组号		指导教师	
组长		学号			
组员	姓名	学号	姓名	学号	

任务5.1　夹紧装置设计

任务引入

如图 5－1 所示端盖零件，车削加工该零件上两端台阶内孔，设计、配置柔性夹具装夹工件，夹具定位结构确定了工件装夹位置，为保持工件定位时所确定的正确位置，工件准确定位后，必须配置夹紧装置施加合适的夹紧力锁紧工件，防止机械加工过程中工件脱落、振动、颤动等，确保工件加工过程稳定、可靠。

知识链接

夹紧装置的配置包括确定合理的夹紧力三要素，选择夹紧装置类型，配套夹紧动力装置。

知识模块一　夹紧装置组成

如图 5－2 所示，夹紧装置一般由三个部分组成。

1. 力源装置

力源装置是产生夹紧原始作用力的装置，对于机动夹紧机构，通常指气动、液动、电力等动力装置。

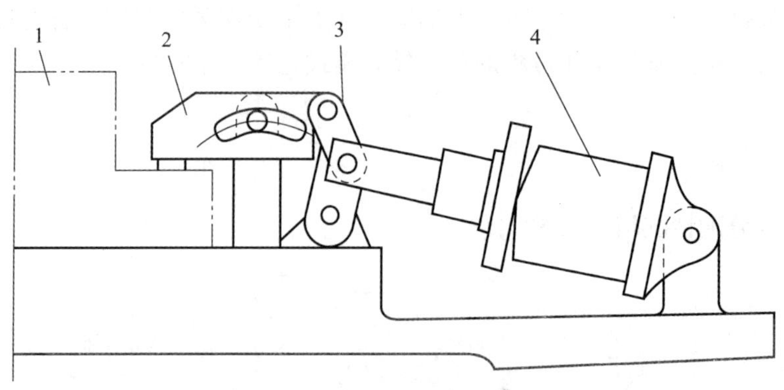

图 5－2　夹紧装置组成

1—工件；2—夹紧元件；3—中间传动机构；4—力源装置

2. 中间传动机构

中间传动机构是把力源装置产生的力传给夹紧元件的中间机构，其主要作用有：

（1）改变作用力的方向。如图 5－1 所示，气缸内作用力的方向通过铰链机构后变为垂直方向的夹紧力。

（2）改变作用力的大小。为牢固地夹紧工件，有时需要较大的夹紧力，可利用中间传动机构（如斜楔、螺旋等）改变作用力的大小，满足工件夹紧的需要。

（3）自锁作用。外力源消失后，工件仍能得到可靠的夹紧。

3. 夹紧元件

夹紧元件是夹紧装置的最终执行元件，与工件直接接触，夹紧工件。

知识模块二　夹紧力确定

针对工件装夹夹紧要求，夹紧装置的选择、设计必须满足：

（1）夹紧过程中，不能改变工件定位后所占据的正确位置。

（2）夹紧力的大小要适当。既要保证整个加工过程中工件位置稳定不变，又要保证工件不产生明显的变形或损伤工件表面。

（3）工艺性要好。夹紧装置力求结构简单，便于制造、调整和维修。

（4）夹紧装置的操作要安全、省力、方便、高效、迅速。

夹紧装置选择、设计的首要问题是合理确定夹紧力的三要素。也就是要根据工件的结构特点、加工要求，并结合工件加工中的受力状况及定位元件的结构和布置方式等综合分析、确定夹紧力的方向、作用点和大小。

1. 夹紧力方向的确定

（1）夹紧力的方向应垂直于主要定位基准面。主要定位基准面的面积较大，限制的自由度较多，夹紧力的方向垂直于该面容易保持装夹稳固，从而有利于保证工序的精度要求。如图 5－3 所示，被加工孔与左端面有垂直度要求，因此，工件以左端面与 B 面接触，限制 3 个自由度，工件以底面与 A 面接触，限制 2 个自由度，夹紧力 F 应垂直于主要定位基准面 B 面，这样有利于保证孔与端面的垂直度要求。若夹紧力方向改向 A 面，不仅装夹稳定性较差，而且因工件的左端面与底面存在垂直度误差，被加工孔与左端面的垂直度要求也难以保证。

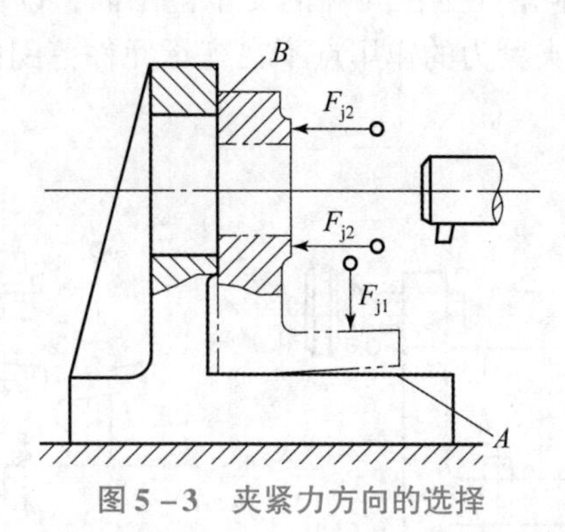

图 5-3　夹紧力方向的选择

（2）夹紧力的方向应尽量与切削力、工件重力方向同向，这样可以减小所需夹紧力。如图 5-4（a）所示夹紧力 F_j 与切削力方向相反，则夹紧力至少要大于切削力；而如图 5-4（b）所示，夹紧力 F_j 与主切削力方向一致，切削力由夹具的固定支承承受，所需夹紧力较小。

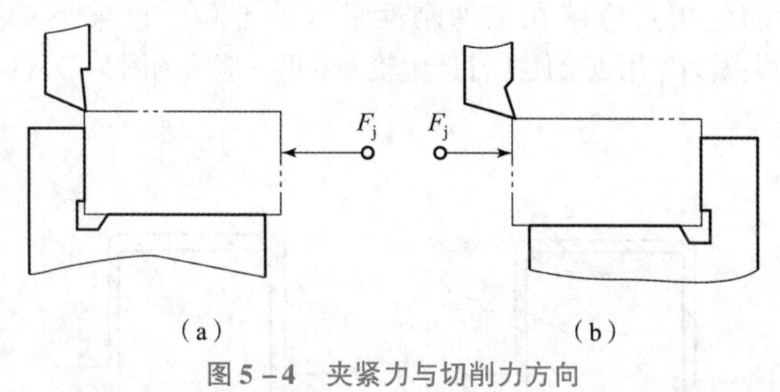

图 5-4　夹紧力与切削力方向

（3）夹紧力的方向应尽量与工件刚度最大的方向一致，以减小工件变形。如图5-5 所示的薄壁套筒工件，它的轴向刚度比径向刚度大。若如图5-5（a）所示，用三爪自定心卡盘径向夹紧套筒，将使套筒产生较大变形。若改成图 5-5（b）的形式，用螺母轴向夹紧工件，就不易产生变形。

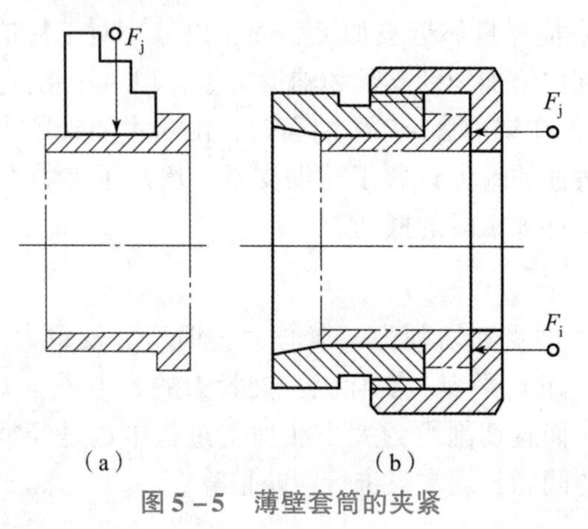

图 5-5　薄壁套筒的夹紧

2. 夹紧力作用点的确定

（1）夹紧力的作用点应落在定位元件的支承范围内，以保证工件已获得的定位位置不变。如图 5－6 所示，夹紧力的作用点不在支承元件范围内，产生了使工件翻转的力矩，破坏了工件的定位。

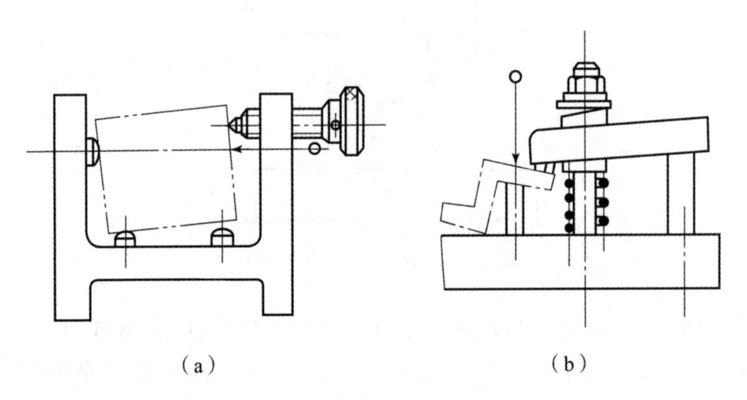

图 5－6　夹紧力作用点位置

（2）夹紧力的作用点应落在工件刚性最好的部位，以减小工件的夹紧变形。图 5－7（a）中的夹紧力作用点会使工件产生较大变形，应改为图 5－7（b）所示的方式。

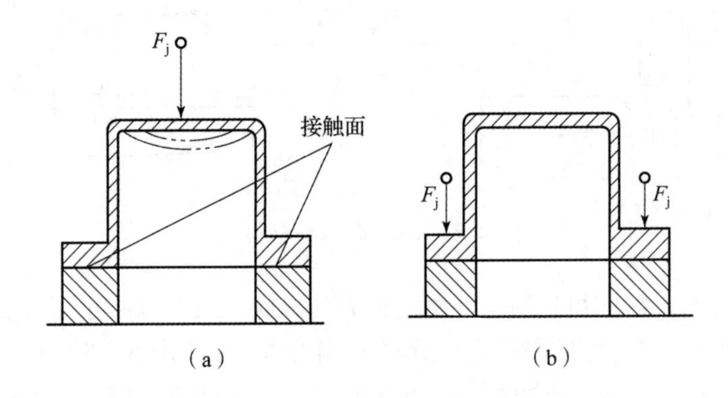

图 5－7　夹紧力的作用点应落在工件刚性最好的部位

（3）夹紧力作用点应尽量靠近被加工表面，以减小对工件造成的翻转力矩。必要时应在工件刚度差的部位增加辅助支承和辅助夹紧，以减小切削过程中的振动和变形。如图 5－8 所示的零件，在铣削 A、B 两端面时，由于主要夹紧力的作用点距加工面较远，所以在靠近加工表面的地方设置了辅助支承，增加了夹紧力 F_j，这样提高了工件的装夹刚性，减小了工件加工时的振动。

3. 夹紧力大小的估算

在加工过程中，工件受到切削力、离心力、惯性力及重力的作用，从理论上讲，夹紧力应与上述各力（矩）平衡。实际上，夹紧力的大小还与工艺系统的刚性、夹紧机构的传递效率有关，而且切削力的大小在加工过程中也是经常变化的，因此夹紧力的计算是一个很复杂的问题，通常只进行粗略估算。

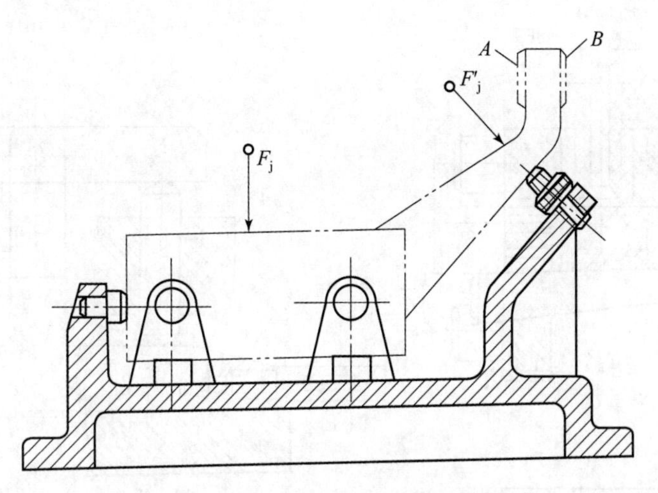

图 5-8 辅助支承与辅助夹紧

首先，假设系统为刚性系统，切削过程处于稳定状态。在这些假设条件下，根据切削原理公式或切削力计算图表求出切削力。然后找出对夹紧最不利的瞬时状态，按静力学原理估算此状态下所需的夹紧力。为保证夹紧可靠，还需乘以安全系数才得实际需要的夹紧力。即

$$F_J = K \cdot F_j$$

式中 F_J——实际需要的夹紧力；

K——安全系数，一般 $K=1.5\sim3.0$，粗加工取大值，精加工取小值；

F_j——在最不利的条件下由静力平衡计算出的夹紧力。

知识模块三 夹紧装置选用

确定了夹紧力三要素，就可以结合工件定位结构，选择、设计常用夹紧机构、定心夹紧机构和联动夹紧机构等施加夹紧力夹紧工件。

1. 常用夹紧机构

常用夹紧机构有斜楔夹紧机构、螺旋夹紧机构、偏心夹紧机构以及铰链夹紧机构等。

1）斜楔夹紧机构

利用斜面直接或间接夹紧工件的机构称为斜楔夹紧机构，如图 5-9 为几种斜楔夹紧机构的应用实例。图 5-9（a）是在工件上钻互相垂直的 $\phi8$ mm、$\phi5$ mm 两组孔。装入工件，敲击斜楔大端，夹紧工件。加工完毕，敲击小端，松开工件。用斜楔直接夹紧工件，施加的夹紧力较小，操作费时费力，实际生产中大多将斜楔与其他机构联合使用。图 5-9（b）是斜楔与滑柱组合成的夹紧机构，图 5-9（c）是由端面斜楔与压板组合成的夹紧机构。

（1）斜楔夹紧力的计算。斜楔夹紧力的近似计算公式为

$$F_j = \frac{F_Q}{\tan(\alpha + 2\varphi)}(\varphi_1 = \varphi_2 = \varphi, \alpha \leqslant 10^0)$$

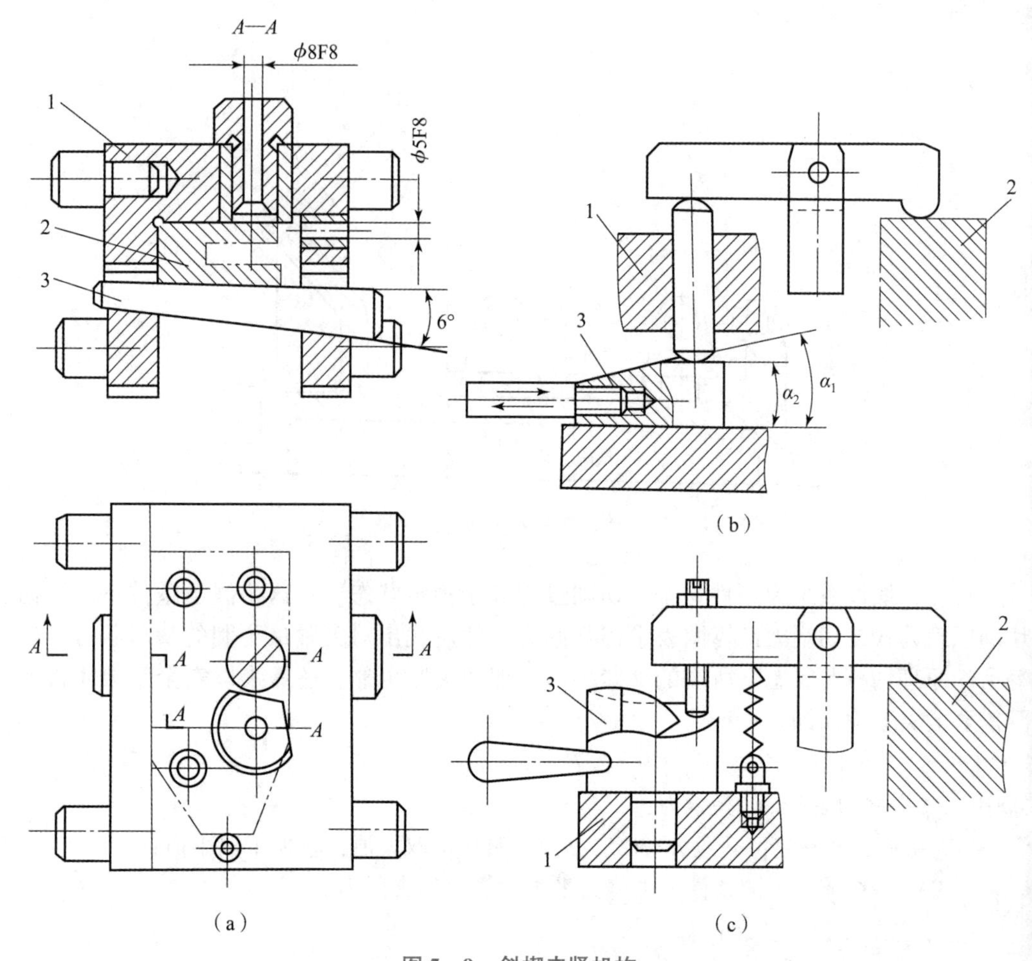

图 5-9 斜楔夹紧机构

1—夹具体；2—工件；3—斜楔

(a) 斜楔直接夹紧工件；(b) 斜楔与滑柱组合；(c) 斜楔与压板组合

式中 F_j——斜楔对工件的夹紧力（N）；

α——斜楔升角（°）；

F_Q——原始作用力（N）；

φ_1——斜楔与工件间的摩擦角（°）；

φ_2——斜楔与夹具体间的摩擦角（°）。

（2）斜楔夹紧机构的自锁条件。斜楔在外力去除后应能自锁。斜楔自锁条件为：$\alpha \leqslant \varphi_1 + \varphi_2$。即：斜楔的升角小于斜楔与工件、斜楔与夹具体之间的摩擦角之和。

钢铁表面间的摩擦因数一般为 $f=0.10 \sim 0.15$，可知摩擦角 φ_1 和 φ_2 的值为 5.75°~8.5°。因此，斜楔夹紧机构满足自锁的条件为 $\alpha \leqslant 11.5° \sim 17°$。但为了保证自锁可靠，一般取 $\alpha = 10° \sim 15°$ 或更小些。

（3）斜楔夹紧机构的特点。夹紧力增大倍数等于夹紧行程的缩小倍数。

（4）斜楔夹紧改变了原始作用力的方向。斜楔夹紧机构的这一特征，由图 5-9 中可以明显看出。

斜楔夹紧机构结构简单，工作可靠，但由于它的机械效率较低，很少直接应用于手动夹紧，而常用在工件尺寸公差较小的机动夹紧机构中。

2）螺旋夹紧机构

由螺钉、螺母、垫圈、压板等元件组成的夹紧机构称为螺旋夹紧机构。螺旋夹紧机构结构简单，夹紧可靠，通用性大，自锁性能好，夹紧力和夹紧行程较大，目前在夹具中得到广泛应用。

（1）单个螺旋夹紧机构。直接用螺钉、螺母夹紧工件的机构，称为单个螺旋夹紧机构，如图5－10所示。图5－10（a）中，用螺钉头部直接夹紧工件，容易损伤受压表面，并在旋紧螺钉时易引起工件转动，因此常在螺钉头部装上可以摆动的压块（图5－10（b）），以防止发生上述现象。

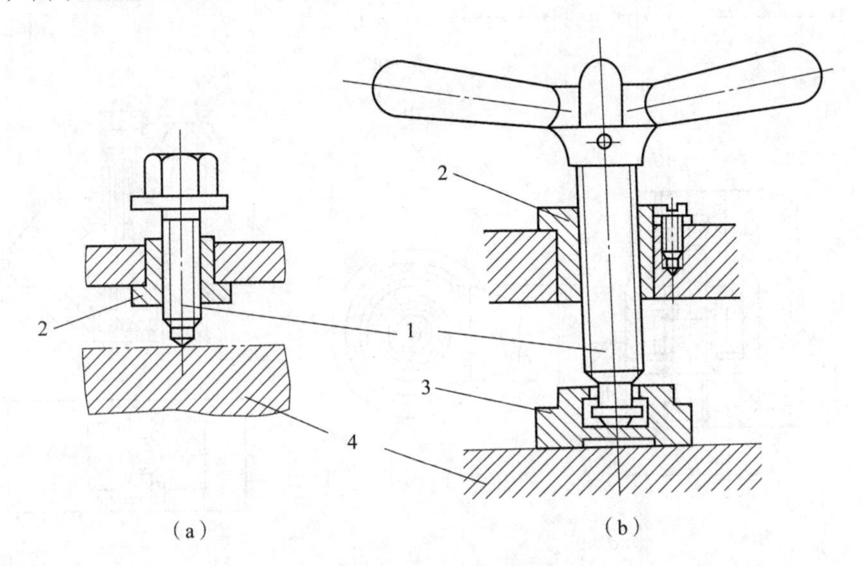

图5－10　单个螺旋夹紧机构

1—螺钉、螺杆；2—螺母套；3—摆动压块；4—工件

（2）螺旋压板夹紧机构。螺旋压板夹紧机构是结构形式变化最多的夹紧机构，也是应用最广的夹紧机构，图5－11所示为常用的5种典型结构。图5－11（a）、（b）为移动压板，图（a）为减力增加夹紧行程；图（b）为不增力但可改变夹紧力的方向；图5－11（c）是采用铰链压板增力机构，减小了夹紧行程，但使用上受工件尺寸的限制；图5－11（d）为钩形压板，其结构紧凑，使用方便，适用于夹具上安装夹紧机构位置受到限制的场合；图5－11（e）为自调式压板，它能适应工件高度在0～200 mm范围内的变化，结构简单，使用方便。

（3）快速螺旋夹紧机构。为迅速夹紧工件减少辅助时间，可采用各种快速螺旋夹紧机构。图5－12（a）所示为带有开口垫圈的螺母夹紧机构，螺母最大外径小于工件孔径，松开螺母取下开口垫圈，工件即可穿过螺母被取出；图5－12（b）所示为快卸螺母结构，螺孔内钻有光滑斜孔，其直径略大于螺纹公称直径，螺母旋出一段距离后，就可取下螺母；图5－12（c）所示为回转压板夹紧机构，旋松螺钉后，将回转压板逆时针转过适当角度，工件便可从上面取出。

学习笔记

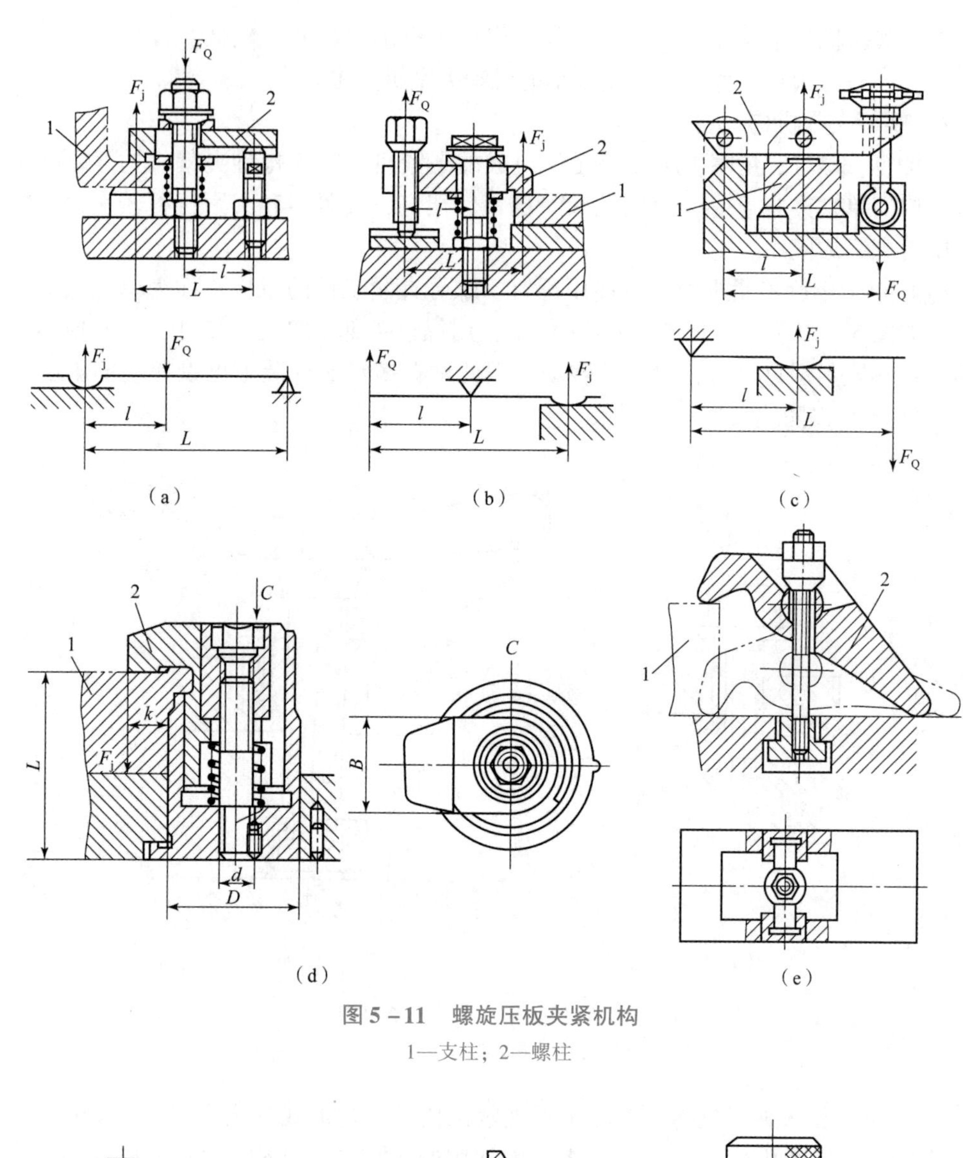

图 5-11　螺旋压板夹紧机构

1—支柱；2—螺柱

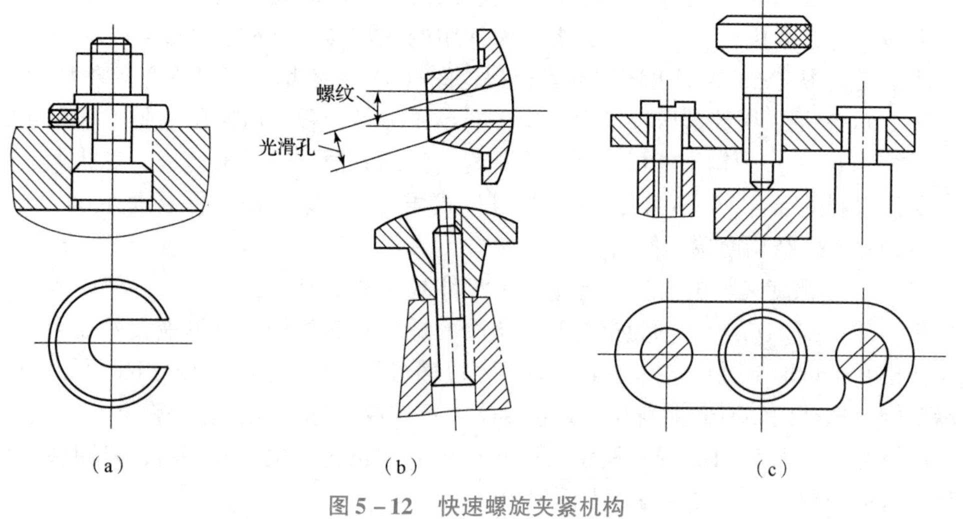

图 5-12　快速螺旋夹紧机构

3）偏心夹紧机构

用偏心件直接或间接夹紧工件的机构称为偏心夹紧机构。偏心件有圆偏心和曲线偏心两种类型。圆偏心因结构简单、制造容易，在夹具中应用较多。图 5 – 13 所示为常见的几种圆偏心夹紧机构。图 5 – 13（a）、（b）采用的是圆偏心轮，图 5 – 13（c）用的是偏心轴，图 5 – 13（d）用的是有偏心圆弧的偏心叉。

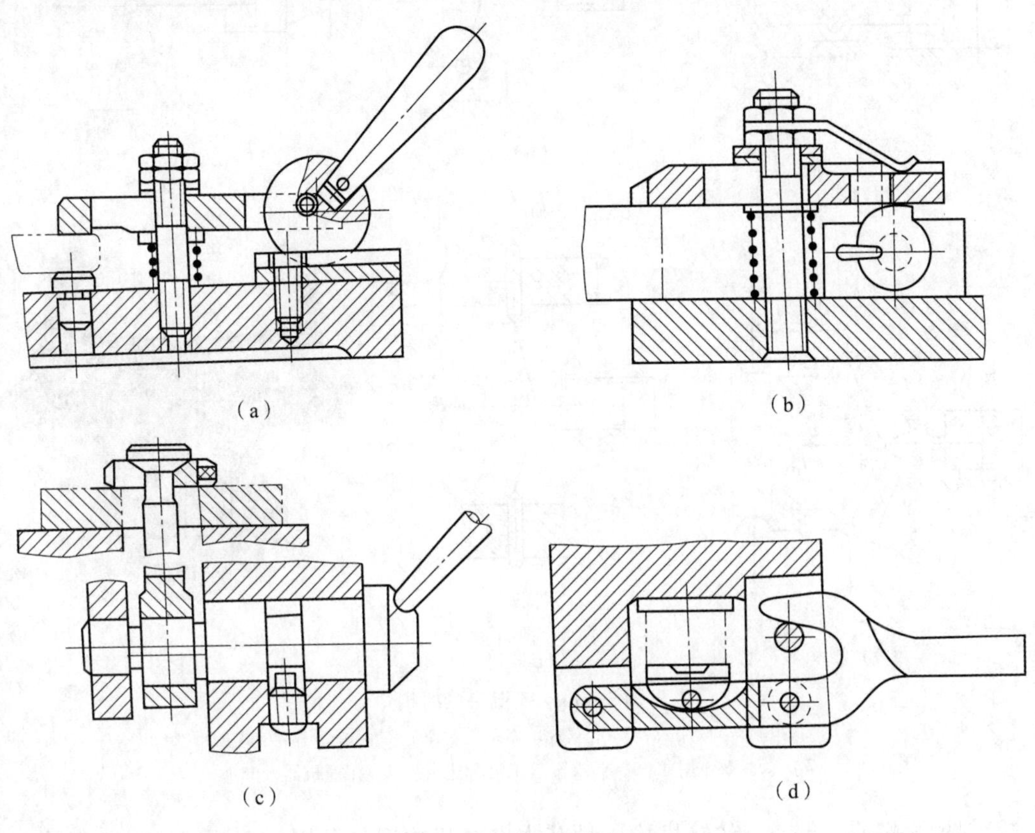

图 5 – 13　偏心夹紧机构

圆偏心轮夹紧机构结构简单，夹紧动作迅速，使用方便，但增力比和夹紧行程都较小，结构抗振性能差，自锁可靠性差。它适用于所需夹紧行程及切削负荷小且平稳、切削力不大、振动较小、工件不大的手动夹紧夹具中，如钻床夹具。

4）铰链夹紧机构

铰链夹紧机构是一种增力机构。由于结构简单，增力比大，摩擦损失小，铰链夹紧机构动作迅速，易于改变力的作用方向。其缺点是自锁性能差，一般常用于液动、气动夹紧中，特别是在柔性工装气动夹具中应用广泛，如工业机器人卡爪常常采用铰链夹紧机构。图 5 – 14 所示为铰链夹紧机构的 5 种基本类型，图 5 – 14（a）为单臂铰链夹紧机构，图 5 – 14（b）为双臂单向作用的铰链夹紧机构，图 5 – 14（c）为双臂单向作用带移动柱塞的铰链夹紧机构，图 5 – 14（d）为双臂双向作用的铰链夹紧机构，图 5 – 14（e）为双臂双向作用带移动柱塞的铰链夹紧机构，图 5 – 14（f）为工业机器人铰链式卡爪。

学习笔记

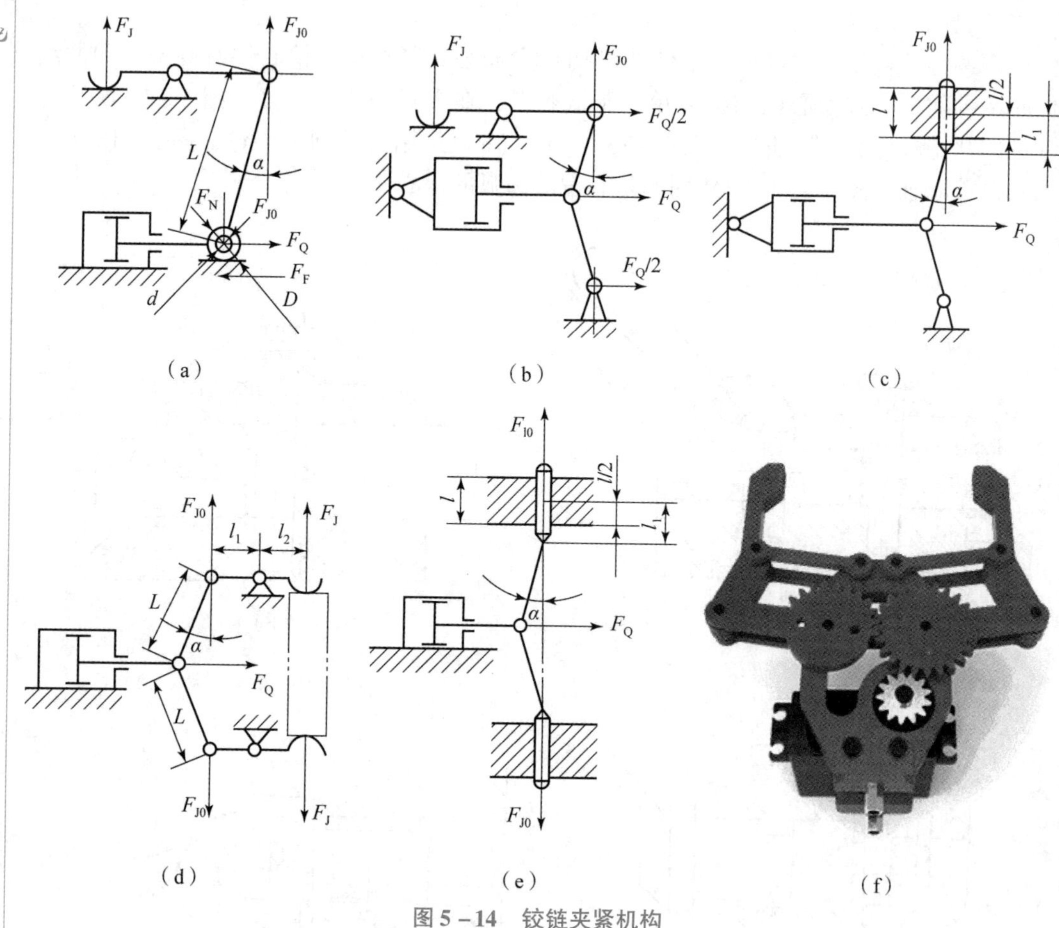

图 5-14　铰链夹紧机构

（a）单臂单作用式；（b）双臂单作用式；（c）双臂单作用滑柱式；
（d）双臂双作用式；（e）双臂双作用滑柱式；（f）工业机器人卡爪

斜楔、螺旋、偏心、铰链机构 4 种基本夹紧机构都是利用斜面原理增力。螺旋夹紧机构增力系数最大，在同值的原始作用力 F_Q 和正常尺寸比例情况下，其增力比比圆偏心轮夹紧机构大 6～7 倍，比斜楔夹紧机构大 20 倍。在使用性能方面，螺旋夹紧机构不受夹紧行程的限制，夹紧可靠，但夹紧工件费时。圆偏心轮夹紧机构则相反，夹紧迅速但夹紧行程小，自锁性能差。这两种夹紧方式一般多用于要求自锁的手动夹紧机构。斜楔夹紧机构则很少单独使用，常与其他元件组合成为增力机构。

2. 定心夹紧机构

定心夹紧机构是一种同时实现对工件定心定位和夹紧的夹紧机构。工件在夹紧过程中，利用定位夹紧元件的等速移动或均匀弹性变形，来消除定位副制造不准确或定位尺寸偏差对定心或对中的影响，使这些误差或偏差能均匀而对称地分配在工件的定位基准面上，使工件相对于某一轴线或某一对称面保持对称性，如三爪卡盘。定心夹紧机构按工作原理可分为以下两大类：

（1）按等速移动原理工作的定心夹紧机构。图 5-15 所示为螺旋定心夹紧机构，螺杆 4 两端的螺纹旋向相反，螺距相同。当其旋转时，通过左右螺旋带动两 V 形钳口

1、2 同时移向中心，从而对工件起定位夹紧作用。这类定心夹紧机构的特点是制造方便，夹紧力和夹紧行程较大，但由于制造误差和组成元件间的间隙较大，故定心精度不高，常用于粗加工和半精加工中。

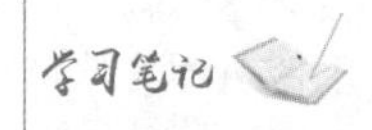

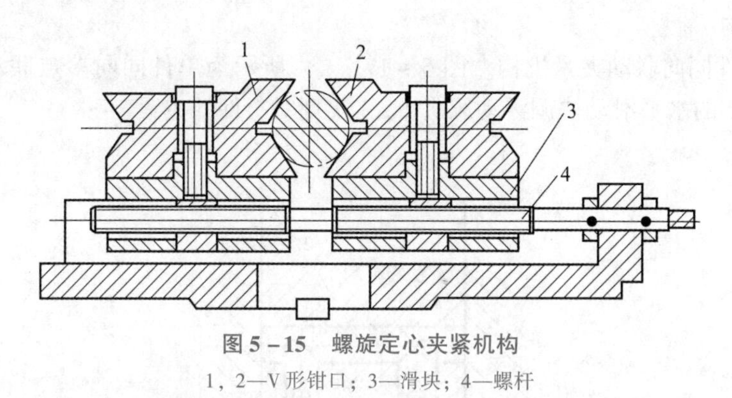

图 5-15　螺旋定心夹紧机构

1，2—V 形钳口；3—滑块；4—螺杆

（2）以均匀弹性变形原理工作的定心夹紧机构。当定心精度要求较高时，一般利用这类定心夹紧机构，主要有弹簧夹头定心夹紧机构、弹性薄膜卡盘定心夹紧机构、液塑定心夹紧机构、碟形弹簧定心夹紧机构等。图 5-16 所示为液塑定心夹紧机构，工件以内孔作为定位基面，装在薄壁套筒 2 上。起直接夹紧作用的薄壁套筒 2 则压配在夹具体 1 上，在所构成的环槽中注满了液性塑料 3。当旋转螺钉 5 通过柱塞 4 向腔内加压时，液性塑料 3 便向各个方向传递压力，在压力作用下薄壁套筒 2 产生径向均匀的弹性变形，从而将工件定心夹紧。

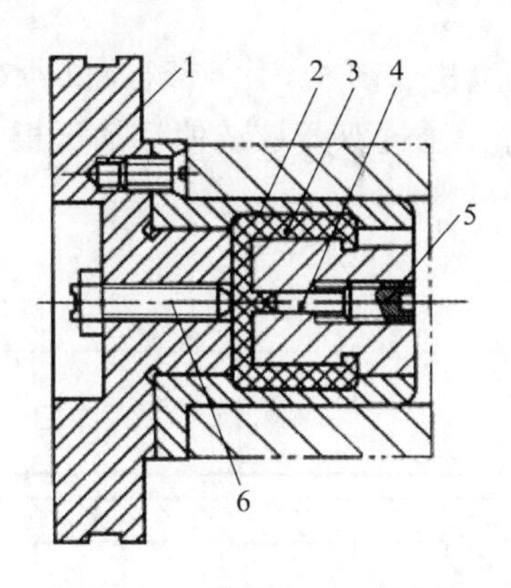

图 5-16　液塑定心夹紧机构

1—夹具体；2—薄壁套筒；3—液性塑料；4—柱塞；5—螺钉；6—限位螺钉

3. 联动夹紧机构

在夹紧机构设计中，有时需要对一个工件上的几个点或对多个工件同时进行夹紧，此时，为了减少工件装夹时间，简化机构，常常采用各种联动夹紧机构。这种机构要求从一处施力，可同时在几处（或几个方向上）对一个或几个工件进行夹紧。这种利用一个原始作用力实现单件或多件的多点、多向同时夹紧的机构称为联动夹紧机构。

1）单件联动夹紧机构

单件联动夹紧机构大多用于分散的夹紧力作用点或夹紧力方向差别较大的场合。按夹紧力的方向分单件同向联动夹紧机构、单件对向联动夹紧机构及互垂力或斜交力联动夹紧机构。

（1）单件同向联动夹紧机构。图 5－17（a）所示为单件同向多点联动夹紧机构，通过浮动柱 2 的水平滑动协调浮动压头 1、3 实现对工件的夹紧。

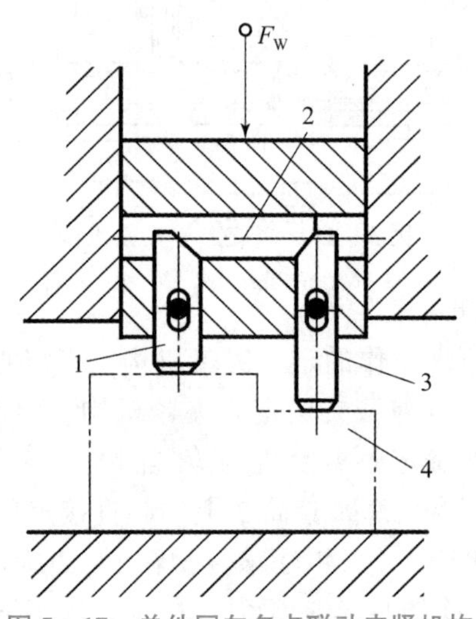

图 5－17　单件同向多点联动夹紧机构

1，3—浮动压头；2—浮动柱；4—工件

（2）单件对向联动夹紧机构。图 5－18 所示为单件对向联动夹紧机构，当液压缸中的活塞杆 3 向下移动时，通过双臂铰链使浮动压板 2 相对转动，最后将工件 1 夹紧。

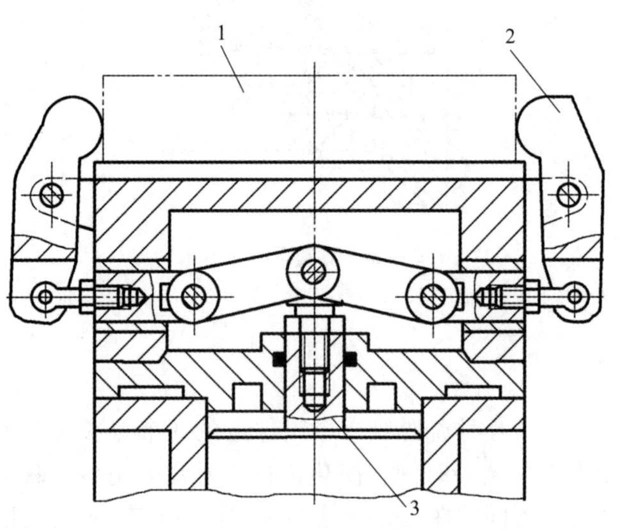

图 5－18　单件对向联动夹紧机构

1—工件；2—浮动压板；3—活塞杆

2）多件联动夹紧机构

多件联动夹紧机构多用于中小型工件的加工，按其对工件施力方式的不同，一般分为以下几种：平行式多件联动夹紧机构、连续式多件联动夹紧机构、对向式多件联动夹紧机构及复合式多件联动夹紧机构。

（1）平行式多件联动夹紧机构。图5－19（a）所示为平行式浮动压板机构，由于刚性压板2、摆动压块3和球面垫圈4可以相对转动，且均为浮动件，故旋动螺母5即可同时平行夹紧每个工件。图5－19（b）所示为液性介质联动夹紧机构。密闭腔内的不可压缩液性介质既能传递力，又起到浮动环节的作用。旋紧螺母5时，液性介质8推动各个柱塞，使它们与工件全部接触并夹紧。

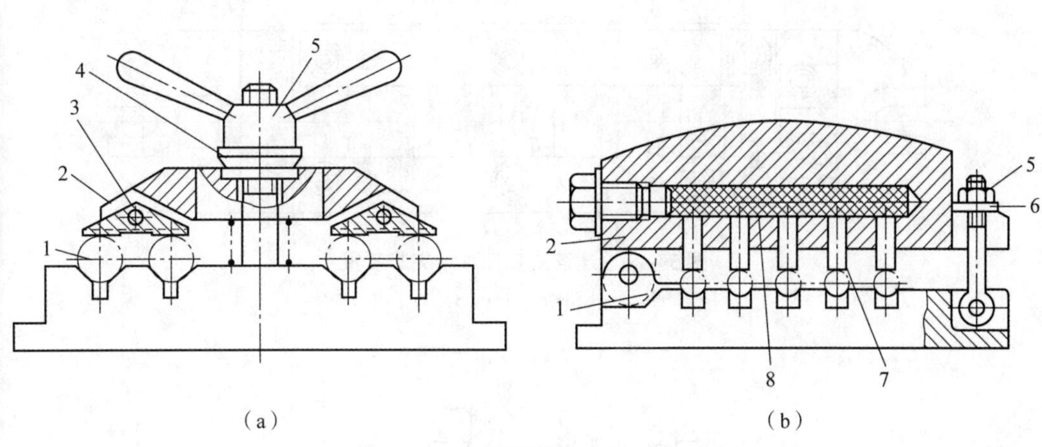

图5－19 平行式多件联动夹紧机构

1—工件；2—刚性压板；3—摆动压块；4—球面垫圈；5—螺母；
6—垫圈；7—柱塞；8—液性介质
（a）平行式浮动压板机构；（b）液性介质联动夹紧机构

（2）连续式多件联动夹紧机构。如图5－20所示，7个工件以外圆及轴肩在夹具的可移动V形块中定位，用螺钉3夹紧。V形块既是定位、夹紧元件，又是浮动元件，除左端第一个工件外，其他工件是浮动的。在理想条件下，各工件所受的夹紧力Q均为螺钉输出的夹紧力Q。实际上，在夹紧系统中，各环节的变形、传递力过程中均存在摩擦能耗，当被夹工件数量过多时，有可能导致工件夹紧力不足，或者首个工件被夹坏的结果。

此外，由于工件定位误差和定位夹紧件的误差依次传递，逐个积累，造成夹紧力方向的误差很大，故连续式夹紧适用于工件的加工面与夹紧力方向平行的场合。

（3）对向式多件联动夹紧机构。如图5－21所示，两对向压板1、4利用球面垫圈及间隙构成了浮动环节。当旋动偏心轮6时，迫使压板4夹紧右边的工件，与此同时，拉杆5右移使压板1将左边的工件夹紧。这类夹紧机构可以减小原始作用力，但相应增大了对机构夹紧行程的要求。

（4）复合式多件联动夹紧机构。凡由上述多件联动夹紧方式合理组合构成的机构，均称为复合式多件联动夹紧机构，如图5－22所示。

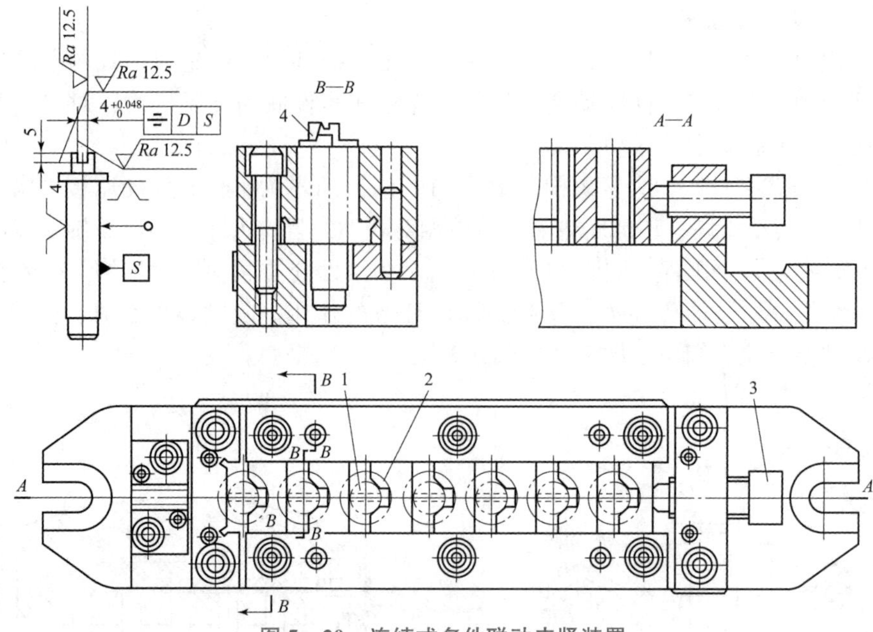

图 5-20 连续式多件联动夹紧装置

1—工件；2—V 形块；3—螺钉；4—对刀块

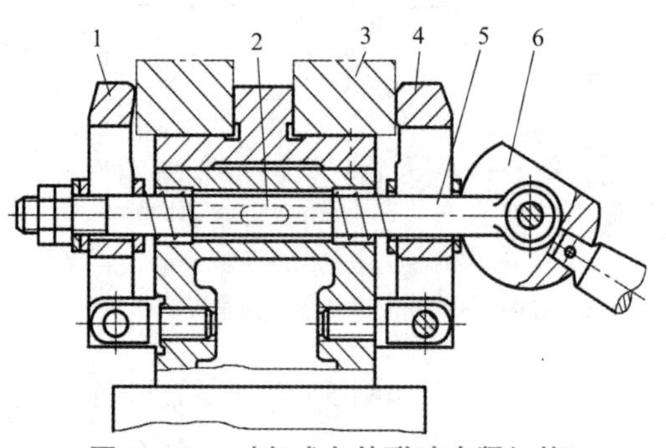

图 5-21 对向式多件联动夹紧机构

1，4—压板；2—键；3—工件；5—拉杆；6—偏心轮

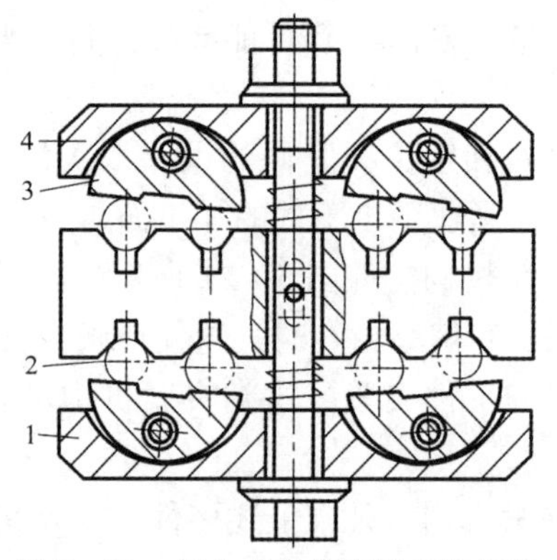

图 5-22 复合式多件联动夹紧机构

1，4—压板；2—工件；3—摆动压块

学习笔记

知识模块四　夹紧动力装置选用

如果切削力较大，或夹具较大，或大批量生产时，夹紧力大，原始力较大，装夹效率要求高。为了降低操作者劳动强度，高率、安全生产，多采用动力装置产生原始力。柔性工装夹具常用动力装置有气压动力装置、液压动力装置、电动夹紧动力装置等。

1. 气压动力装置

气压动力装置是工装夹具中应用最广泛的动力源。

1）气压夹紧的特点

(1) 压缩空气可由压缩空气站通过管道集中供应，使用、操纵方便。

(2) 气压动作快，夹紧效率高。空气流速快，在管道中的流速为180 m/s。

(3) 大大减轻体力劳动，气压夹紧时，工人只要操纵阀门，比较轻便，而手动夹紧一般需100～150 N的力。

(4) 压缩空气有弹性，夹紧刚度不高，对于重型零件加工，当切削力太大时不宜采用。当切削力不够大时，可和斜模、杠杆等增力机构结合使用。

(5) 一般压缩空气站供应的压缩空气压力约为0.8 MPa，而使用时因管路损失等工作压力为0.4～0.6 MPa，因此，气压夹紧装置中的空间位置较大，有时使整个夹具的布局不好安排。

(6) 工作后的压缩空气排放时噪声很大，易形成污染。

2）气压传动系统及其元件

图5－23所示为常用气压传动系统。气压夹紧时，压缩空气经过分水滤气器进行滤清和去除水分，以免锈蚀元件、阻塞通道；经过调压阀保持工作压力的稳定；经过油雾器使压缩空气中有雾化润滑油以润滑运动部件。分水滤气器、调压阀和油雾器就是气压传动系统三大件。

2. 液压动力装置

液压夹紧装置与气压夹紧装置比较，有以下特点：

(1) 液压夹紧压力较高，可达6 MPa，液压元件比气压元件小，工作油缸比气缸小得多。夹具设计时布局比较方便。液压夹紧一般不需要增力机构，因此夹具结构简单紧凑。

(2) 液体不可压缩，液压夹紧刚度大。

(3) 液压夹紧在液压机床上实现比较方便，但需要增设油泵站，提供高压油。液压夹紧装置配套成本较高。

(4) 液压夹紧没有排气噪声，但液压漏油不易处理，易污染环境。

3. 电动夹紧动力装置

电动夹紧在工装夹具中应用逐渐广泛，它由电动机、减速装置和螺旋副等传动装置所组成。减速装置降低速度，增大扭矩。如果装上套筒扳手，可直接拧紧螺母紧固工件。

电动装置以电动机带动夹具中的夹紧机构，对工件进行夹紧，如少齿差行星减速电动卡盘。利用行星减速机构将电动机高转速、小扭矩变成符合电动卡盘需要的低转速、大扭矩功能。

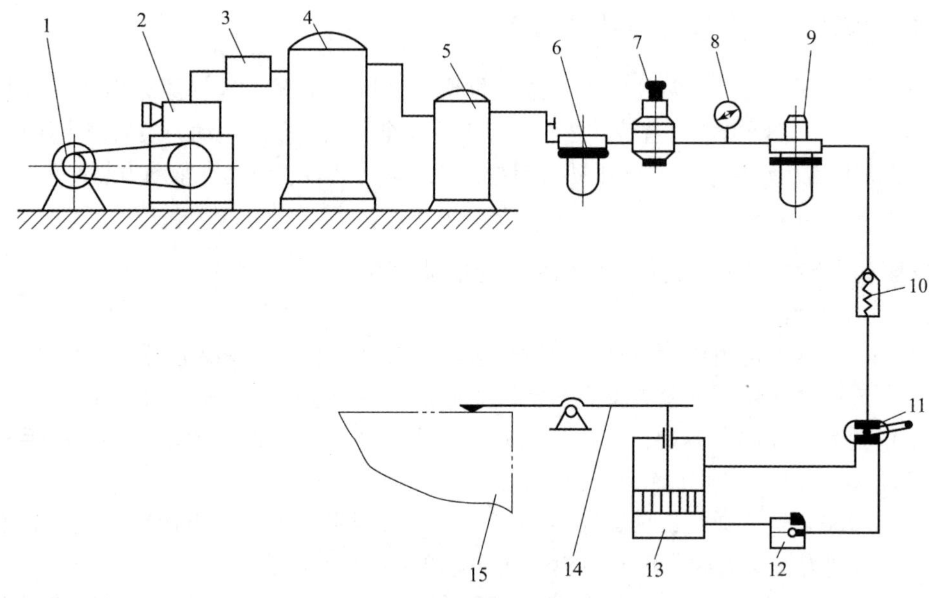

图 5－23　常用气压传动系统

1—电动机；2—空气压缩机；3—冷却器；4—储气罐；5—过滤器；6—分水滤气器；7—调压阀；8—压力表；9—油雾器；10—单向阀；11—配气阀；12—调速阀；13—气缸；14—压板；15—工件

如图 5－24 所示电动三爪卡盘，可由三爪自定心卡盘改装而成，即卡盘内腔装一套少齿差行星减速机构，配置电动机动力带动少齿差行星减速器减速和增力，三爪自动定心夹紧。

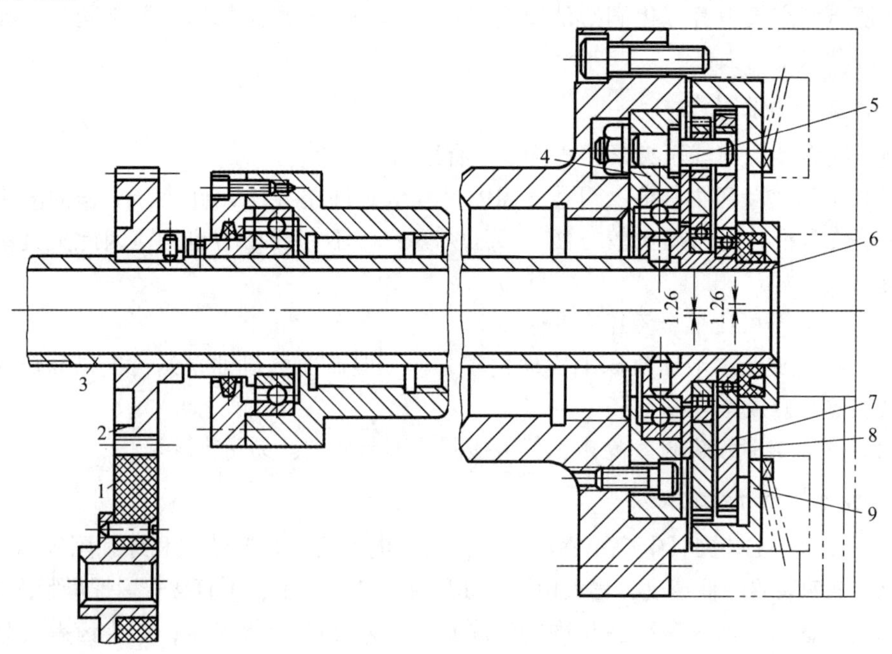

图 5－24　电动三爪卡盘

1—胶木齿轮；2，7，8—齿轮；3—传动轴；4—定位板；5—销子；6—偏心轴；9—内齿轮

知识拓展

学习笔记

柔性工装组合夹具典型夹紧装置结构

柔性工装组合夹具夹紧结构，依据工件定位情况选择、设计、组装夹紧装置，一般选择单个螺旋机构，或螺旋压板机构形式，选用T形螺栓、螺母、垫圈与表1－7所示夹紧件图形及尺寸推荐的夹紧元件——压板组合组装夹紧工件，主要夹紧元件有等边压板、回转压板、伸长压板、叉形压板、关节压板、平压板、弯压板等。实际选配过程中，结合工件大小、夹紧力三要素等具体情况选用合适的规格。

工件装夹要求不同，夹紧装置结构布局各式各样，常用典型夹紧结构有：

（1）螺旋压板夹紧结构，如图5－25所示。

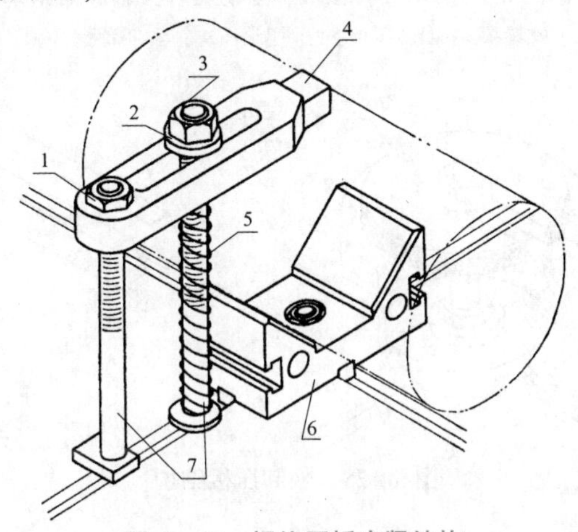

图5－25 螺旋压板夹紧结构

1，3—六角螺母；2—垫圈；4—伸长压板；5—弹簧或弹簧支座；6—V形支承；7—槽用螺栓

（2）台阶压板夹紧结构，如图5－26所示。

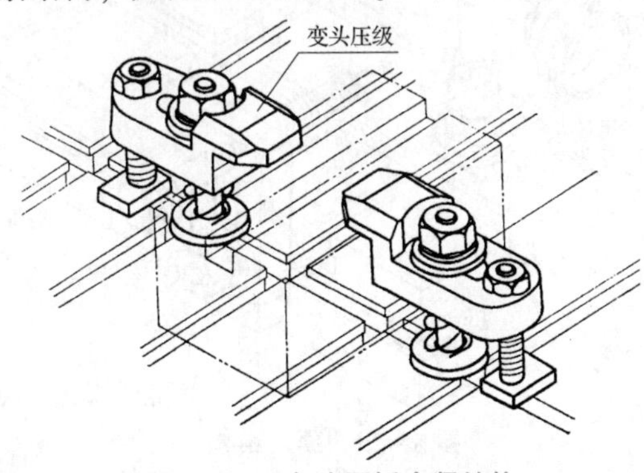

图5－26 台阶压板夹紧结构

（3）利用回转压板、摆动压块夹紧斜面结构，如图5－27所示。

（4）快卸压板结构，如图5－28所示。当工件压紧处是一个通孔，且孔径大于螺母外形尺寸时，可用快卸垫圈或U形压板组成快卸压板结构。

（5）顶紧结构，如图5－29所示。

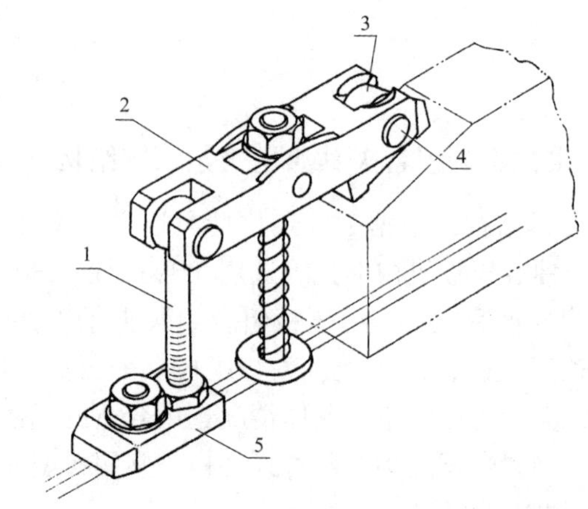

图 5－27　利用回转压板、摆动压块夹紧斜面结构

1—关节螺栓；2—回转压板；3—摆动压块；4—销轴；5—平压板

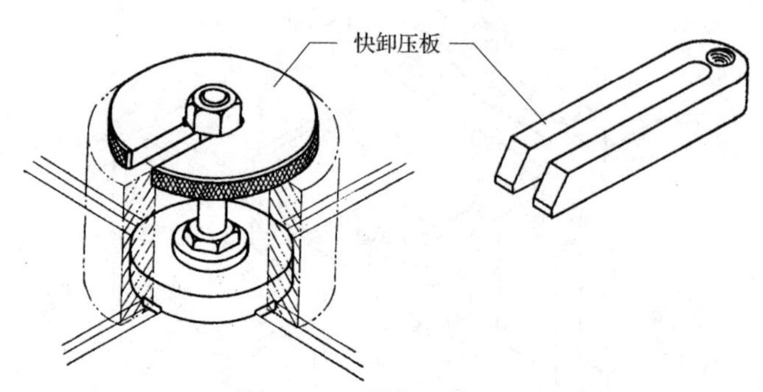

图 5－28　快卸压板结构

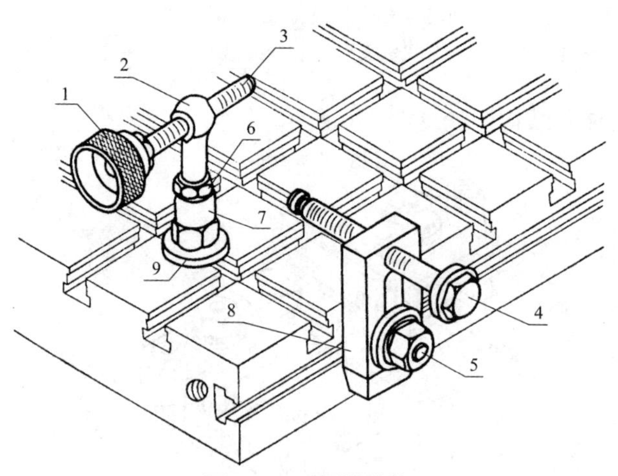

图 5－29　顶紧结构

1—滚花螺母；2—螺孔螺栓；3—紧定螺钉；4—压紧螺钉；5—槽用螺栓；6—六角螺母；
7—厚螺母；8—平压板；9—平垫圈

（6）用支承调整顶紧位置的结构，如图 5－30 所示。

（7）用支承帽顶紧结构，如图 5－31 所示。

（8）用连接板调整顶紧位置的结构，如图 5－32 所示。

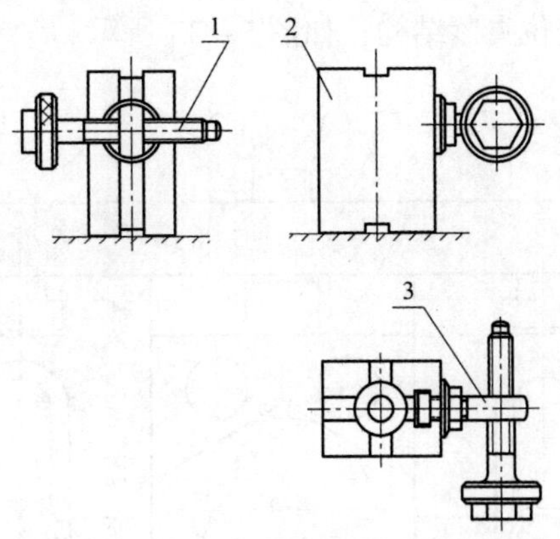

图 5-30 用支承调整顶紧位置的结构

1—压紧螺钉；2—长方形支承；3—螺孔螺栓

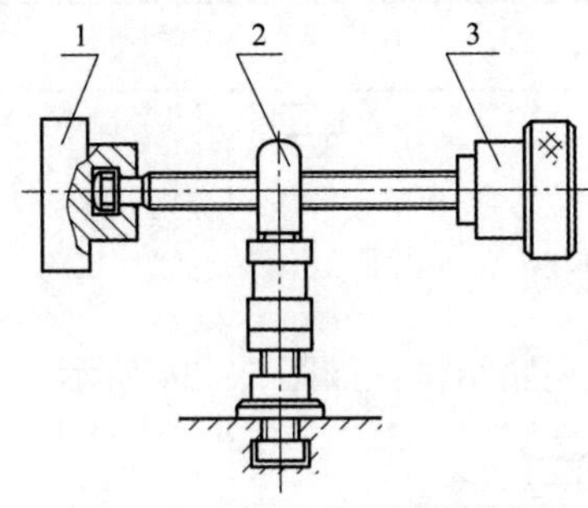

图 5-31 用支承帽顶紧结构

1—支承帽；2—螺孔螺栓；3—滚花螺母

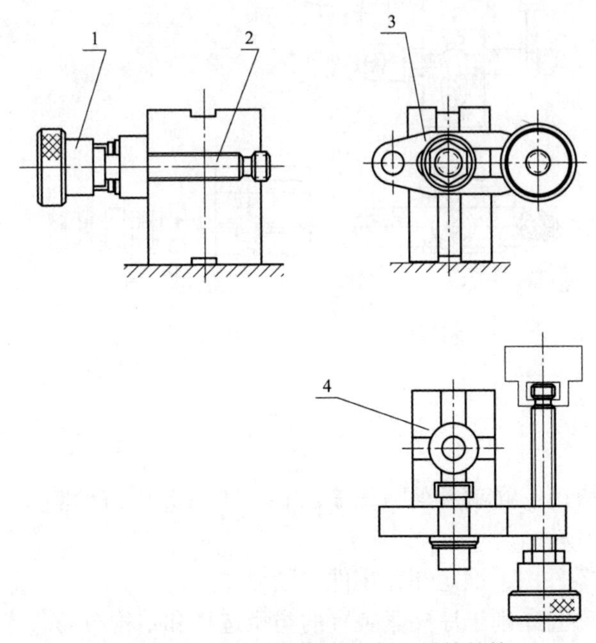

图 5-32 用连接板调整顶紧位置的结构

1—滚花螺母；2—螺钉；3—连接板；4—长方形支承

（9）用滑动V形块定位夹紧结构，如图5－33所示。

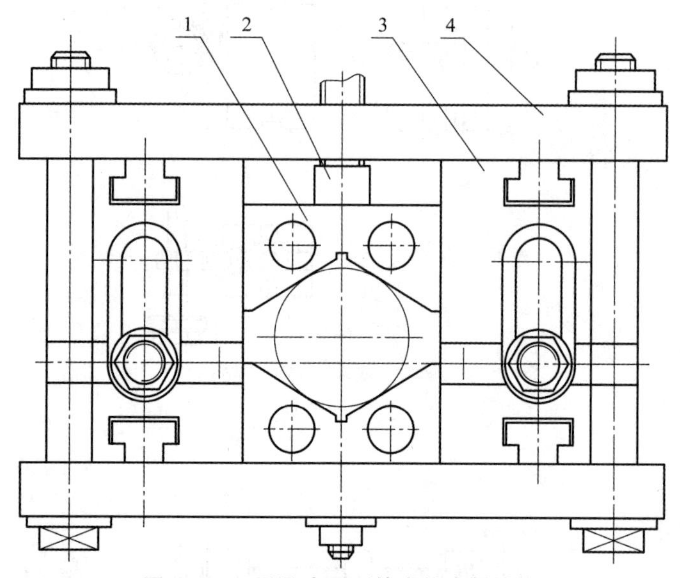

图5－33　用滑动V形块定位夹紧结构

1—滑动V形块；2—平面支承帽；3—长方形支承；4—回转板

（10）回转板带摆动压头夹紧结构，如图5－34所示。

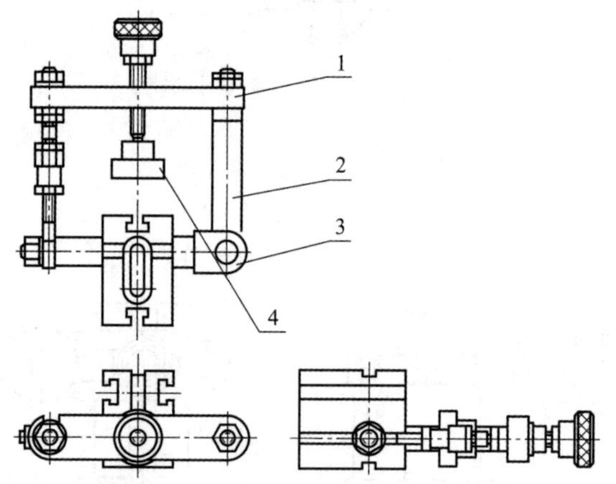

图5－34　回转板带摆动压头夹紧结构

1—回转板；2—垫圈；3—支座；4—摆动压头

识读端盖零件图，了解端盖车削工序内容，小组分析讨论端盖零件夹紧装置的类型选择、结构设计布局。

（1）识读端盖零件图，确定端盖零件夹紧力。

（2）分析确定端盖车削工序夹紧装置的类型选择和结构布局。

（3）分析确定端盖车削工序夹紧动力装置。

（4）小组讨论确定端盖车削柔性工装组合夹具夹紧装置的选用元件。

任务评价

考核评价标准如表 5-2 所示。

表 5-2　考核评价标准

评价项目	评价内容	分值	自评 20%	互评 20%	教师评 60%	合计
职业素养（40 分）	专注敬业，安全、责任意识，服从意识	10				
	积极参加项目任务活动，按时完成项目任务	10				
	团队合作，交流沟通能力，集体主义精神	10				
	劳动纪律，职业道德	5				
	现场“5S”管理，行为规范	5				
专业素养（60 分）	专业资料查询能力	10				
	制订计划和执行能力	10				
	操作符合规范，精益求精	15				
	工作效率，分工协作	10				
	任务验收质量，质量意识	15				
创新能力（20 分）	创新性思维和行动	20				
合计		120				

任务5.2　端盖车削柔性工装设计

任务引入

根据任务安排，小组长组织成员识读端盖零件图，分析、讨论零件结构、技术要求、工艺过程，设计端盖零件车削柔性工装夹具方案，对照选择柔性工装组合夹具元件，并进行组装、调整、检测，完成项目任务。

任务实施

1. 端盖车削柔性工装设计任务实施策略

（1）小组实施方案的讨论、确定。

（2）结构布局设计，元件选择。

（3）结构组装、调整、测量、固定。

（4）实施效果检查、评价。

（5）现场整理。

2. 端盖车削柔性工装设计任务实施过程

1）实操 1——工件分析

如图 5－35 所示端盖零件工序图，根据零件加工工艺过程，读图可知该零件为长方体，主要组成表面有长方体的 6 个面、内圆柱面、圆弧槽、内螺纹等，零件结构简单，体积较小，零件结构及外形规则，便于定位与夹紧。

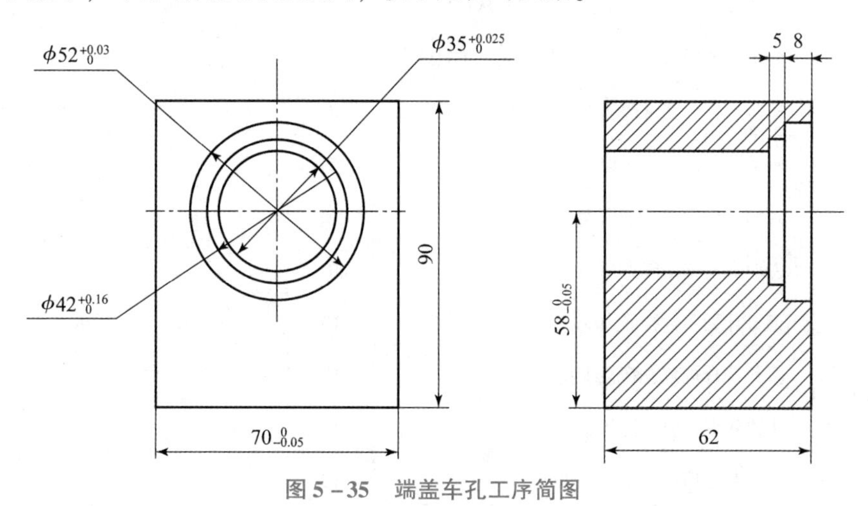

图 5－35　端盖车孔工序简图

本工序加工内容为车主轴孔，加工要求有：孔的中心距底面 $58^{0}_{-0.05}$ mm，孔的中心在左右两端面的对称面上，$\phi52^{+0.03}_{0}$ mm 孔深 8 mm，$\phi42^{+0.16}_{0}$ mm 孔深 5 mm。根据零件加工工艺过程，车孔之前零件的四周及底面已经过磨削加工，具有较好的定位条件。由本工序加工要求可知，工件在 x、y、z 三个坐标轴都有精度要求，故工件的 6 个自由度应全部被限制。

2）实操 2——组装方案设计

根据工序要求，确定工件定位方案：根据零件结构，基准重合、定位稳定可靠等定位基准的选择原则，以工件底面限制 3 个自由度，侧面限制 2 个自由度，后面限制 1 个自由度，如图 5－36 所示，工件实现完全定位。

夹紧方案设计：为使定位稳定可靠，夹紧力的方向应朝向主要定位基准面，并有利于减少夹紧力，故夹紧方案设计如图 5－36 所示，本工序为在车床上加工孔，为保证夹紧可靠、安全，采用自抱式夹紧机构。

平衡方案：由于夹具不对称，应安装平衡块。

3）实操 3——组装元件选用

根据零件定位方案，选择 $\phi300$ mm×40 mm 圆基板（图 5－37（a））作为基础件，90 mm×60 mm×60 mm 长方支承（图 5－37（b））为第一定位元件，限制工件的 $\vec{z}$、$\overset{\frown}{x}$、$\overset{\frown}{y}$ 3 个自由度；选择 90 mm×40 mm×10 mm 垫片（图 5－37（c））作为第二定位元件，限制工件的 $\vec{x}$、$\overset{\frown}{z}$ 2 个自由度；选择 60 mm×40 mm×5 mm 垫片（图 5－37（d））作为调整元件，调整工件前后位置，保证工件孔中心线与车床回转中心重合；选

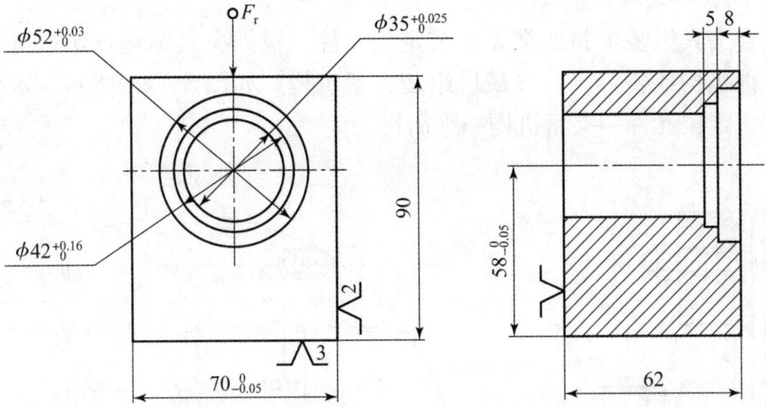

图 5-36　端盖车孔定位、夹紧方案

择2个（定位稳定）三脚辅助支承（图5-37（e）），限制工件的$\overrightarrow{y}$、$\overset{\frown}{z}$ 2个自由度，其中$\overset{\frown}{z}$自由度被第二、第三定位元件重复限制，出现过定位，这里的过定位问题根据实际情况，由于组合夹具元件的精度较高，工件定位平面已经进行磨削加工，所以工件的过定位不会造成很大的干涉，不会影响工件的定位精度，但组装辅助支承时应调整每个支承尽量只有一只脚支承工件。

夹具夹紧机构选择自抱式关节压板组合，该组合由双头螺杆、螺母、关节叉环（图5-37（f））及关节压板（图5-37（g））等组装而成；另外由于夹具不对称，应安装平衡块（图5-37（h））。

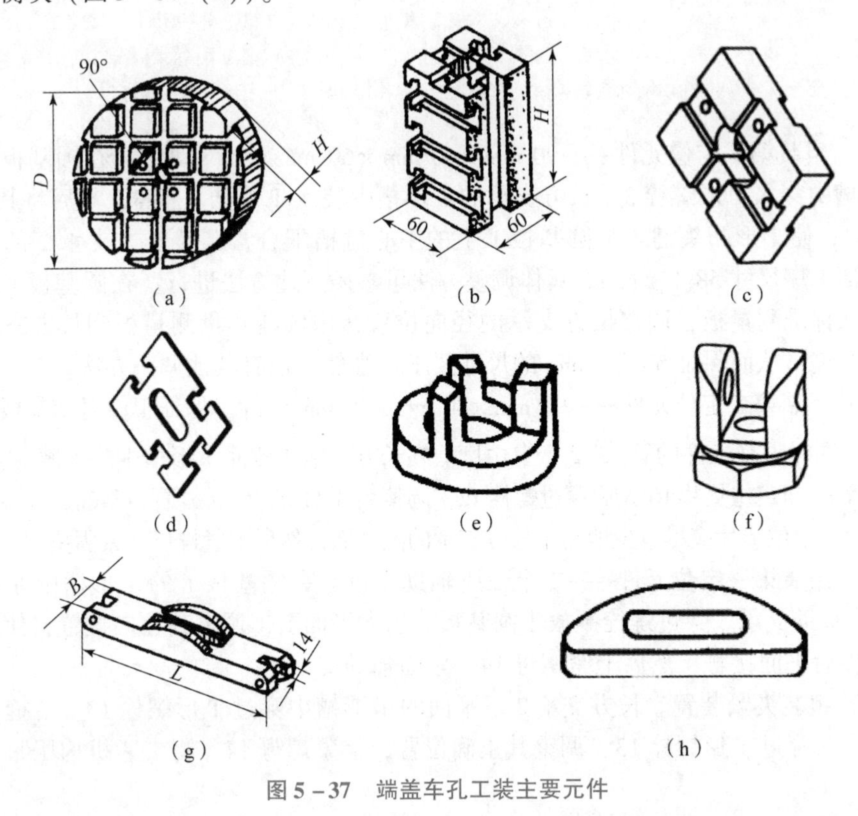

图 5-37　端盖车孔工装主要元件

4）实操4——结构组装

根据组合夹具组装步骤通常先组装定位元件，根据夹具结构再组装导向结构、平衡结构等其他机构或装置，一般最后组装夹紧机构。如图5－38所示，本任务中组装顺序依次为：定位元件→夹紧机构→平衡块。

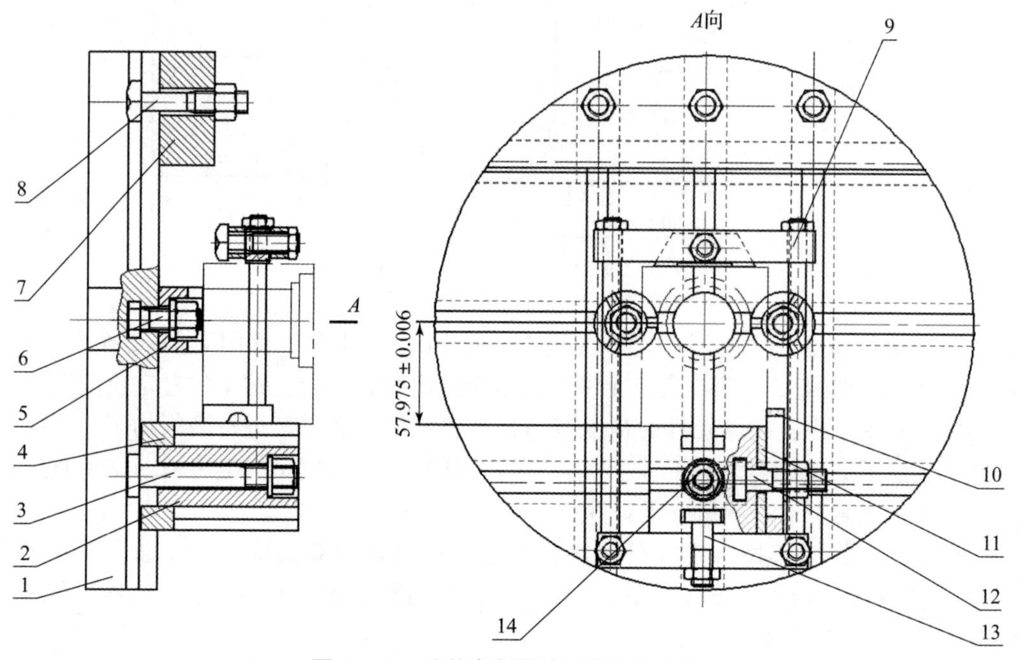

图5－38　端盖车削柔性工装组合夹具

1—圆基板；2—长方支承；3—T形螺栓；4—T形凸头键；5—三脚辅助支承；6，8，12，13—T形槽用螺栓；7—平衡块；9—自抱式关节压板组合；10，11—长方垫片；14—螺母

（1）组装第一定位元件——90 mm×60 mm×60 mm长方支承2。在圆基板1的中间T形槽中穿入T形螺栓3，长方支承的T形槽中装入T形凸头键4，然后将其穿过T形螺栓3，使T形凸头键4与圆基板1上的中心键槽配合，调整长方支承2的径向位置，保证工序尺寸$58_{-0.05}^{\ 0}$ mm。具体调整方法可参照下述方法进行：在圆基板1的中心槽中插入标准测量板，调整长方支承的径向位置，用仪器测量测量板到长方支承的限位面间距离，从而保证$58_{-0.05}^{\ 0}$ mm的尺寸要求。当然，还有其他调整办法。

（2）组装第二定位元件——90 mm×40 mm×10 mm垫片。保证工件对圆基板中心左右对称，同时限制工件的$\vec{y}$、$\hat{z}$ 2个自由度。在长方支承2侧面T形槽中装入槽用螺栓12，调整垫片11与定位垫片10先后穿过螺栓12，调整垫片11的上面必须平齐或低于长方支承2的上平面，定位垫片应尽量少地高于长方支承的上平面，然后上紧螺母，紧固垫片。

（3）组装第三定位元件——2个三脚辅助支承。在圆基板1的T形槽中穿入T形螺栓6，辅助支承5穿过螺栓平放于圆基板1的大平面上，调整其径向位置，使其一个脚与工件后平面接触，然后上紧螺母14，紧固辅助支承5。

（4）组装夹紧装置。长方支承2下平面的T形槽中穿过T形螺栓13，自抱式关节压板组合9穿过T形螺栓13，调整其正确位置，上紧螺母14，将夹紧机构压紧于长方支承上。

学习笔记

(5) 组装平衡块。按图组装平衡块7。

图5-39所示为端盖车削台阶内孔柔性工装组合夹具实物结构。

图5-39　端盖车削台阶内孔柔性工装组合夹具实物结构

(6) 结构调整。

端盖车削柔性工装设计过程中，调整参数围绕主要尺寸参数$58_{-0.05}^{0}$ mm进行，按照研究所试制试验要求，分别进行3次调整：

①调整长方支承件2，检测长方支承件下侧面到圆形基础件中心距离尺寸为$56_{-0.05}^{0}$ mm，固定长方支承件2。

②调整长方支承件2，检测长方支承件下侧面到圆形基础件中心距离尺寸为$58_{-0.05}^{0}$ mm，固定长方支承件2。

③调整长方支承件2，检测长方支承件下侧面到圆形基础件中心距离尺寸为$60_{-0.05}^{0}$ mm，固定长方支承件2。

由于这是一套车夹具，需要安装在机床的主轴上，加工时和主轴一起旋转，要尽量避免出现一边偏重的偏心现象，所以采用平衡块7进行配重调整。

任务评价

小组推荐成员介绍任务的完成过程，展示组装结果，全体成员完成任务评价。学生自评表和小组互评表分别如表5-3、表5-4所示。

表5-3　学生自评表

任务	完成情况记录
任务是否按计划时间完成	
理论实践结合情况	
技能训练情况	
任务完成情况	
任务创新情况	
实施收获	

学习笔记

表 5－4　小组互评表

序号	评价项目	小组互评	教师点评
1			
2			
3			
4			

任务5.3　端盖车削柔性工装检测

端盖车削柔性工装组合夹具组装完成后，需要检验定位是否正确、夹紧是否合理、与机床连接是否正确、相关结构布局是否满足工件装夹要求。

1. 端盖车削柔性工装检测任务实施策略

（1）端盖车削柔性工装夹具结构检查。

（2）主要尺寸复检：（57.975 ±0.006）mm（对应工件尺寸 $58_{-0.05}^{0}$ mm，为保证工件装夹质量，夹具公差取工件公差的1/3～1/5）、（35 ±0.05）mm（对应工件宽度尺寸70 mm，按照35 mm取值）。准备游标卡尺、测量板、标准芯轴测量平台等仪器设备，测量尺寸（57.975 ±0.006）mm、（35 ±0.05）mm 等参数，按图纸要求调整、固定相关元件。

2. 端盖车削柔性工装检测任务实施过程

本项目检测包括结构检验和主要尺寸参数测量。

（1）结构检验：包括定位结构、夹紧装置、平衡装置、安装连接结构等的检查、评价，如表 5－5 所示。

表 5－5　结构检验项目

序号	项目	检查内容	评价
1	外形与机床匹配	长、宽、高与机床匹配	
2	强度刚性	切削力、重力等影响	
3	定位结构	基准选择，元件选用，结构布局	
4	夹紧装置	夹紧力三要素及结构布局，是否紧固牢靠	

续表

序号	项目	检查内容	评价
5	工件装夹	装夹效率	
6	平衡	平衡块质量及其安装位置	
7	安装连接	位置与锁紧	
8	使用安全方便	安全，操作方便	

学习笔记

（2）参数测量。尺寸参数主要复检尺寸57.975 ±0.006及35 ±0.05、被加工孔中心在左右两端面对称面上，并与夹具中心重合。参数检测项目如表5 -6所示。

表5 -6　参数检测项目

序号	项目	检查内容	评价
1	孔位置参数	（57.975 ±0.006）mm	
2	孔位置参数	（35 ±0.05）mm	
3	孔位置参数	加工孔对夹具中心	

任务评价

考核评价表如表5 -7所示。

表5 -7　考核评价表

序号	评价项目	自我评价	互相评价	教师评价	综合评价
1	实施准备				
2	方案设计、元件选用				
3	规范操作				
4	完成质量				
5	关键操作要领掌握情况				
6	完成速度				
7	参与讨论主动性				
8	沟通协作				
9	展示汇报				

注：评价档次统一采用A（优秀）、B（良好）、C（合格）、D（努力）4个。

任务拓展

柔性车床工装应用研讨

各小组组织活动，回顾车削加工实训操作场景，结合端盖零件台阶内孔车削工作任务要求，分析、讨论端盖车削柔性工装夹具应用问题：

（1）夹具在车床上安装方法及位置调整注意事项。

①工装夹具与车床主轴连接：连接方法、安装误差产生因素、安装注意事项等。

②工装夹具中心与车床主轴中心同轴调整：调整方法、注意事项等。

③车床高速回转过程中安全防范措施。

（2）工件装夹：装夹位置确定；夹紧力三要素确定；夹紧装置选择、设计。

（3）平衡调整：平衡方法，平衡配块调整与位置检测，平衡精度影响因素。

（4）工件加工：工件装卸，废屑排出，主要加工参数测量、控制。

（5）端盖台阶内孔车削加工的内孔中心位置参数变化时，关键元件位置调整、检测及注意事项等。

拓展训练

如图 5－40 所示，在台阶轴上车削加工一偏距为 1 mm 的 M14 螺纹孔。

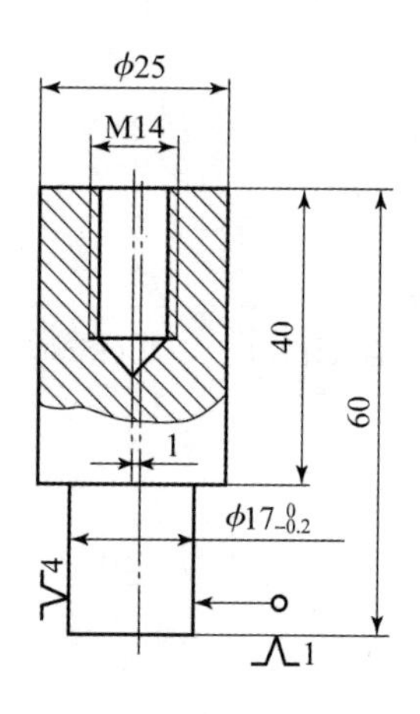

图 5－40　台阶轴偏距螺纹孔车削工序图

请各小组同学识读工件图，熟悉工件结构，分析工件加工要求，对照图 5－41 台阶轴偏距螺纹孔车削柔性工装组合夹具，课后讨论、探索：

（1）满足加工要求，需要限制工件哪些自由度？

（2）选择哪些定位基准面装夹工件？分析这些定位基准面分别限制的自由度。

（3）搭建定位结构应选择哪些元件？

（4）工件是如何夹紧的？

（5）应用台阶轴偏距螺纹孔车削柔性工装组合夹具加工台阶轴需要注意哪些事项？

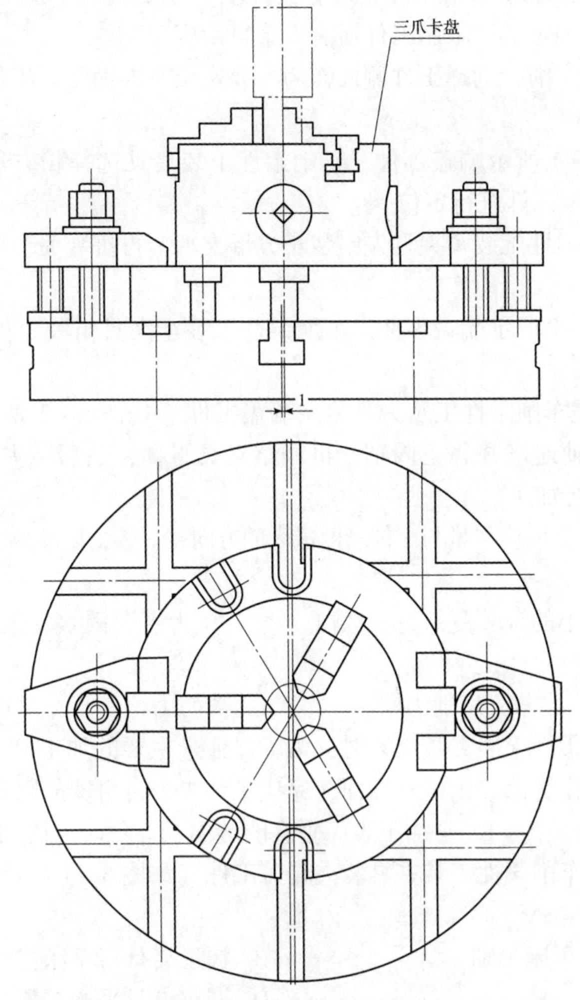

图 5-41　台阶轴偏距螺纹孔车削柔性工装组合夹具

思考练习

5-1　夹紧装置由哪些组成部分？各部分作用是什么？

5-2　如何正确选择夹紧力的大小和方向？如何确定夹紧力的大小？

5-3　柔性工装组合夹具一般选择哪些类型的夹紧装置？

5-4　常见的夹紧动力装置有哪些？柔性工装组合夹具一般选择哪些类型的动力源？

5-5　判断题

(1) 工件装夹时，夹紧力太小，工件就会产生震动、颤动、松动、脱落现象，加工无法继续进行。（　）

(2) 夹紧装置产生的夹紧力方向既要朝向主要定位基准面，又要朝向刚性较好的方向，而且尽量与切削力、重力作用方向一致。（　）

(3) 柔性工装组合夹具的夹紧装置一般选择螺旋夹紧装置。（　）

学习笔记

(4) 电动夹紧装置选择电磁吸附方式夹紧工件，电磁线圈一般接入交流电。 (　　)

(5) 端盖零件加工必须限制工件所有 6 个自由度。 (　　)

(6) 端盖零件车削，选择工件侧面作为主要定位基准面限制工件的 3 个自由度。 (　　)

(7) 对于图 5-1 所示端盖零件，车削柔性工装夹具选择长方形支承、三爪支承、伸长板作为主要定位元件进行定位。 (　　)

(8) 端盖车削柔性工装车夹具先组装长方形支承，再拼装关节怀抱式夹紧装置。 (　　)

(9) 对于图 5-1 所示端盖零件，车削柔性工装车夹具组装时检测尺寸 $58_{-0.05}^{0}$ mm 就可以了。 (　　)

(10) 利用端盖车削柔性工装夹具装夹端盖工件（如图 5-1 所示）加工内孔，首先把夹具与车床主轴连接并找正同轴，再调整夹具平衡，然后装夹工件并锁紧，调整刀具并启动机床进行加工。 (　　)

(11) 夹紧力的方向应尽量与工件刚度最大的方向相一致，以减小工件变形。 (　　)

5-6　选择题

(1) 夹紧力大小的计算复杂，一般以（　　）为主要因素，按照静力平衡原理进行估算。

A. 重力　　B. 切削力　　C. 离心力　　D. 原始作用力

(2) 端盖车削柔性工装夹具组装时，为了保证最主要的加工尺寸 $58_{-0.05}^{0}$ mm 要求，选择（　　）表面作为第一定位基准面，完成工件 3 个自由度的限制。

A. 最大的侧面　　B. 与加工表面垂直的端面　　C. 与加工表面平行的底面

(3) 利用端盖车削柔性工装夹具装夹端盖工件（如图 5-1 所示）加工内孔，主要操作过程（　　）。

A. 连接夹具与车床主轴　　B. 找正夹具与车床主轴同轴

C. 装夹工件　　D. 调整夹具平衡

E. 紧固夹具、锁紧工件　　F. 启动机床

G. 调整刀具加工工件

(4) 利用端盖车削柔性工装夹具装夹端盖零件，定位设计如图 5-1 所示，对加工尺寸 $58_{-0.05}^{0}$ mm 产生的装夹基准不重合误差是（　　）mm。

A. 0.05　　B. 0

C. 尺寸 $58_{-0.05}^{0}$ mm 的自由公差　　D. 不能确定

(5) 利用端盖车削柔性工装夹具装夹端盖工件，定位设计如图 5-1 所示，对加工尺寸 $58_{-0.05}^{0}$ mm 产生的装夹基准位移误差是（　　）mm。

A. 0.05　　B. 0

C. 尺寸 $58_{-0.05}^{0}$ mm 的自由公差　　D. 不能确定

(6) 利用端盖车削柔性工装夹具装夹端盖工件，定位设计如图 5-1 所示，对加工尺寸 $58_{-0.05}^{0}$ mm 产生的装夹定位误差是（　　）mm。

A. 0.05　　B. 0

C. 尺寸 $58_{-0.05}^{0}$ mm 的自由公差　　D. 不能确定

学习笔记

项目六　罩壳车削柔性工装设计

项目导读

罩壳零件是工具磨床上装配蜗轮蜗杆时所采用的一个小型箱体零件。

罩壳车削柔性工装设计主要内容包括：

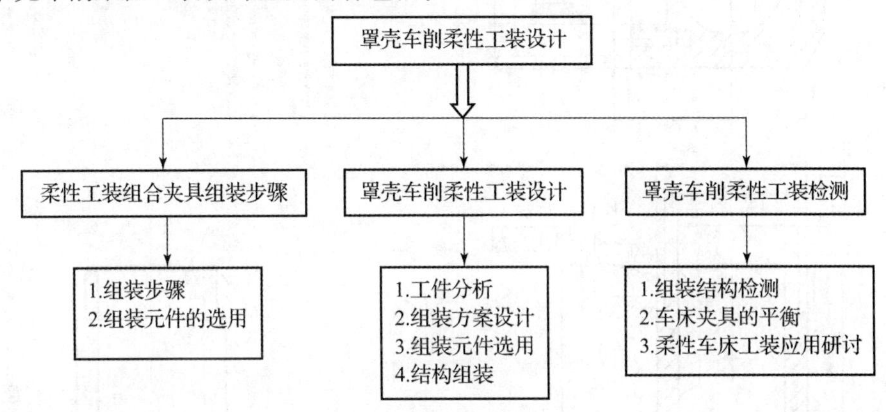

项目分析

工装夹具工作室接到企业设计所工具磨床结构零件——罩壳车削柄部 $\phi32H7$ 加工柔性工装夹具配置任务，罩壳零件图样和技术要求如图 6 - 1 所示。

（1）产品名称：万能高精度工具磨床 MGA6025。

（2）零件名称及编号：罩壳 31 - 1A。

（3）生产数量：6 件

（4）零件加工工艺路线：

①车：

- 三爪装夹：

a. 粗车大端面；

b. 粗镗 $\phi118$ mm，$\phi100^{+0.10}_{+0.05}$ mm，$\phi55J7$ 孔；

c. 车 $\phi65^{-0.05}_{-0.10}$ mm 外圆至尺寸；

d. 粗镗 $\phi118$ mm，$\phi100^{+0.10}_{+0.05}$ mm，$\phi55J7$ 孔至尺寸；

e. 精车大端面；

- 反软三爪装夹：

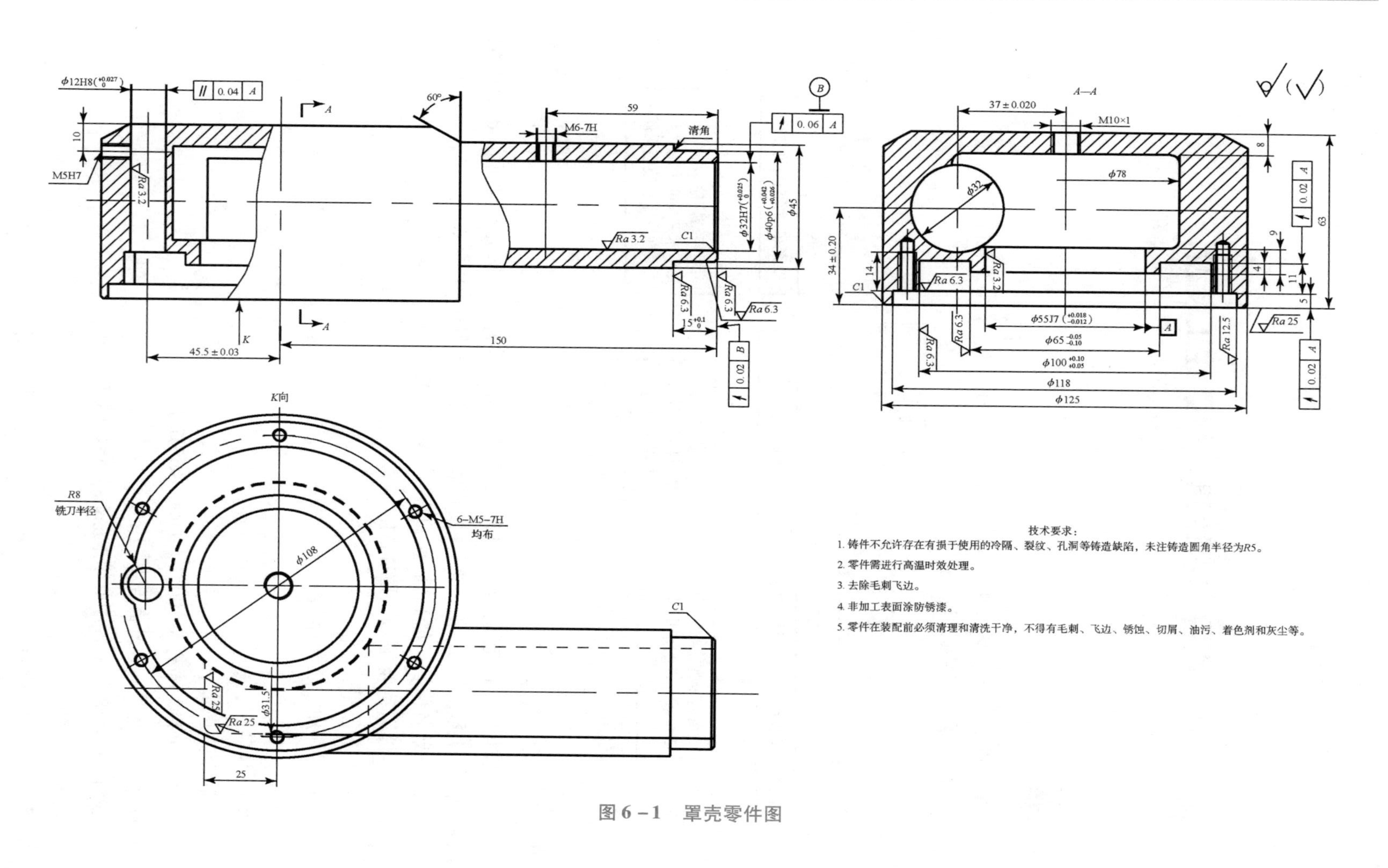
技术要求：
1. 铸件不允许存在有损于使用的冷隔、裂纹、孔洞等铸造缺陷，未注铸造圆角半径为R5。
2. 零件需进行高温时效处理。
3. 去除毛刺飞边。
4. 非加工表面涂防锈漆。
5. 零件在装配前必须清理和清洗干净，不得有毛刺、飞边、锈蚀、切屑、油污、着色剂和灰尘等。

图6-1 罩壳零件图

f. 零件上平面见光，与地面平行度为 0.05 mm；

- 柔性夹具：

g. 粗车端面及 ϕ40p6 外圆；

h. 钻孔 ϕ28 mm 深 118 mm，再用 ϕ28 mm 接长铣刀钻至 175 mm 深；

i. 镗铰 ϕ32H7 孔至 118.5 mm 深；

j. 镗 ϕ31.5 mm 孔至尺寸；

k. 精车端面及 ϕ40p6 外圆至尺寸；

l. 倒内外角。

②钳：划 R8 mm 圆弧中心线并引至端面。

③立铣：三爪装夹，铣 R8 mm 圆弧。

④钳钻模装夹：

a. 钻、扩、铰 ϕ12H8 孔；

b. 钻、攻 6 × M5 − 7H 螺孔；

c. 划、钻、攻 M5 − 7H 螺孔；

d. 划、钻、攻 M10 × 1 − 7H 螺孔；

e. 划、钻、攻 M6 − 7H 螺孔。

⑤检验。

（5）零件工序简图：如图 6 − 1 所示，根据零件加工工艺过程，柄部车削之前，零件的各主要表面已经加工过，零件车削时具有较好的加工和定位条件，零件结构及外形不对称。根据工序图的要求，确定工件定位方案为完全定位。

因为产品试制，结合性能调试试验，车削 ϕ32H7 孔主要技术要求：

①车削 ϕ32H7 孔的中心线与 ϕ55J7 孔的中心线相距（37 ± 0.20）mm；ϕ32H7 孔的中心线与 ϕ55J7 孔的中心线垂直度公差不超过 0.6 mm；ϕ32H7 孔的中心线距离工件大端面为（34 ± 0.20）mm。

②两个主要尺寸参数（37 ± 0.20）mm、（34 ± 0.20）mm 按照研究所试验要求变换调整，分别制造 6 件，满足产品性能调试分析要求，变换具体要求是：

尺寸参数（35 ± 0.20）mm、（32 ± 0.20）mm，制造 2 件；尺寸参数（37 ± 0.20）mm、（34 ± 0.20）mm，制造 2 件；尺寸参数（39 ± 0.20）mm、（36 ± 0.20）mm，制造 2 件。

项目目标

1. 知识目标

（1）了解柔性工装夹具组装步骤。

（2）掌握柔性工装夹具组装时元件的选用方法。

（3）熟悉罩壳柔性工装车床夹具组装过程。

（4）掌握罩壳柔性工装车床组合夹具应用注意事项。

2. 能力目标

（1）能根据工件装夹要求正确选择柔性工装组合夹具元件。

（2）能根据罩壳零件的加工要求构思设计柔性工装结构，选用组装元件，组装、调整、检测、应用柔性车床工装组合夹具。

3. 素质目标

（1）培养学生正确的劳动价值观和爱岗敬业、求精专注的工匠精神。

（2）养成保持工作环境清洁、有序及文明生产的良好习惯。

项目计划/决策

本项目所选的学习载体为万能高精度工具磨床 MGA6025 典型结构零件——罩壳，通过零件结构分析、定位方案设计、组装元件选用、结构组装调整、结构检验及尺寸测量、小组讨论评价等环节，学生了解罩壳零件加工所需的柔性钻床工装组合夹具组装方法，按照基于工作过程的项目导向模式完成任务实施。

任务分组

学生任务分配情况填入表 6－1。

表 6－1　学生任务分配表

班级		组号		指导教师	
组长		学号			
组员	姓名	学号	姓名	学号	

任务6.1　柔性工装组合夹具组装步骤

任务引入

如图 6－1 所示罩壳零件，车削加工该零件柄部上 ϕ32H7 内孔表面，深度为 118.5 mm，请分析加工本道工序时所需要的柔性工装夹具组装步骤有哪些。

知识链接

柔性工装组合夹具的组装是将分散的组合夹具元件按照一定的原则和方法组装成为加工所需要的各种夹具的过程。

柔性工装组合夹具的组装本质上与设计和制造一套专用夹具相同，也是一个设计（构思）和制造（组装）的过程。但是在具体的实施过程中，又有自己的特点和规律。

学习笔记

知识模块一　柔性工装组合夹具组装步骤

1. 熟悉技术资料

组装人员在组装前，必须掌握有关该工件加工的各种原始资料，如工件图纸、工艺技术要求、工艺规程等。

（1）工件。

①工件的材料：不同材料具有不同的切削性能与切削力。

②加工部位和加工方法：以便选用相应的元件。

③工件形状及轮廓尺寸：以确定选用元件型号与规格。

④加工精度与技术要求：以便优选元件。

⑤定位基准及工序尺寸：以便选择及调整定位方案。

⑥前后工序的要求：研究夹具与工序间的协调。

⑦加工批量及生产率要求：确定夹具的结构方案。

例如，如图 6-1 所示的罩壳零件图，经过分析之后可知，工件的材料是灰口铸铁，加工部位是在圆柱柄部车削内孔，零件的批量为中批生产。

（2）机床及刀具。

①机床型号及主要技术参数：如机床主轴、工作台的安装尺寸、加工方式等。

②可供使用刀具的种类、规格和特点。

③刀具与辅具所要求配合的尺寸。

（3）夹具使用部门。

①使用部门的现场条件。

②操作工人的技术水平。

（4）柔性工装组合夹具元件类型、结构及功用。

2. 构思组装方案

构思包括局部结构和整体结构两部分。

1）局部结构构思

（1）根据工艺要求拟定定位方案和定位结构。

（2）确定夹具的夹紧方案和夹紧结构。

（3）确定有特殊要求的方案。

2）整体结构构思

（1）根据工艺要求拟定基本结构形式，确定采用调整式或固定形式等。

（2）局部结构与整体结构的协调。

（3）有关尺寸的计算分析，包括工序尺寸、夹具结构尺寸、角度及精度分析、受力情况分析等。

（4）选用元件品种。

（5）确定调整与测量方法。

3. 试装结构

根据构思方案，用元件摆出结构，以验证试装方案是否能满足工件加工要求。检查以下几点是否合理：

（1）工件的定位夹紧是否合理可靠。

（2）夹具与使用刀具是否协调。

（3）夹具结构是否轻巧、简单，装卸工件是否方便。

（4）夹具的刚性能否保证安全操作。

（5）夹具在机床上安装对刀是否顺利。

4. 确定组装方案

针对试装时可能出现的问题，采取相应的修改措施，有时甚至需要将方案重新拟定，重新试装，直到满足工件加工的各项技术要求，方案才算最后确定。

5. 选择元件，组装、调整与固定

方案确定后，即可着手组装、调整工作，一般组装顺序是：基础部分——定位部分——导向部分——夹紧部分。按照此顺序，在元件结合的位置上组装一定数量的定位键，用螺栓、螺母组装在一起。在组装过程中，对有关尺寸进行调整。组装与调整交替进行。每次调整好的局部结构，都要及时紧固。

组合夹具的尺寸调整工作十分重要，调整精度将直接影响到工件的加工精度，夹具上有关尺寸的公差，通常取工件相应公差的1/3～1/5，若工件相应尺寸为自由公差，夹具尺寸公差可取 ± 0.05 mm，角度公差可取 $\pm 5'$，调整后应及时固定有关元件。

6. 检验

在夹具交付使用之前对夹具进行全面检验，保证夹具满足使用要求。检查项目主要有：尺寸精度要求；工件定位合理；夹紧操作方便；各种连接安全可靠；夹具的最大外形轮廓尺寸不得超过使用机床的相关极限尺寸；车床夹具还要检查是否平衡。

7. 整理和积累组装技术资料

积累组装技术资料是总结组装经验、提高组装技术及进行技术交流的重要手段。积累资料的方法有照相、绘结构图、记录计算过程、填写元件明细表、保存专用件图纸等。一套组合夹具的完整资料，不但对减轻组装劳动量和加快组装速度有利，而且能从中归纳总结出一些新的组装方法和组装经验。线下操作实训结束之后，还会要求同学们按照规定的格式撰写组装实训报告。

知识模块二　柔性工装组合夹具元件选用

想要组装出合理的柔性工装夹具，首先必须选择合理的组装夹具元件。

1. 选用元件的原则

组合夹具元件选择的合理性与夹具的组装、使用的精度、夹具的刚性及操作是否方便都有很大关系，组合夹具元件的品种规格很多，各种元件都有不同的用途和特点，应选择灵活多变的，一件多用，不能受元件类别名称的限制。

合理选择元件的一般原则是在保证工件加工技术条件和提高生产率的前提下，所选用的元件使组装成的夹具体积小，重量轻，结构简单，元件少，调整与使用方便。

学习笔记

2. 选用元件的依据

1）根据元件的设计基本意图和基本尺寸选用

组合夹具元件分为基础件、支承件、定位件、导向件、压紧件、紧固件等，每一类元件的设计都有一定的针对性，它的基本用途与分类名称大致相符。在一般情况下，夹具的底座大多在基础件中选用。支承件用作夹具的支承骨架，使夹具获得所需的高度，因此需要组装某一高度尺寸时，应在支承件中选用。

基础件和支承件本身各有特点，如图6-2所示，支承角铁和基础角铁由于尺寸公差不同，组装出的尺寸精度就不同。支承角铁中键槽的起始尺寸从最近键槽标注为(150±0.01) mm，从而获得比较精确的高度尺寸。基础角铁作为夹具的基体，需要在上面安装元件，T形槽至最近键槽的距离为$150^{+0.05}_{0}$ mm，因此，要获得精确的150 mm高度尺寸，应选用支承角铁组装。

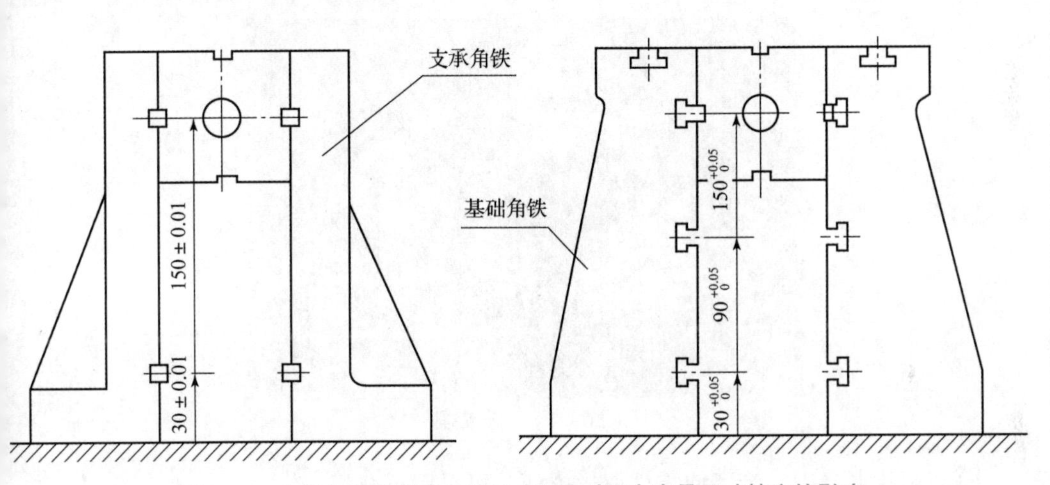

图6-2　支承角铁和基础角铁尺寸公差对组合夹具尺寸精度的影响

不同类别的元件有不同的设计意图，应根据元件的特点选用。但组合夹具元件灵活多变，有时组装较小的夹具，底座可以选用支承件，使夹具轻巧、紧凑。同样在组装大型夹具时也常用基础件作支承用，以增强夹具的刚性。

2）根据被加工零件的精度选用元件

工件加工精度越高，所要求组装的组合夹具的精度也越高，这就需要对所选用的元件进行尺寸精度测量，选用一定精度的元件。

3）根据不同要求选用元件

（1）凡受力较大的铣、刨夹具，应选择刚度较好的基础件、支承件组装。图6-3所示为刨床夹具。

（2）凡需要轻巧的夹具，如车床夹具、翻转钻模等，应选用质量较轻的元件。

（3）旋转式夹具，应采用圆形元件，并尽量把它们组合成一体，需保证操作安全。如图6-4所示的车床夹具，考虑到该夹具在使用时需要随着机床主轴一起旋转，所以采用了圆形基础板作为该套夹具的夹具体。

学习笔记

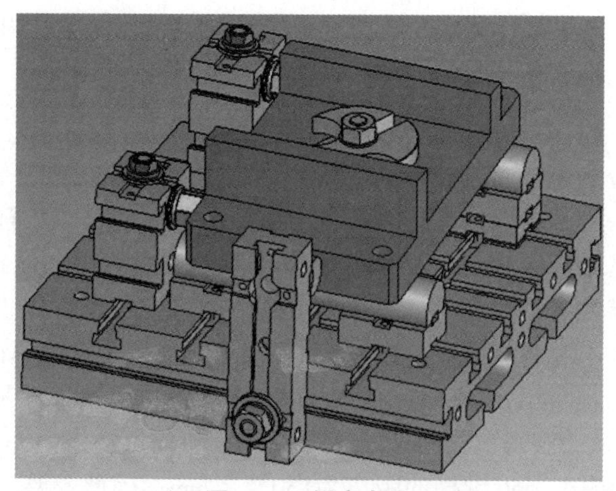

图 6-3　刨床夹具

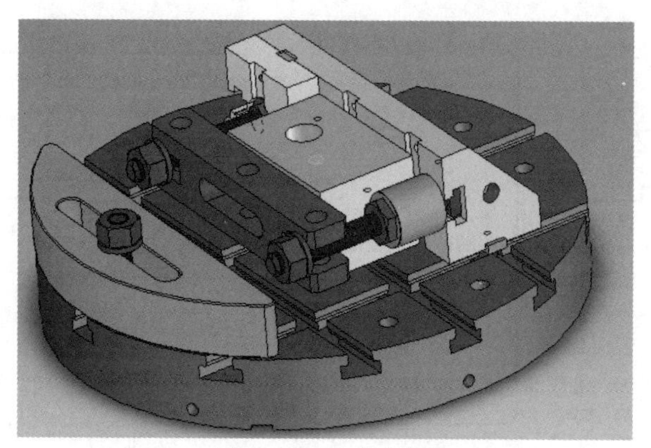

图 6-4　车床夹具

（4）钻孔夹具中，为了使零件取出方便，可采用折合板。

4）根据夹具的结构形式选用元件

（1）分度结构选用端齿分度台，或用分度基座、定位插销与分度盘组装，有时可用圆基础板或基础环等组装。

（2）扳角度结构则选用回转支座、角度支承、切边轴、折合板、正弦支座、回转支承、侧孔支承等组装。

5）根据夹具在加工中的特殊要求选用元件

组合夹具元件在通常情况下，都能适应各类夹具的技术要求。但某些加工方法对元件的选用提出特殊要求。例如焊接夹具，它在工作时由于焊渣及电源接线板接触不良等原因容易烧伤元件，多选用伸长板元件组装框架式结构。焊接夹具一般技术要求不高，可将报废的或有缺陷的元件集中起来，作组装焊接夹具用。电火花加工夹具在正常的情况下，是不会损坏元件的，但当组装结构不合理、操作不细心时，也会使元件烧伤，因此选件时应尽可能选用低精度或有缺陷的元件。

6）根据组装与调整测量方便选用元件

需要组装加工若干个圆周均布孔的夹具，夹具底座则选用中心有精度孔的圆基础板，或有垂直 T 形槽的元件便于组装精度孔，使组装与调整都比较方便。对需要进行纵向、横向调整的结构，如钻模板位置的调整，应选用纵向、横向能分别固定的元件。

学习笔记

任务实施

各个小组回顾柔性工装组合夹具组装过程，进行反思总结：

（1）讨论分析组装过的柔性工装组合夹具定位结构构思方法。

（2）讨论组装的柔性工装组合夹具组装的主要环节。

（3）小组讨论、对比组装过的柔性工装组合夹具元件选用的影响因素。

任务评价

考核评价标准如表6－2所示。

表6－2　考核评价标准

评价项目	评价内容	分值	自评 20%	互评 20%	教师评 60%	合计
职业素养（40分）	专注敬业，安全、责任意识，服从意识	10				
	积极参加项目任务活动，按时完成项目任务	10				
	团队合作，交流沟通能力，集体主义精神	10				
	劳动纪律，职业道德	5				
	现场“5S”管理，行为规范	5				
专业素养（60分）	专业资料查询能力	10				
	制订计划和执行能力	10				
	操作符合规范，精益求精	15				
	工作效率，分工协作	10				
	任务验收质量，质量意识	15				
创新能力（20分）	创新性思维和行动	20				
合计		120				

任务6.2　罩壳车削柔性工装设计

任务引入

小组分析、讨论零件结构、技术要求、工艺过程，设计柔性工装夹具方案，对照

选择柔性工装组合夹具元件，并进行组装、调整、检测，完成项目任务。

任务实施

1. 端盖车削柔性工装设计任务实施策略

（1）小组实施方案的讨论、确定。

（2）结构布局设计，元件选择。

（3）结构组装、调整、测量、固定。

（4）实施效果检查、评价。

（5）现场整理。

2. 端盖车削柔性工装设计任务实施过程

1）实操1——工件分析

如图6-1为罩壳零件，零件主要组成表面有：ϕ125 mm毛坯外圆端面，ϕ65 mm、ϕ45 mm外圆柱面，ϕ118 mm、ϕ100 mm、ϕ55J7内圆柱面，一个ϕ12H8通孔和4种大小不同的螺纹孔。零件结构简单，体积较小，但是零件不对称，呈偏心状态。车削ϕ32H7孔工序前，除一个ϕ12H8通孔、4种大小不同的螺纹孔和R8 mm圆弧之外，其他主要表面均加工完成。整张零件图上加工精度最高的表面就是ϕ32H7孔表面，该内孔的尺寸加工精度是IT7，表面粗糙度Ra是3.2 μm，采用粗车——半精车——精车就可以保证零件的加工要求。

该零件毛坯为灰铸铁，由于铸造时采用的造型方法是砂型铸造，所以精度不高，切削余量较大。该零件批量为500件，生产类型属于中批生产。

2）实操2——组装方案设计

通过分析零件的加工技术要求，发现本道工序需要车削的ϕ32H7内孔表面在长、宽、高三个方面上都有技术要求，所以零件在车削内孔加工时必须实现完全定位方式。

根据零件加工工艺过程，车孔之前零件端面上ϕ125 mm毛坯外圆端面、ϕ55J7内孔表面均已加工，零件结构及外形较为规则，便于定位与夹紧。根据工序图的要求，确定工件定位方案：工件ϕ125 mm毛坯外圆端面限制3个自由度，ϕ55J7内孔表面限制2个自由度，柄部外侧面限制1个自由度，可以实现零件完全定位。

车削加工，主轴要带着夹具和工件一起旋转，切削力和离心力都比较大，由于夹紧力的方向要垂直于第一基准面，再加上需要考虑加工时夹紧夹牢的原则，所以采用自抱式螺旋夹紧结构，将从正上方施压，用ϕ125 mm毛坯外圆端面紧压在限位平面上。

图6-5所示为罩壳零件车削ϕ32H7孔的工序简图。

图6-6所示是罩壳零件车销ϕ32H7孔的柔性组合夹具。

3）实操3——组装元件选用

根据零件定位方案，主要选用的元件有以下几种：

选用ϕ300 mm×40 mm×90°圆形基础板作为基础件；选用180 mm×200 mm×90 mm的基础角铁作为支承件，该基础角铁的工作大平面可以作为限位面，限制工件的3个自由度；选用ϕ55圆形定位销对工件进行定位，限制工件的2个自由度；选用M12×

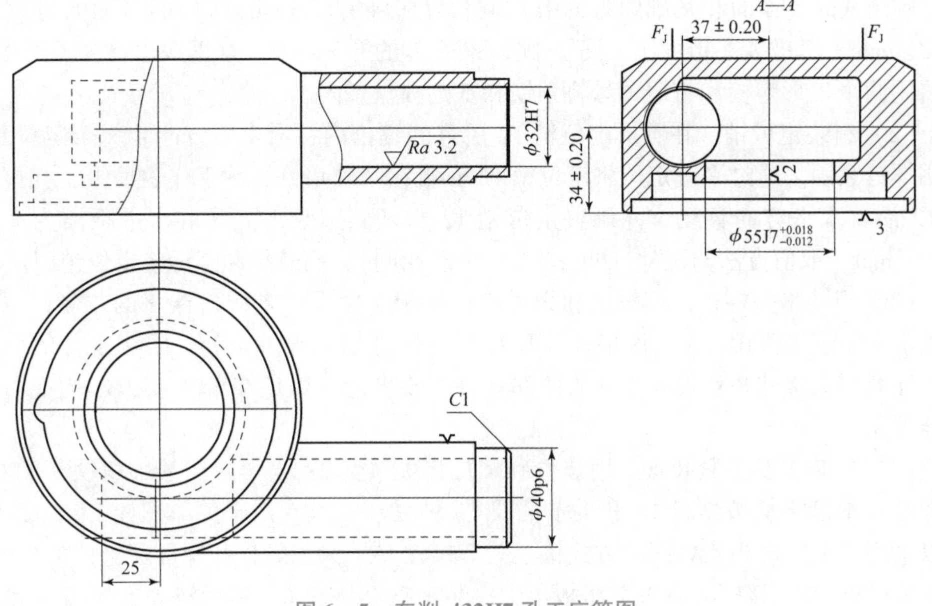

图 6-5　车削 ϕ32H7 孔工序简图

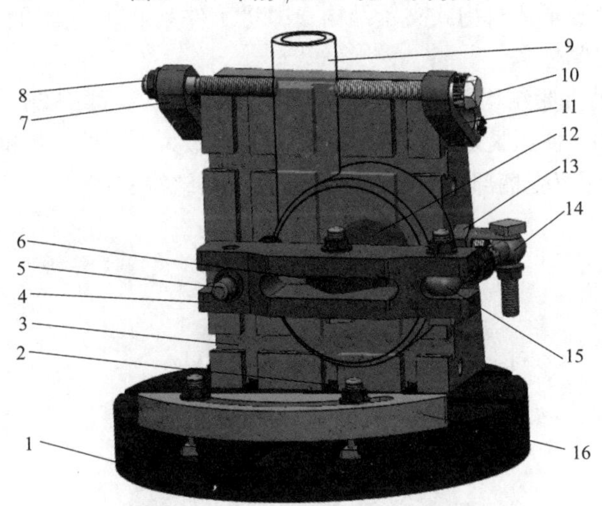

图 6-6　车削 ϕ32H7 孔的柔性组合夹具

1—基础圆盘；2—定位平键；3—基础角铁；4—关节压板；5—T 形螺栓；6—摆动压块；
7，11—连接板；8—平头螺柱；9—工件；10—压紧螺钉；12—圆形定位销；
13—关节插头；14，15—关节螺栓；16—平衡块

100 mm 平头螺柱对工件进行定位，限制工件的 1 个自由度；压紧螺钉 M12 ×105 mm 用 M12 ×30 mm ×80 mm 的连接板来固定，对工件起到辅助夹紧的作用；选用关节叉头 M12 ×28 mm，2 个 M12 ×60 mm 的关节螺栓，205 mm ×40 mm ×35 mm 的关节压板，ϕ12. 5 mm ×60 mm ×38 mm 的摆动压块，形成自抱式夹紧结构，从工件的正上方对工件进行主要夹紧。

4）实操 4——结构组装

（1）组装基础角铁。在基础角铁 3 的底部中央键槽内装上两个定位平键 2，并用沉头螺钉将定位平键固定在角铁上。把基础角铁 3 安装在基础圆盘 1 中央的 T 形槽上，保

学习笔记

证基础角铁的工作面和基础圆盘的中心距离为（34 ±0.05）mm［对应工件尺寸（34 ±0.20）mm，考虑装夹精度，夹具尺寸取工件公差的1/3～1/5，这里取工件公差的1/4］，然后用两个T形螺栓和带肩螺母将角铁和基础圆盘紧固。

（2）组装定位销。在圆形定位销12后背的键槽内，沿水平方向装2个定位平键，并用螺钉紧固。通过平键定位将定位销12安装在基础角铁3的工作表面上，允许定位销12沿着水平方向移动，并调整定位销12和基础圆盘1之间的水平距离为（37 ±0.05）mm［取值方法与尺寸（34 ±0.20）mm相同］，用螺栓和螺母将定位销固定。

（3）组装平头螺栓。用螺栓和螺母将连接板7紧固在基础角铁3的左侧，左侧连接板7上安装平头螺柱8，该螺柱要顶在罩壳柄部的最大外圆处，限制工件的一个转动。注意平头螺柱8和罩壳零件的柄部端面不要太近，以免在车削ϕ32H7内孔时发生干涉现象。

（4）组装主要夹紧装置。用螺栓和螺母将关节叉头13紧固在基础角铁3的右侧，用螺栓和螺母将关节螺栓14和关节插头13锁紧在一起。由于关节螺栓14长度不够，所以采用三个螺母相互紧固的方式接上关节螺栓15，采用螺栓和螺母配合将关节压板4和关节螺栓15连接，并在关节压板4中央装上摆动压块6，最后将关节压板4和T形螺栓5用螺母锁紧，形成自抱式夹紧结构。即将工件紧贴在基础角铁3的工作表面上，完成工件的主要夹紧任务。

（5）组装辅助夹紧结构。用螺栓和螺母将连接板11紧固，在连接板11的前端螺孔内装上压紧螺钉10，使压紧螺钉10顶在罩壳柄部的最大外圆处，并和平头螺柱8等高。

图6－7所示为罩壳柄部车削柔性工装组合夹具结构实物。

图6－7　罩壳柄部车削柔性工装组合夹具结构实物

（6）夹具调整。罩壳车削柔性工装设计过程中，主要调整参数围绕两个主要尺寸参数（37 ±0.20）mm，（34 ±0.20）mm开展，按照研究所试制试验要求，分别进行3次调整：

①调整基础角铁3，检测角铁面到圆形基础件中心距离尺寸为（32 ±0.20）mm，固定基础角铁3；调整圆形定位销12，检测定位销中心到圆形基础件中心距离尺寸为（35 ±0.20）mm，固定定位销12。

②调整基础角铁3，检测角铁面到圆形基础件中心距离尺寸为（34 ±0.20）mm，固定基础角铁3；调整圆形定位销12，检测定位销中心到圆形基础件中心距离尺寸为（37 ±0.20）mm，固定定位销12。

③调整基础角铁3，检测角铁面到圆形基础件中心距离尺寸为（36 ±0.20）mm，固定基础角铁3；调整圆形定位销12，检测定位销中心到圆形基础件中心距离尺寸为（39 ±0.20）mm，固定定位销12。

由于这是一套车夹具，需要安装在机床的主轴上，加工时和主轴一起旋转，要尽量避免出现一边偏重的偏心现象，所以采用平衡块16进行配重调整。

学习笔记

任务评价

小组推荐成员介绍任务的完成过程，展示组装结果，全体成员完成任务评价。学生自评表和小组互评表分别如表6－3、表6－4所示。

表6－3 学生自评表

任务	完成情况记录
任务是否按计划时间完成	
理论实践结合情况	
技能训练情况	
任务完成情况	
任务创新情况	
实施收获	

表6－4 小组互评表

序号	评价项目	小组互评	教师点评
1			
2			
3			
4			

任务6.3 罩壳车削柔性工装检测

任务引入

罩壳车削柔性工装组合夹具组装完成后，需要检验定位是否正确、夹紧是否合理、

学习笔记

与机床连接是否正确、相关结构布局是否满足工件装夹要求。

任务实施

1. 罩壳车削柔性工装检测任务实施策略

（1）罩壳车削柔性工装夹具结构检查。

（2）主要尺寸（34 ±0.20）mm 及（37 ±0.20）mm 的精度测量。

（3）夹具使用过程中的偏心现象。

准备高度尺、划针、游标卡尺、深度尺、标准测量板、测量平台等仪器设备。测量尺寸（34 ±0.20）mm 及（37 ±0.20）mm 等参数，按图纸要求调整，固定相关元件。

2. 罩壳车削柔性工装检测任务实施过程

本项目检测包括结构检验和主要尺寸参数测量。

（1）结构检验：包括定位结构、夹紧装置、偏心现象、安装连接结构等的检查、评价，如表 6－5 所示。

表 6－5 结构检验项目

序号	项目	检查内容	评价
1	外形与机床匹配	长、宽、高与机床匹配	
2	强度刚性	切削力、重力等影响	
3	定位结构	基准选择，元件选用，结构布局	
4	夹紧装置	夹紧力三要素合理，结构布局	
5	平衡性	是否偏心	
6	工件装夹	装夹效率，便利	
7	废屑排出	畅通，容屑空间	
8	安装连接	位置与锁紧	
9	使用安全方便	安全，操作方便	

（2）参数测量：尺寸参数主要复检尺寸（34 ±0.20）mm 及（37 ±0.20）mm 的精度，如表 6－6 所示。

表 6－6 参数检测项目

序号	项目	检查内容	评价
1	孔位置参数	（34 ±0.20）mm	
2	孔位置参数	（37 ±0.20）mm	
3	孔位置参数	加工孔对 ϕ40p6 外圆是否偏心	
4	平衡性	这套夹具是否偏心	

学习笔记

考核评价表如表 6－7 所示。

表 6－7　考核评价表

序号	评价项目	自我评价	互相评价	教师评价	综合评价
1	实施准备				
2	方案设计、元件选用				
3	规范操作				
4	完成质量				
5	关键操作要领掌握情况				
6	完成速度				
7	参与讨论主动性				
8	沟通协作				
9	展示汇报				

注：评价档次统一采用 A（优秀）、B（良好）、C（合格）、D（努力）4 个。

柔性车床工装应用研讨

各小组组织活动，回顾车削加工实训操作场景，结合罩壳零件孔车削工作任务要求，分析、讨论罩壳车削柔性工装夹具应用问题：

（1）夹具在车床上的安装方法及位置调整注意事项。

①工装夹具与车床主轴连接：连接方法、安装误差产生因素、安装注意事项等。

②工装夹具中心与车床主轴中心同轴调整：调整方法、注意事项等。

③车床高速回转过程中安全防范措施。

（2）工件装夹：装夹位置确定，夹紧力三要素确定；夹紧装置选择、设计。

（3）平衡调整：平衡方法，平衡配块调整与位置检测，平衡精度影响因素。

（4）工件加工：工件装卸，废屑排出，主要加工参数测量、控制。

（5）罩壳柄部车削加工的柄部中心位置参数变化时，关键元件位置调整、检测及注意事项等。

如图 6－8 所示，支承块零件车削加工 $R130^{+0.04}_{0}$ mm、$R128^{+0.04}_{0}$ mm 圆弧形表面。

请各小组同学识读工件图，熟悉工件结构，分析工件加工要求，对照图 6－9 所示支承块车削柔性工装组合夹具，课后讨论、探索：

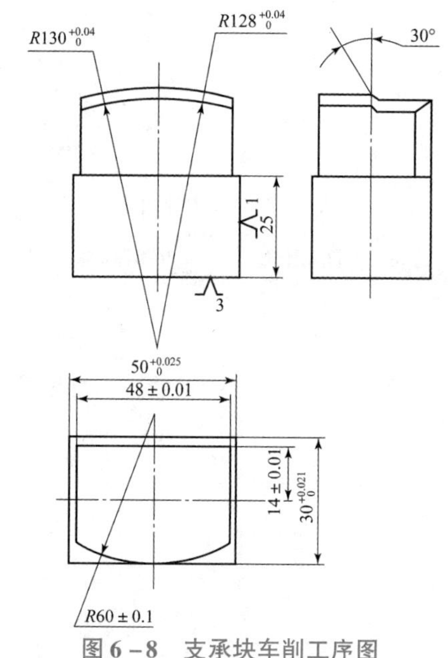

图 6 –8　支承块车削工序图

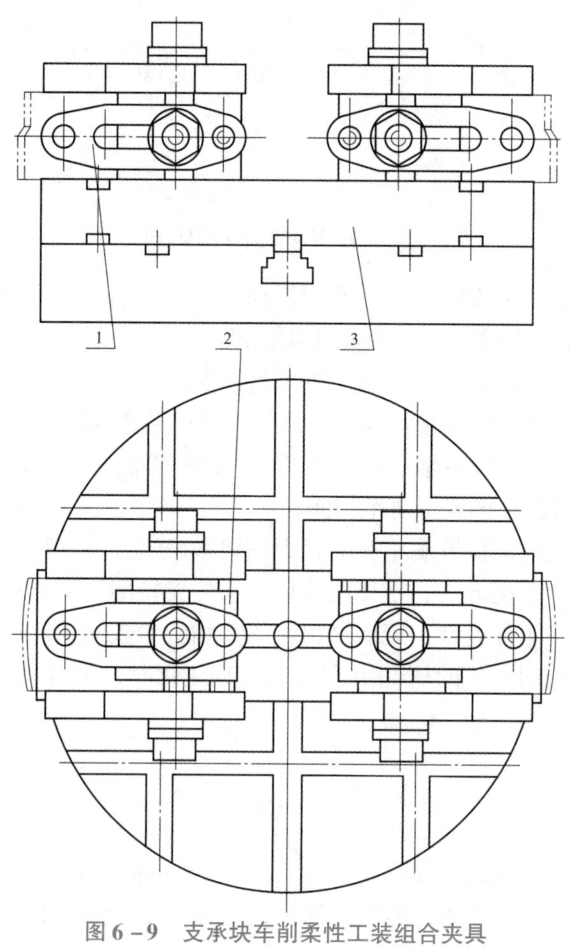

图 6 –9　支承块车削柔性工装组合夹具

1—连接板；2——竖槽长方形支承；3—伸长板

（1）满足加工要求，需要限制工件哪些自由度？

（2）选择哪些定位基准面装夹工件？分析这些定位基准面分别限制的自由度。

（3）搭建定位结构选择哪些元件？

（4）工件是如何夹紧的？

（5）应用支承块车削柔性工装组合夹具加工支承块两个圆弧面需要注意哪些事项？

学习笔记

思考练习

6-1 柔性工装夹具组装步骤具体有哪些？

6-2 组装柔性夹具时，组装原件选用的原则是什么？

6-3 柔性组合夹具元件选取的依据是什么？

6-4 罩壳零件车削 ϕ32H7 mm 孔时，定位元件都有哪些？

6-5 罩壳车孔柔性夹具组装过程中如何调整加工尺寸（37 ±0.20）mm？

6-6 对车床夹具而言，试分析车床夹具实际使用时如何进行配重调整夹具平衡？

6-7 判断题

（1）柔性工装组合夹具组装过程中方案构思相当于专用机床夹具的结构设计，其装夹原理是一样的。（ ）

（2）柔性工装组合夹具组装元件选用必须根据元件功用选择，否则就无法保证夹具使用要求。（ ）

（3）罩壳零件形状不对称，结构复杂，采用铸造工艺获得毛坯。（ ）

（4）罩壳零件柄部车削，采用壳体部分端面、内孔及柄部外圆表面组合定位方式装夹工件。（ ）

（5）罩壳车削车床柔性工装夹具先组装角铁式支承件，再拼装关节怀抱式夹紧装置。（ ）

6-8 选择题

（1）罩壳车削柔性工装夹具采用关节怀抱式结构夹紧工件，夹紧结构中配置摆动块，主要目的是（ ）。

A. 调整夹紧行程，增大装卸工件空间

B. 消除壳体顶面、底面不平行对夹紧装置影响，提高工件装夹稳定性

C. 方便工件装卸

D. 使夹具结构对称

（2）罩壳车削柔性工装夹具装夹罩壳工件（图6-1），选择 $\phi 55f8(^{-0.030}_{-0.076})$ mm 定位销与罩壳壳体部分 $\phi 55J7(^{-0.018}_{-0.012})$ mm 内孔配合定位，选择角铁基础件与罩壳壳体部分下端面接触定位，对车削柄部加工尺寸（34 ±0.20）mm 产生的装夹基准不重合误差是（ ）mm。

A. 0.046　　B. 0.030　　C. 0.018　　D. 0.094　　E. 0

（3）罩壳车削柔性工装夹具装夹罩壳工件（图6-1），选择 $\phi 55f8(^{-0.030}_{-0.076})$ mm 定位销与罩壳壳体部分 $\phi 55J7(^{-0.018}_{-0.012})$ mm 内孔配合定位，选择角铁基础件与罩壳壳体部分下端面接触定位，对车削柄部加工尺寸（34 ±0.20）mm 产生的装夹基准位移误差是

（　）mm。

A. 0.046　　B. 0.030　　C. 0.018　　D. 0.094　　E. 0

（4）罩壳车削柔性工装夹具装夹罩壳工件（如图6－1），选择$\phi 55f8(^{-0.030}_{-0.076})$ mm定位销与罩壳壳体部分$\phi 55J7(^{-0.018}_{-0.012})$ mm内孔配合定位，选择角铁基础件与罩壳壳体部分下端面接触定位，对车削柄部加工尺寸（34 ±0.20）mm产生的装夹定位误差是（　）mm。

A. 0.046　　B. 0.030　　C. 0.018　　D. 0.094　　E. 0

（5）罩壳车削柔性工装夹具装夹罩壳工件（如图6－1），选择$\phi 55f8(^{-0.030}_{-0.076})$ mm定位销与罩壳壳体部分$\phi 55J7(^{-0.018}_{-0.012})$ mm内孔配合定位，选择角铁基础件与罩壳壳体部分下端面接触定位，对车削柄部加工尺寸（37 ±0.20）mm产生的装夹基准不重合误差是（　　）mm。

A. 0.046　　B. 0.030　　C. 0.018　　D. 0.094　　E. 0

（6）罩壳车削柔性工装夹具装夹罩壳工件（如图6－1），选择$\phi 55f8(^{-0.030}_{-0.076})$ mm定位销与罩壳壳体部分$\phi 55J7(^{-0.018}_{-0.012})$ mm内孔配合定位，选择角铁基础件与罩壳壳体部分下端面接触定位，对车削柄部加工尺寸（37 ±0.20）mm产生的装夹基准位移误差是（　）mm。

A. 0.046　　B. 0.030　　C. 0.018　　D. 0.094　　E. 0

（7）罩壳车削柔性工装夹具装夹罩壳工件（如图6－1），选择$\phi 55f8(^{-0.030}_{-0.076})$ mm定位销与罩壳壳体部分$\phi 55J7(^{-0.018}_{-0.012})$ mm内孔配合定位，选择角铁基础件与罩壳壳体部分下端面接触定位，对车削柄部加工尺寸（37 ±0.20）mm产生的装夹定位误差是（　）mm。

A. 0.046　　B. 0.030　　C. 0.018　　D. 0.094　　E. 0

项目七　导轨铣削柔性工装设计

项目导读

对于柔性工装组合夹具，除了了解柔性夹具设计组装一般步骤，正确设计夹具结构，合理选择组装元件外，还需要了解柔性工装组合夹具结构组装依据，掌握结构组装方法和技巧。

导轨铣削柔性工装设计主要内容包括：

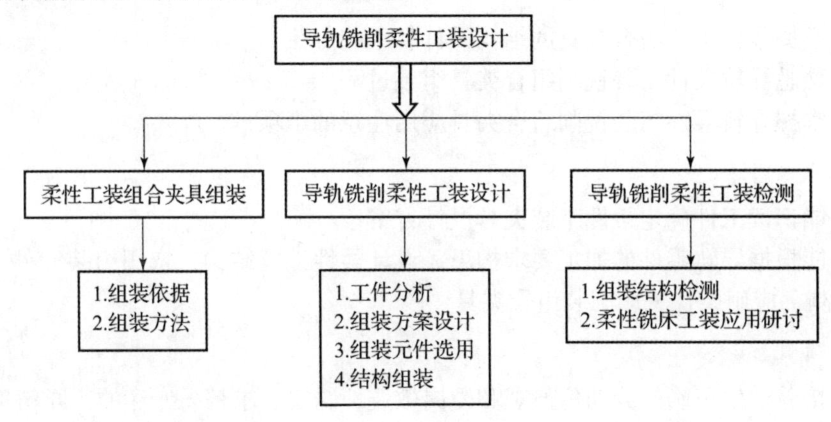

项目分析

工装夹具工作室接到企业设计所工具磨床结构零件——导轨加工工装夹具设计配置任务，导轨零件图样和技术要求如图 7－1 所示。

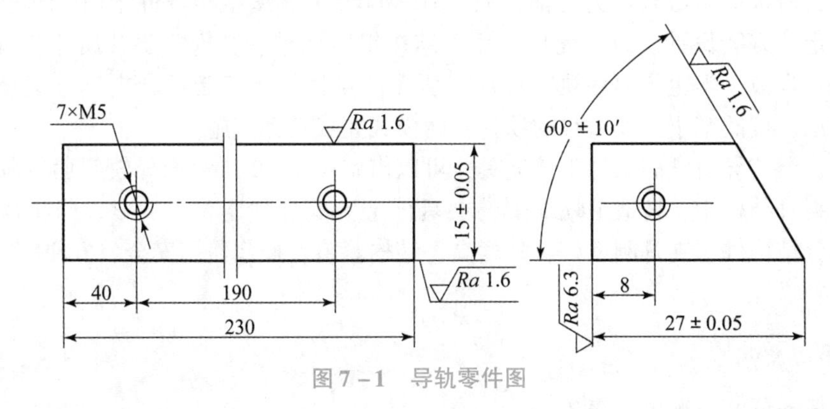

图 7－1　导轨零件图

学习笔记

（1）产品名称：万能工具磨床 M6025A。

（2）零件名称及编号：导轨 05－28。

（3）生产数量：3 件。

（4）零件加工工艺路线：备料→上下表面、端面、侧面铣削粗加工→调质热处理→上下表面、端面、侧面半精铣削加工→斜面铣削加工→钳工钻孔→淬火热处理→上下表面磨削→斜面磨削加工→表面发黑热处理→检验。

技术要求：

（1）产品试制，图中导轨斜面角度 30°，要求变换调整参数分别制造 3 件，满足产品性能调试要求，角度参数 30°具体变换有：角度 30°，角度 45°，角度 60°。

（2）未注倒角 *C*0.5。

（3）零件表面发黑热处理。

项目目标

1. 知识目标

（1）掌握柔性工装组合夹具的结构设计和组装方法。

（2）熟悉导轨柔性工装铣削组合夹具组装过程。

（3）掌握导轨柔性工装铣削组合夹具应用注意的事项。

2. 能力目标

（1）能识读工件确定柔性工装夹具设计方案。

（2）能根据导轨零件的加工要求构思、设计柔性工装结构，选用组装元件，组装、调整、检测、应用柔性铣床工装组合夹具。

3. 素质目标

（1）培养学生正确的劳动价值观和爱岗敬业、踏实、求精、专注的工匠精神。

（2）保持工作环境清洁有序，爱护设备及工具、夹具、刀具、量具，文明生产。

项目计划/决策

本项目所选的学习载体为万能工具磨床 M6025A 典型结构零件导轨，通过零件结构分析、定位方案设计、组装元件选用、结构组装调整、结构检验及尺寸测量、小组讨论评价等环节，学生了解导轨零件加工所需的柔性铣床工装组合夹具方案设计和结构组装方法，按照基于工作过程的项目导向模式完成任务实施。

设计、组装导轨铣削柔性工装夹具，可以借鉴图 7－2 所示的导轨斜面铣削专用工装夹具。夹具结构中，铸造毛坯加工的夹具体上装配导轨定位、夹紧、与机床安装连接的各部分结构件，夹具刚性好，强度高，结构紧凑，操作使用安全、方便。

任务分组

学生任务分配情况填入表 7－1。

学习笔记

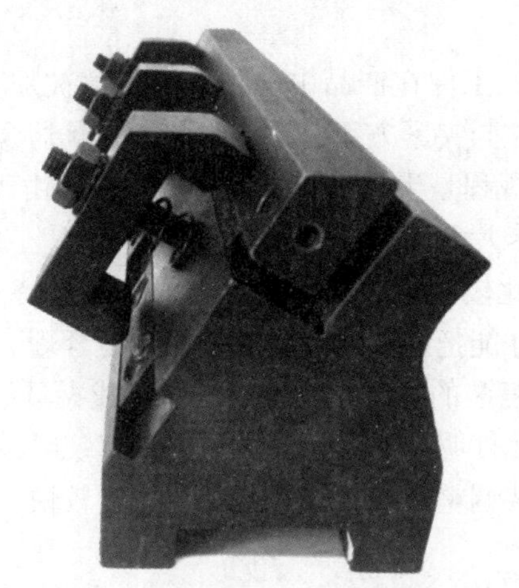

图 7－2　导轨铣削专用工装夹具实物

表 7－1　学生任务分配表

班级		组号		指导教师	
组长		学号			
组员	姓名	学号	姓名	学号	

任务7.1　柔性工装组合夹具组装

任务引入

如图 7－1 所示导轨零件，铣削加工该零件上斜面，设计、配置柔性工装装夹工件，有必要了解组装夹具的依据，熟悉、掌握夹具结构的组装方法。

知识链接

柔性工装组合夹具设计组装，必须应用元件合理组装夹具结构。

知识模块一　组装依据

柔性工装组合夹具组装的主要依据是工件图纸、工艺规程和工件实物。初装时按组装步骤进行组装，复装夹具时，参考组装定型记录、照片、视频的原始资料（结构、选件、计算）进行组装。

(1) 工件图纸。熟悉该工件在产品中的作用。了解被加工部位的使用要求、技术条件，以便确定合理的定位与夹紧方案，促使组装的夹具切合使用实际。

(2) 工艺规程。工艺规程是生产过程中的指导文件，由于工件数量与批次数不同，分为工艺过程卡片、工艺卡片及工序卡片三种。

(3) 工件实物。实物比较直观，便于构思结构方案，特别是当工件结构比较复杂时，更需要参照工件实物才能把夹具组装得更完善，更合理。

(4) 复装夹具。对于复装的夹具，应按原始记录或夹具组装照片、视频进行组装。由于有照片、视频、主要元件明细目录及计算数据，组装时不必进行设计（构思结构）选件、计算，只要进行组装调整和测量，因此组装速度较快，质量稳定。

知识模块二　组装方法

1. 熟悉元件

组合夹具组装水平的高低及夹具结构方案是否合理，常取决于对元件的熟悉程度，熟悉元件是组装人员必备的基本技术，必须对元件的主要用途、结构特点、基本参数、尺寸精度、使用方法等有较深刻的全面了解，做到熟练选用。

2. 夹具组装次序

组合夹具的组装有一定的规律，从结构上看，组装次序是：夹具底座——工件定位结构——夹具体（支承骨架）——导向结构——夹紧结构。

从外观上看，组装次序是：从里到外，从下到上，在组装过程中，应考虑到对于某些最后组装的元件，是否给预留了足够的空间，个别元件是否需要提前放进去等。

3. 夹具结构布局与试装

在夹具的总装开始前，应考虑整个夹具的布局，例如夹具采用的结构形式，选用什么元件来完成工件的定位、夹紧，工件加工时是否需要引导、对刀或测量基准，以及它们安排在什么位置上比较合理，元件间如何连接和紧固，哪些位置需要预先放螺栓或元件，工件如何装卸，夹具如何调整和测量等，都应在着手总装前给予考虑。

夹具的布局方案大致考虑好以后，进行结构试装，把选好的元件按布局的位置摆好，并把工件放进去，调整各元件的相互位置，之后再取出工件。

在试装过程中，为了使夹具的布局更合理，结构更紧凑，工件装卸更方便，往往要修改原来夹具的布局，或更换元件，因此，元件不必用螺栓紧固，试装过程是和选件、布局互相穿插在一起的，是不能截然分开的。

4. 合理组装元件

组合夹具元件的组装必须遵守组装规则，使夹具组装可靠、调整方便、不损坏元件或影响元件的精度与使用寿命。

1）合理选择和使用元件

(1) 使用元件要按元件的结构特点及其用途选用，不能在损害元件精度的情况下随便使用。如钻模板不能当连接板、压板使用，固定钻套不能当支承环使用等。

(2) 元件间的定位键厚薄要选用适当，键太厚会使元件间贴合不上，结合面间产生间隙；键太薄又会使元件间不能起到定位作用。如图 7 - 3 所示，图（a）为键太薄的配合情况，图（b）为键太厚的配合情况。

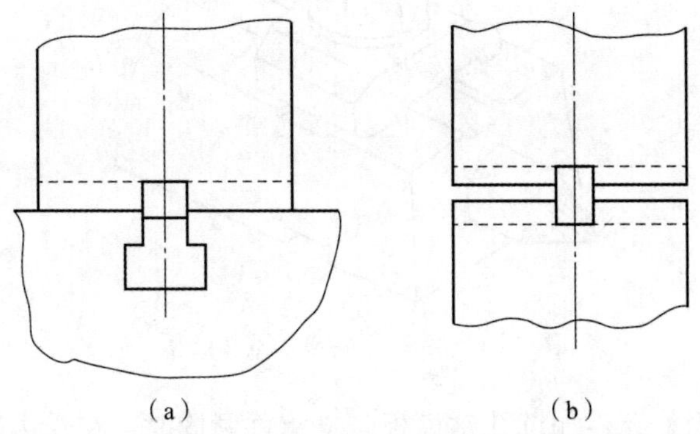

图 7 - 3　元件间的定位键厚薄对组合夹具配合的影响

（3）在 10 mm 厚的支承垫板上装定位键时，键用螺钉不能太长，避免造成两支承面间不能贴合，如图 7 - 4 所示。

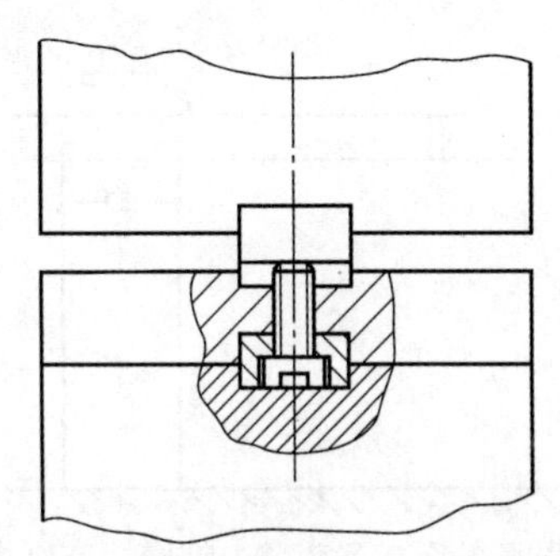

图 7 - 4　键用螺钉太长造成两支承面间不能贴合

（4）当一支承件组装在另一支承件或简式基础板上时，键不能选太厚，若太厚会使槽用螺栓的头部与键相碰，如图 7 - 5 所示。

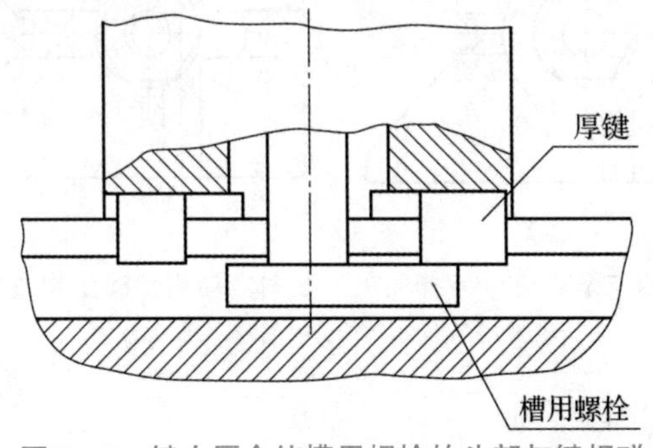

图 7 - 5　键太厚会使槽用螺栓的头部与键相碰

（5）活动 V 形、活动顶尖、回转顶尖等元件，在用螺钉、螺母直接压紧固定时，容易变形卡死，应分别加双头压板或快换垫圈等，以便减少变形，提高工作过程的灵活性，如图 7 - 6 所示。

学习笔记

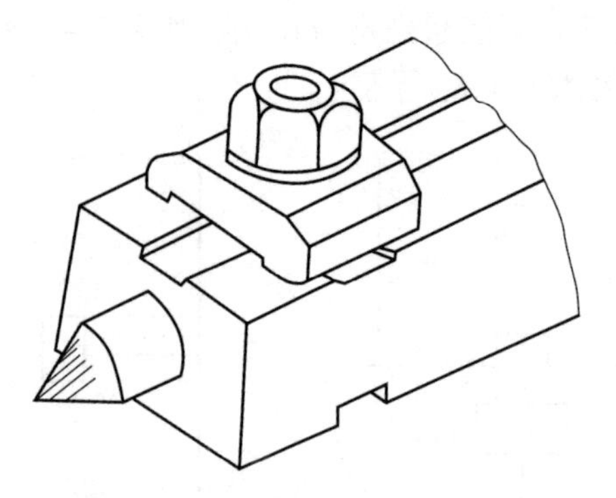

图 7-6　活动顶尖应加双头压板

（6）薄壁易变形的元件如沉孔钻模板与支承件紧固时，在受力较大的情况下，应采用平压板代替垫圈，减少压紧变形。若用螺母直接压在沉头窝内，钻模板容易产生挠曲变形，如图 7-7 所示。薄支承件在十字槽附近压紧时，应使用快换垫圈或加大垫圈，使压紧稳定，如图 7-8（a）所示，严防图 7-8（b）所示的压紧形式。

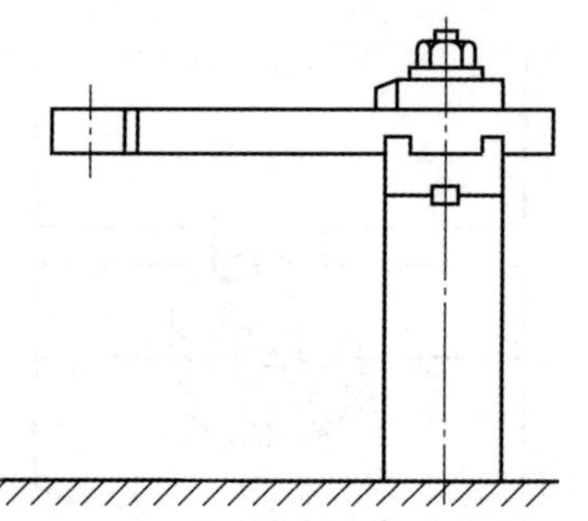

图 7-7　螺母直接压在沉头窝内钻模板产生的挠曲变形

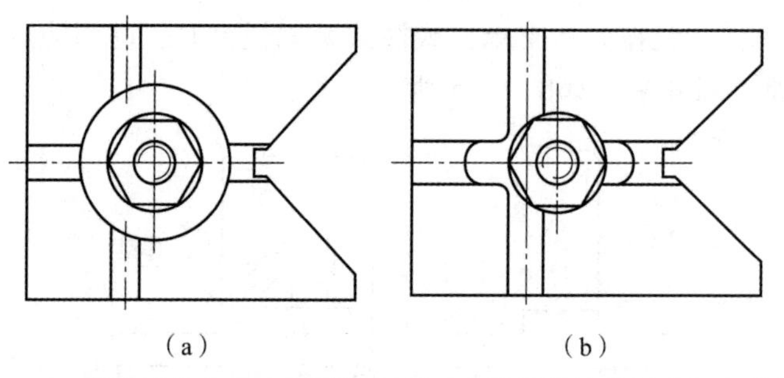

图 7-8　薄支承件在十字槽附近压紧时应使用快换垫圈或加大垫圈

（a）采用加大垫圈；（b）未采用加大垫圈

2）元件间的配合间隙要合适

（1）元件间配合按间隙配合设计，但键的设计不同，为了提高定位精度，防止磨损后间隙过大，应按过渡配合设计，键与键槽配合时，可能产生过盈，组装时要选配，应当尽量避免过盈配合，否则会损坏元件。

（2）开槽钻模板在导向支承上组装时，当导向支承固定后，有时装不进去，原因是所选的钻模板带 12 mm 键槽，它与螺栓之间的间隙太小，当螺栓稍偏斜就发生了干涉，在这种情况下，应选用无键槽的销模板。如图 7 - 9 所示，图（a）所示螺栓稍有偏斜也可以装入，而图（b）因带键槽装不进去。

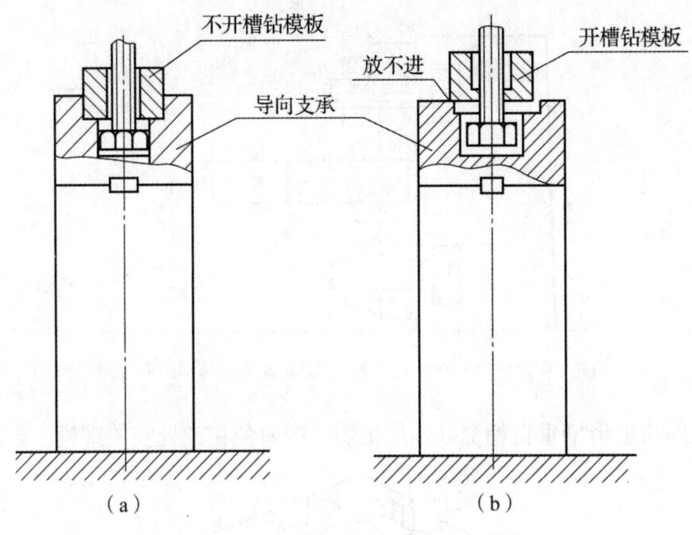

图 7 - 9　开槽钻模板与螺栓之间的间隙

3）组装中要注意元件的薄弱环节

（1）基础板 T 形槽十字相交处强度较低，使用槽用螺栓紧固时容易掉角，应从基础板底部通孔穿出，如图 7 - 10 所示。

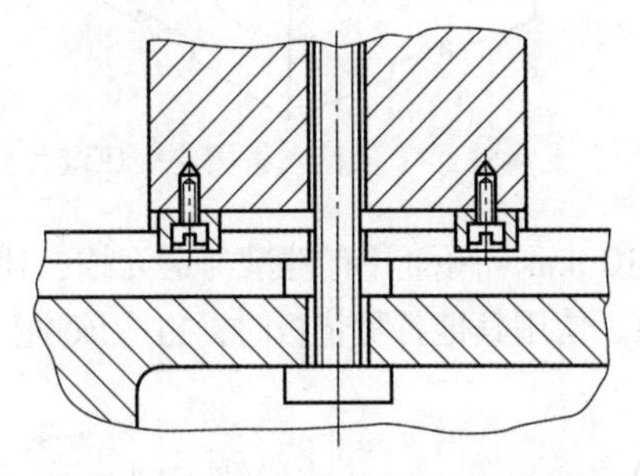

图 7 - 10　基础板 T 形槽用螺栓应从基础板底部通孔穿出

（2）距基础板 T 形槽十字相交处 16 mm 以内不能使用槽用螺栓，应采用长度合适的长方形双头螺栓代替槽用螺栓，防止拉坏槽口，如图 7 - 11 所示。

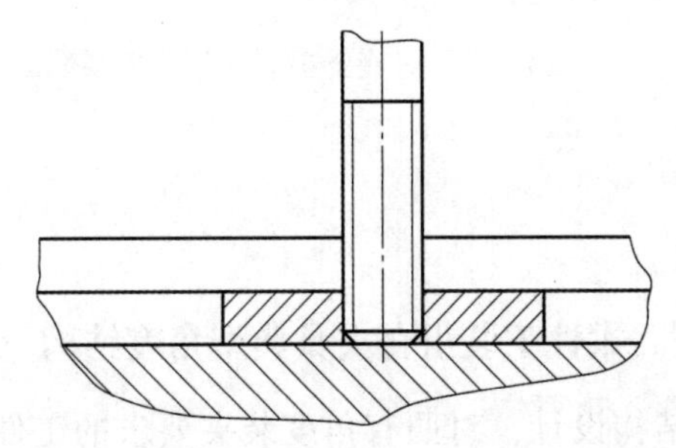

图 7 - 11　距基础板 T 形槽十字相交处 16 mm 以内不能使用槽用螺栓

(3) 支承件 T 形槽壁较薄，受力过大容易损坏，当需要支承件 T 形槽承受较大的拉力时，可用回转板作过渡，如图 7－12 所示。

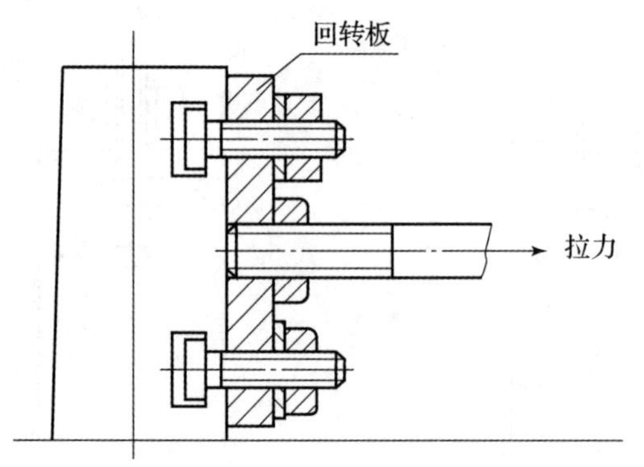

图 7－12　支承件 T 形槽壁较薄时用回转板作过渡

(4) 支承件两 T 形槽垂直相交处强度很弱，应避免在此处安放螺栓，如图 7－13 所示。

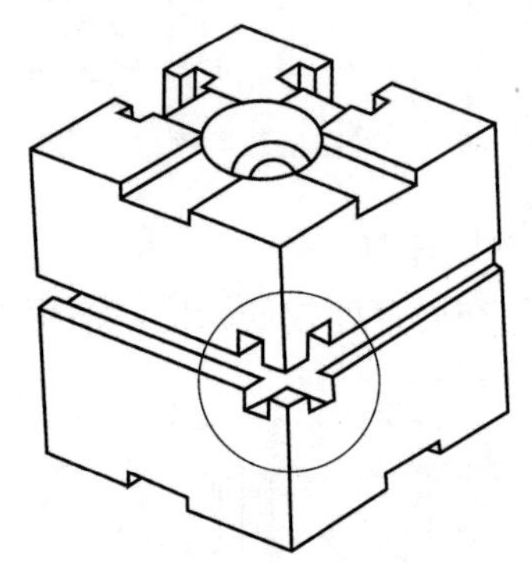

图 7－13　支承件两 T 形槽垂直相交处应避免安放螺栓

(5) V 形垫板厚度为 10 mm，两面开有键槽与退刀槽，比较容易折断，在组装中，不能用于承受弯曲力和冲击力。使用其他各种垫板时，也应该注意这一点，如图 7－14 所示。

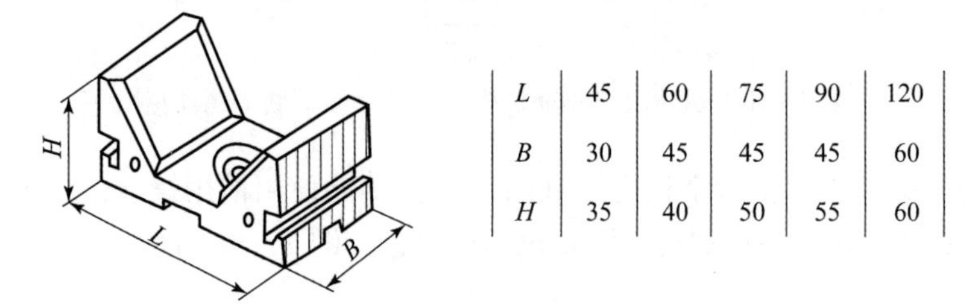

L	45	60	75	90	120
B	30	45	45	45	60
H	35	40	50	55	60

图 7－14　两面开有键槽和退刀槽容易折断

柔性工装组合夹具典型角度结构

柔性工装组合夹具结构设计，对照有角度装夹要求的工件，需要设计组装搭建角度结构，一是选用合适的角度组合夹具元件满足装夹角度，如选用角度支承件、转角支承件、回转支座、转动支承件等；二是选择不同元件组合装配。一般典型角度搭建结构有：

（1）用转角支承搭建水平角度结构，如图 7－15 所示。

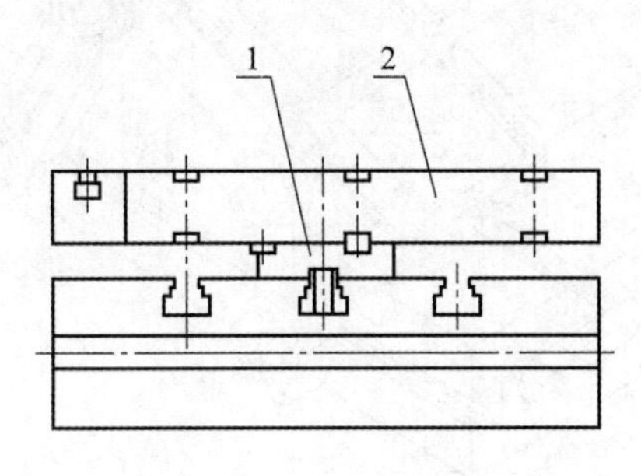

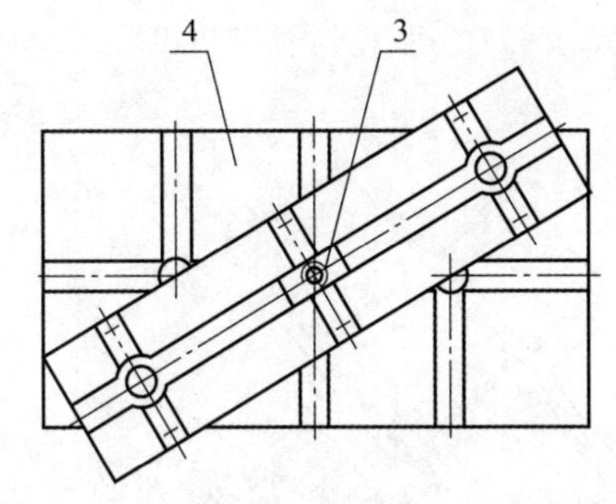

图 7－15　用转角支承搭建水平角度结构

1—转角支承；2—伸长板；3—长方形螺母；4—基础板

（2）用角度支承搭建水平角度结构，如图 7－16 所示。

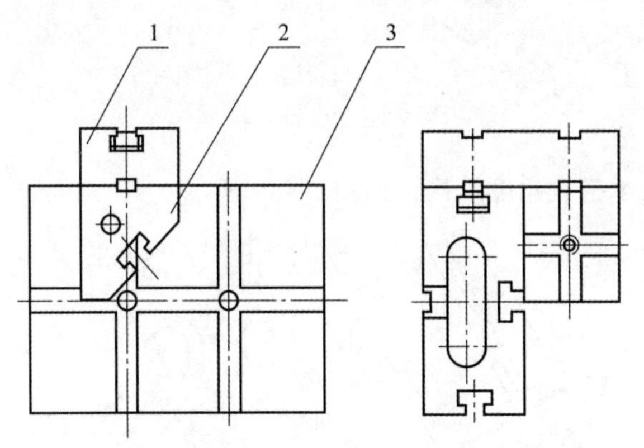

图 7－16　用角度支承搭建水平角度结构

1—伸长板；2—角度支承；3—基础板

（3）用基础板槽口搭建角度结构，如图 7－17 所示。选用两件基础板搭建角度结构，两件宽度选择一致，易于调整。用槽口作支点调整角度，难以获得较高精度，调整太大或太小角度都不稳定。

（4）用轴或切边轴搭建角度结构，如图 7－18 所示。组装时使轴与两件基础板、两压板都贴合好，才能获得较好的精度，因而调整难度大。若使用切边轴改善贴合状况，可减少角度调整难度。

学习笔记

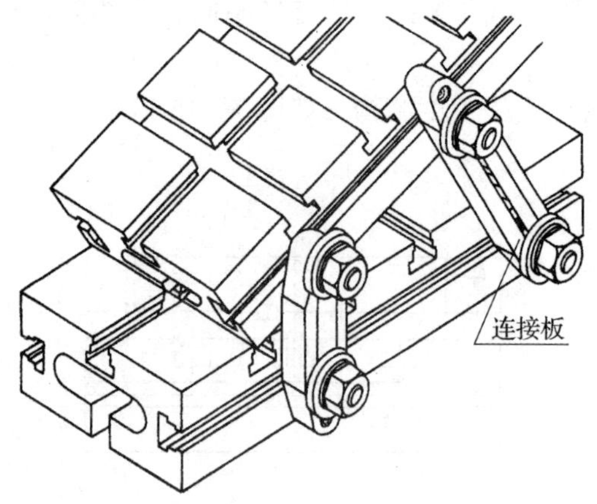

图 7－17　用基础板槽口搭建角度结构

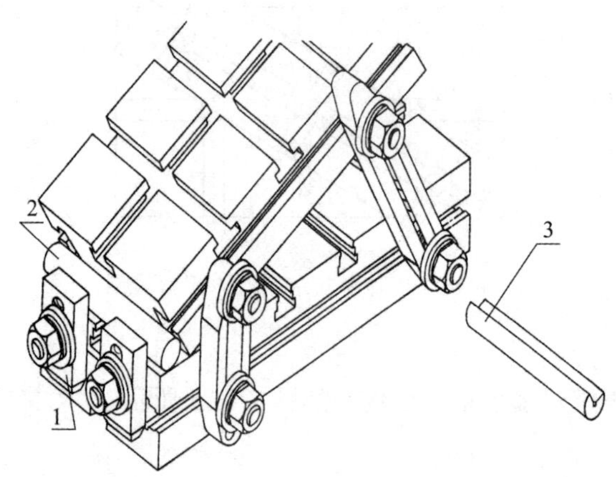

图 7－18　用轴或切边轴搭建角度结构

1—平压板；2—长轴；3—切边轴

（5）用 V 形支承搭建角度结构，如图 7－19 所示。

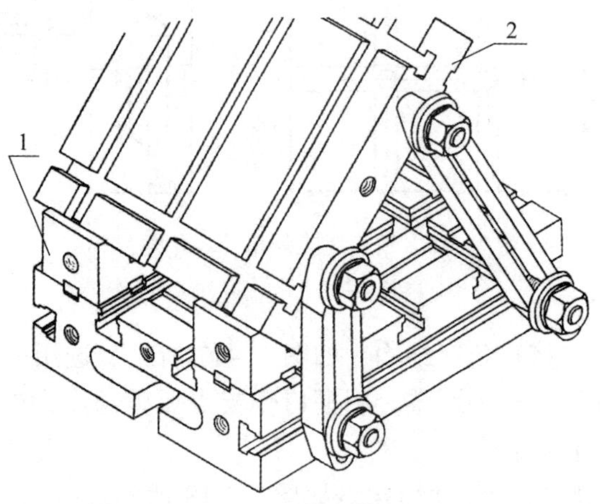

图 7－19　用 V 形支承搭建角度结构

1—V 形支承；2—筒式基础板

(6) 用左右螺母调整角度结构，如图 7 - 20 所示。

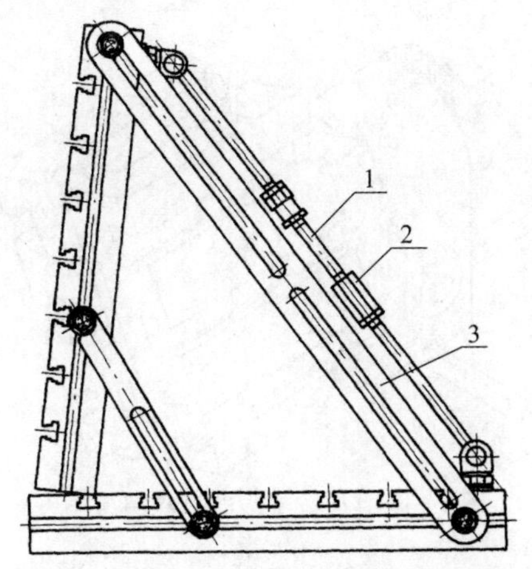

图 7 - 20　用左右螺母调整角度结构

1—左右丝杠；2—左右螺母；3—连接板

(7) 用侧孔支承搭建角度结构，如图 7 - 21 所示。

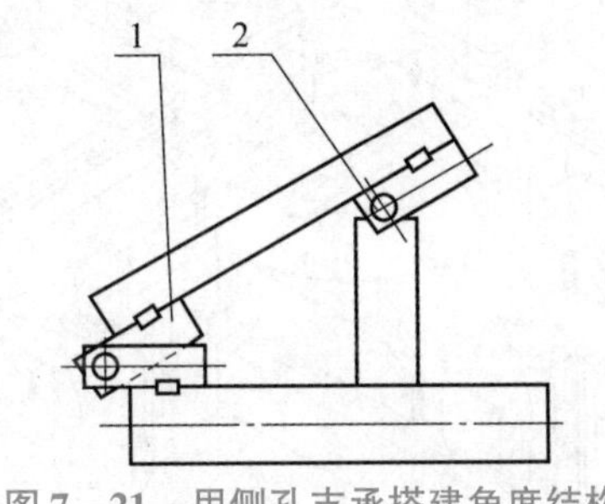

图 7 - 21　用侧孔支承搭建角度结构

1—侧孔支承；2—轴

(8) 用两个回转支座搭建角度结构，如图 7 - 22 所示。

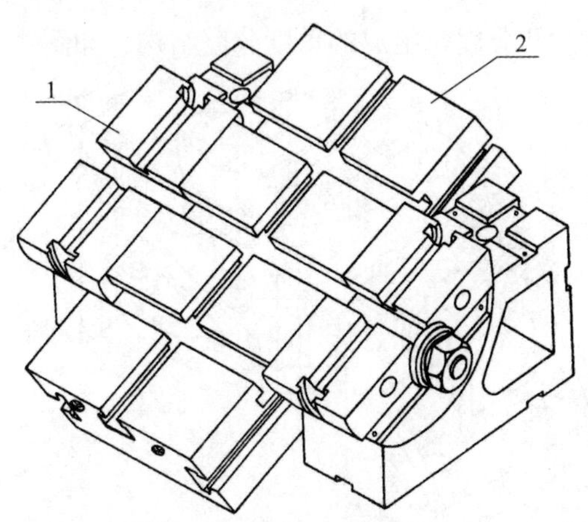

图 7 - 22　用两个回转支座搭建角度结构

1—回转支座；2—基础板

学习笔记

(9) 用转动支承搭建角度结构，如图 7－23 所示。

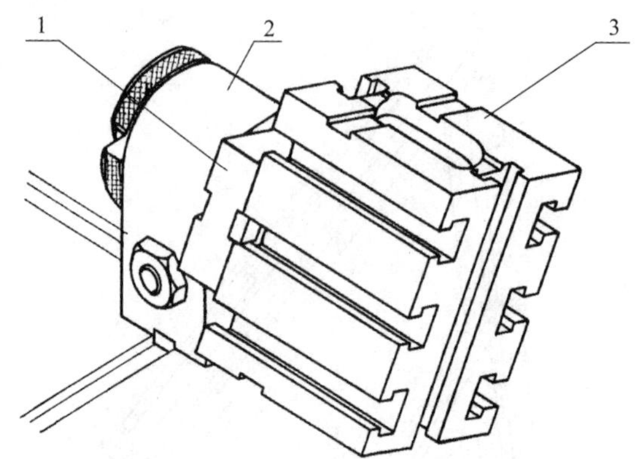

图 7－23　用转动支承搭建角度结构

1—垫板；2—转动支承；3—支承

(10) 用分度基座组成的角度分度结构，如图 7－24 所示。

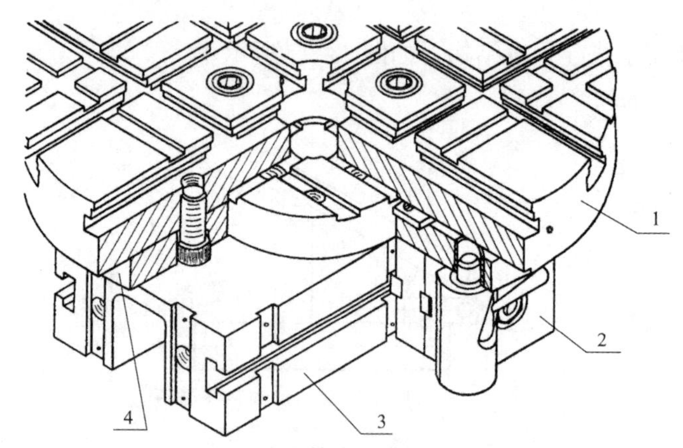

图 7－24　用分度基座组成的角度分度结构

1—圆基础板；2—圆定位插销；3—分度基座；4—平分度盘

(11) 用分度基座、凸分度盘组成的角度分度结构，如图 7－25 所示。

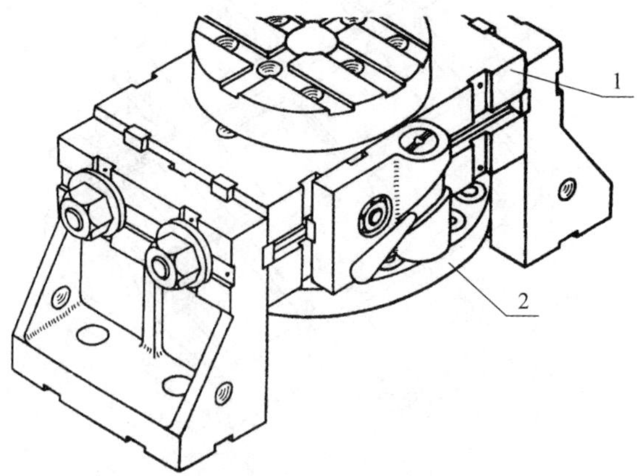

图 7－25　用分度基座、凸分度盘组成的角度分度结构

1—分度基座；2—凸分度盘

学习笔记

(12) 用圆基础板T形槽角度分度的结构（形式1），如图7－26所示。

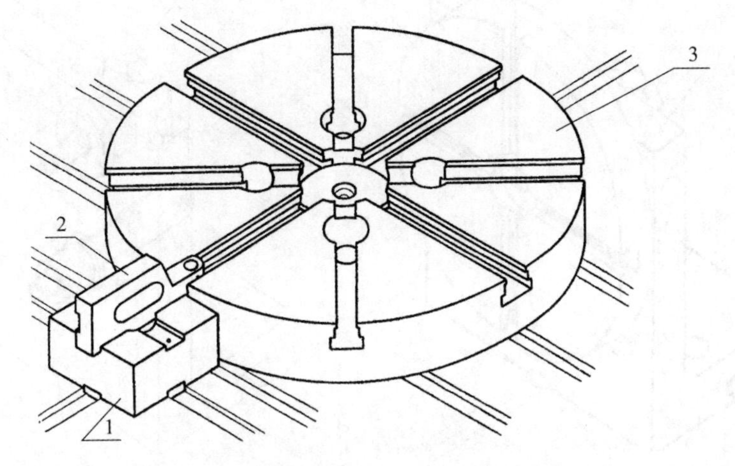

图7－26　用圆基础板T形槽角度分度的结构

1—支承；2—立式钻模板；3—圆基础板

(13) 用圆基础板T形槽角度分度的结构（形式2），如图7－27所示。

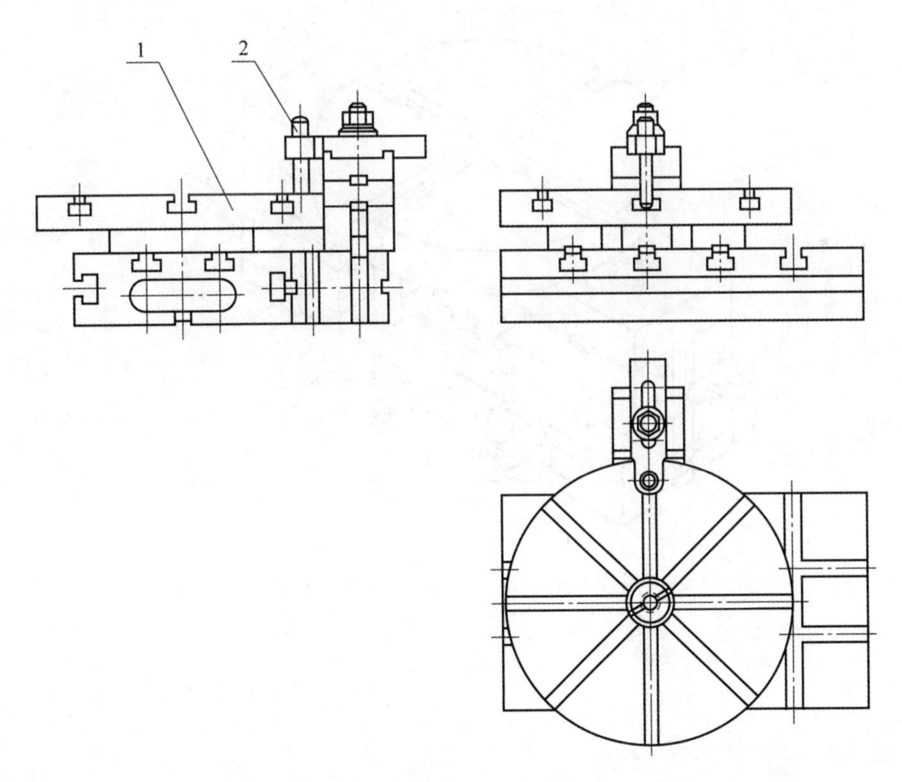

图7－27　用圆基础板T形槽角度分度的结构

1—圆基础板；2—轴

(14) 用定位角铁、带尾分度盘组成角度分度结构，如图7－28所示。

(15) 用中孔定位板、带尾分度盘组成角度分度结构，如图7－29所示。

学习笔记

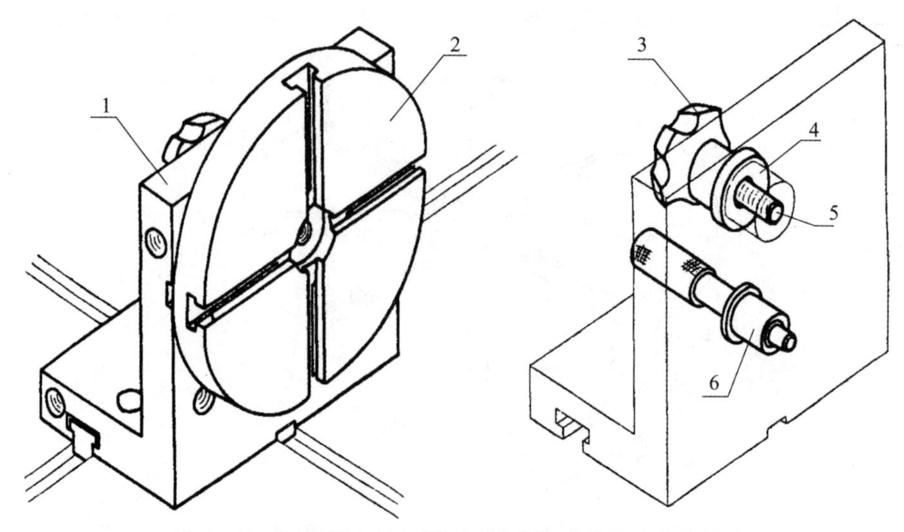

图 7-28　用定位角铁、带尾分度盘组成的角度分度结构

1—定位角铁；2—带尾分度盘；3—星形螺母；4—平垫圈；5—紧定螺钉；6—带肩衬套

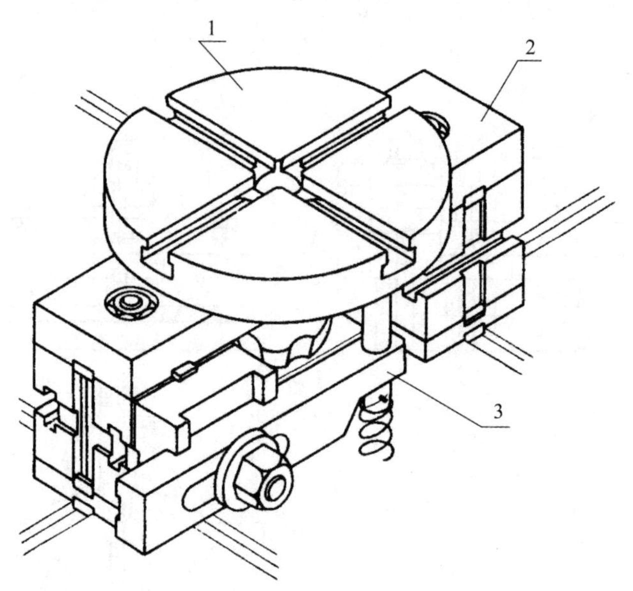

图 7-29　用中孔定位板、带尾分度盘组成的角度分度结构

1—带尾分度盘；2—大中孔定位板；3—立式钻模板

任务实施

小组回顾柔性工装组合夹具组装过程，进行反思总结：

（1）讨论夹具结构组装的依据。

（2）小组讨论、对比柔性工装组合夹具结构组装方法。

（3）讨论分析柔性工装组合夹具结构组装的顺序和注意事项。

学习笔记

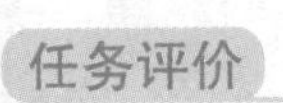

任务评价

考核评价标准如表 7－2 所示。

表 7－2　考核评价标准

评价项目	评价内容	分值	自评 20%	互评 20%	教师评 60%	合计
职业素养（40 分）	专注敬业，安全、责任意识，服从意识	10				
	积极参加项目任务活动，按时完成项目任务	10				
	团队合作，交流沟通能力，集体主义精神	10				
	劳动纪律，职业道德	5				
	现场“5S”管理，行为规范	5				
专业素养（60 分）	专业资料查询能力	10				
	制订计划和执行能力	10				
	操作符合规范，精益求精	15				
	工作效率，分工协作	10				
	任务验收质量，质量意识	15				
创新能力（20 分）	创新性思维和行动	20				
合计		120				

任务7.2　导轨铣削柔性工装设计

任务引入

根据任务安排，小组长组织成员识读导轨零件图，分析、讨论零件结构、技术要求、工艺过程，设计导轨零件铣削柔性工装夹具方案，对照选择柔性工装组合夹具元件，并进行组装、调整、检测，完成项目任务。

任务实施

1. 导轨铣削柔性工装设计任务实施策略

（1）小组实施方案的讨论、确定。

（2）结构布局设计，元件选择。

学习笔记

(3) 结构组装、调整、测量、固定。

(4) 实施效果检查、评价。

(5) 现场整理。

2. 导轨铣削柔性工装设计任务实施过程

1) 实操1——工件分析

如图7-1所示导轨零件，外形基本呈长方体结构，零件主要组成表面有两端面、上下表面、后表面，前燕尾斜面，连接孔等，零件长、宽、厚分别为230 mm、27 mm、15 mm，呈条状，整体结构简单，体积较小。材料选择Cr15。零件要求先进行调质热处理，硬度为28~32HRC；半精加工之后安排淬火热处理，硬度要求达到50~55HRC；最后实施零件表面氧化发黑防锈热处理。本工序实施前，其他表面均加工完成。

本工序燕尾斜面铣削加工主要保证斜面与底平面夹角为60°，斜面顶端距离导轨侧面尺寸参数为（27±0.05）mm。由于产品试制，角度参数60°制造过程中按照角度30°、45°、60°分别加工1件，角度参数调整变换加工3件，满足产品性能参数调试试验要求。所有加工参数要求不高，制造精度较低。

考虑零件制造过程，零件加工工艺路线确定为：备料→上下表面、端面、侧面铣削粗加工→调质热处理→上下表面、端面、侧面半精铣削加工→斜面铣削加工→钳工钻孔→淬火热处理→上下表面磨削→斜面磨削加工→发黑热处理→检验。

2) 实操2——组装方案设计

如图7-1所示，根据零件加工工艺过程，铣削加工之前零件的各表面已经过加工，零件铣削时具有较好的加工和定位条件，零件结构及外形简单。根据工序图的要求，确定工件定位方案：工件大底平面限制3个自由度，狭长的侧面限制2个自由度，工件不完全定位装夹。

铣削加工，切削力大，加工过程中冲击大，震动大，相应的工装夹具必须刚性好，强度高，采用螺旋压板结构从上表面垂直夹紧。

如果工件后期安排批量生产，还应该选择相关元件组装对刀结构。

考虑铣削加工特点，夹具需要设计连接结构，牢靠地安装在铣床上。

3) 实操3——组装元件选用

根据零件定位方案，选用4个规格为90 mm×60 mm×60 mm的60°角度支承件，用双头螺杆串联组装作为条形角度基础件，作为第一定位件；选择长20 mm的T形定位键6个，作为第二定位件；选择2个厚度为10 mm的定位平键、2个规格为60 mm×60 mm×60 mm的角铁支承件作为连接件把夹具固定在铣床工作台上；4个小平压板与螺旋机构组合4点夹紧工件；组装过程中选择定位平键、T形定位键连接定位，螺栓、螺母等连接紧固各个元件。

60°角度支承件角度面与导轨零件大底表面接触限制工件3个自由度，4个20 mm的T形定位键与导轨侧面接触限制工件2个自由度，加工通体斜面，工件不完全定位。

产品试制，要求角度参数60°，按照30°、45°、60°角度分别加工一个样件，组装过程中应分别选择3种角度支承件，替代调整形成3套柔性铣床组合夹具，保证3个规格试制件加工要求。

学习笔记

4）实操 4——结构组装

（1）组装加长角度基础件。4 个规格为 90 mm×60 mm×60 mm 的 60°角度支承件的键槽中装定位键，用沉头螺钉紧固，角度支承件中心孔穿入 275 mm 长双头螺杆连接形成加长角度基础件结构，然后旋紧螺母，完成加长条形基础件组装。

（2）组装侧面定位结构。6 个长 20 mm 的 T 形定位键，镶入 60°角度支承件的 T 形槽中，调整至最大高度，对称分布，用无头螺钉锁紧。

（3）组装平压板夹紧装置。4 个小平压板与螺旋机构组合，布置在角度支承件斜面上，4 点夹紧工件。注意夹紧力作用方向垂直于工件上下表面，整个夹紧装置不得高出工件加工斜面，防止与刀具碰撞。

（4）组装角铁支承件连接结构。铣削加工冲击大、震动大，夹具必须准确、可靠地安装在机床工作台上。

2 个厚度 10 mm 的定位平键分别镶入加长角度基础件底面两端的键槽中，用小螺钉固定；夹具安装时，使两个定位平键的同一侧面与机床 T 形槽侧面接触，调整夹具使其与机床工作台进给方向平行，同时克服一定的切削扭矩。

2 个规格为 60 mm×60 mm×60 mm 的角铁支承件，一面连接角度支承件背面（连接的 T 形螺栓不能太长），一面连接机床工作台。

（5）设计、组装对刀结构。如果导轨零件进行大批量生产，斜面铣削加工柔性工装夹具就应该设置对刀结构，由于导轨斜面通体加工，所以只需考虑刀具上下高度，保证零件（27±0.05）mm 尺寸参数要求，需要计算斜面高出角度支承件顶面尺寸，即：

$$[27-(30-6)]\sin\alpha = 3\sin 60° \approx 2.60(\text{mm})$$

柔性工装组合夹具元件制造质量精度高，角度支承件顶面完全适合作为对刀面，所以装夹工件加工时，只需选择 2.60 mm 厚度的塞尺贴附角度支承件顶面，调整刀具下端刀刃轻轻接触塞尺，即可完成上下位置对刀任务。

（6）夹具调整。

导轨零件主要加工要求：一是燕尾斜面角度，通过选择角度参数不同的角度支承件保证，产品试制按照 30°、45°、60°角度分别加工样件，组装过程中需要选择、更换调整三种对应的角度支承件；二是尺寸参数（27±0.05）mm 借助选定的角度支承件顶面作为对刀面调整刀具高度实现。

加工制造的导轨零件装配产品，调试试验满足产品设计性能要求后，确定导轨零件角度及夹具具体结构参数值，再进行批量生产。

导轨铣削柔性工装组合夹具实物如图 7－30 所示。

图 7－30　导轨铣削柔性工装组合夹具实物

任务评价

小组推荐成员介绍任务的完成过程，展示设计、组装结果，全体成员完成任务评价。学生自评表和小组互评表分别如表 7－3、表 7－4 所示。

表 7－3　学生自评表

任务	完成情况记录
任务是否按计划时间完成	
理论实践结合情况	
技能训练情况	
任务完成情况	
任务创新情况	
实施收获	

表 7－4　小组互评表

序号	评价项目	小组互评	教师点评
1			
2			
3			
4			

任务7.3　导轨铣削柔性工装检测

任务引入

导轨铣削柔性工装组合夹具组装完成后，需要检验定位是否正确、夹紧是否合理、与机床连接结构是否正确、相关结构布局是否满足工件装夹要求。

任务实施

夹具设计、组装完后，需要对其精度及尺寸进行检测，检测项目主要是夹具上标注的尺寸、位置、技术要求等。由于工件加工精度为自由公差，按照夹具上的尺寸公差不超过工件相应尺寸公差的 1/3 的原则，对夹具进行必要复检。本实例由于所使用的组合夹具元件精度高，所以只要基本尺寸符合要求，一般来讲，夹具的精度肯定足够满足零件加工要求。

学习笔记

1. 导轨铣削柔性工装检测任务实施策略

（1）导轨铣削柔性工装夹具结构检查。

（2）主要对刀尺寸参数大小及加工斜面角度参数值的精度测量。

准备万能游标角度卡尺、塞尺、游标卡尺、千分尺、测量平台等仪器设备。测量理论计算对刀尺寸参数2.60 mm及斜面角度60°等参数，按图纸加工要求调整、固定相关元件。

2. 导轨铣削柔性工装检测任务实施过程

本项目检测包括结构检验和参数测量。

（1）结构检验：包括定位结构、夹紧装置、导向结构、安装连接结构等的检查、评价，如表7-5所示。

表7-5 结构检验项目

序号	项目	检查内容	评价
1	外形与机床匹配	长、宽、高与机床匹配	
2	强度刚性	切削力、重力等影响	
3	定位结构	基准选择，元件选用，结构布局	
4	夹紧装置	夹紧力三要素合理，结构布局	
5	对刀结构	结构布局，元件选用	
6	工件装夹	装夹效率	
7	废屑排出	畅通，容屑空间	
8	安装连接	位置与锁紧	
9	使用安全方便	安全，操作方便	

（2）参数测量：尺寸参数主要复检对刀尺寸参数大小及加工斜面角度参数值，如表7-6所示。

表7-6 参数检测项目

序号	项目	检查内容	评价
1	斜面角度参数	斜面角度60°（调整三个规格，30°、45°、60°）	
2	对刀尺寸参数	参数计算确定，选择测量塞尺，正确对刀	

考核评价表如表7-7所示。

表 7-7　考核评价表

序号	评价项目	自我评价	互相评价	教师评价	综合评价
1	实施准备				
2	方案设计、元件选用				
3	规范操作				
4	完成质量				
5	关键操作要领掌握情况				
6	完成速度				
7	参与讨论主动性				
8	沟通协作				
9	展示汇报				

注：评价档次统一采用 A（优秀）、B（良好）、C（合格）、D（努力）4 个。

任务拓展

柔性铣床工装应用研讨

各小组组织活动，回顾铣削加工实训操作场景，结合导轨零件斜面铣削工作任务要求，分析、讨论导轨铣削柔性工装夹具应用问题：

(1) 夹具在机床上的安装方法及位置调整注意事项。

(2) 工件装夹：定位元件、定位结构；夹紧力三要素确定；夹紧装置的选择、设计。

(3) 刀具调整：调整方法，调整工具，调整精度。

(4) 工件加工：工件装卸，废屑排出，主要参数测量、控制。

(5) 斜面角度参数变化时，关键元件更换、夹具调整、操作及注意事项等。

拓展训练

如图 7-31 所示，半圆卡零件要求铣削加工两处 45°斜面。

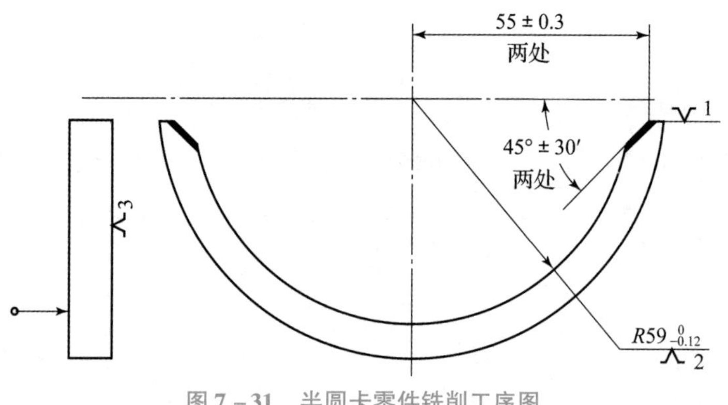

图 7-31　半圆卡零件铣削工序图

请各小组同学识读工件图，熟悉工件结构，分析工件加工要求，对照图 7－32 所示半圆卡零件铣削柔性工装组合夹具，课后讨论、探索：

（1）满足加工要求，需要限制工件哪些自由度？

（2）选择哪些定位基准面装夹工件？分析这些定位基准面分别限制的自由度。

（3）搭建定位结构选择哪些元件？

（4）工件是如何夹紧的？

（5）应用半圆卡铣削柔性工装组合夹具加工半圆卡斜面需要注意哪些事项？

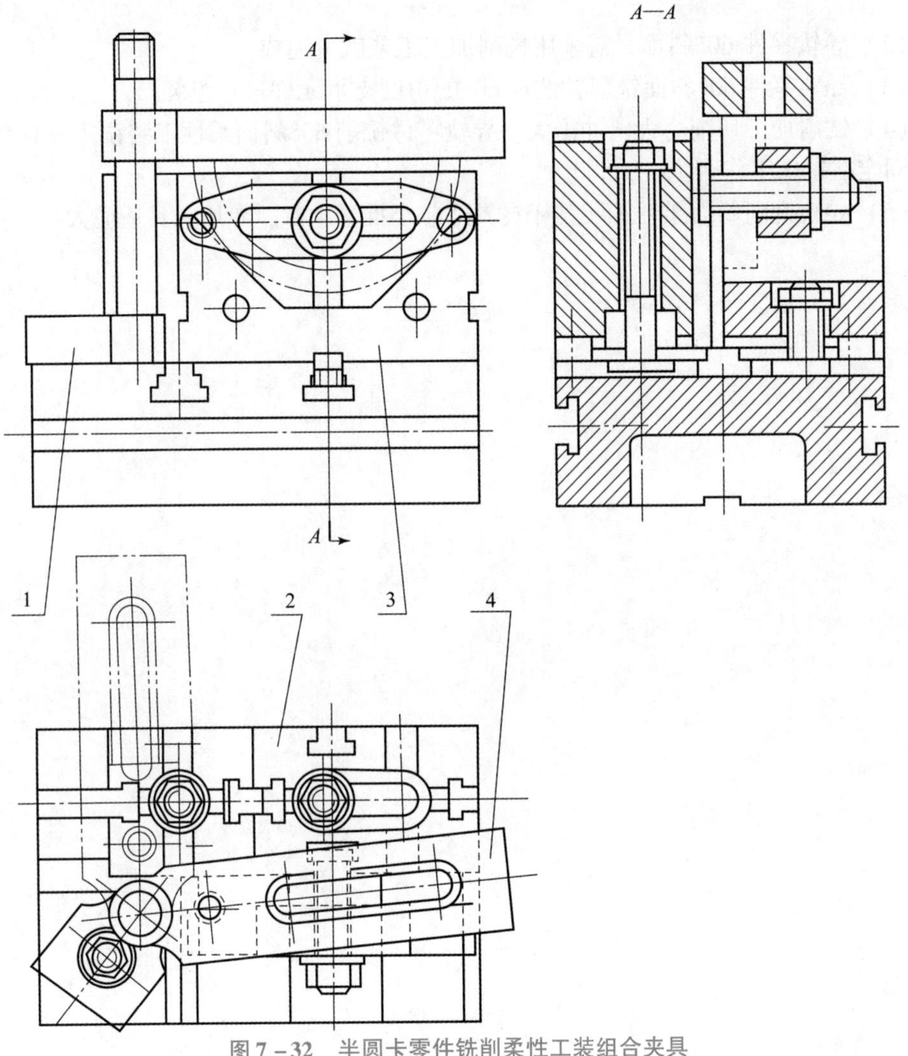

图 7－32　半圆卡零件铣削柔性工装组合夹具

1，4—沉孔钻模板；2—四竖槽长方形支承；3—键槽 V 形支承 l

思考练习

7－1　选择 2.60 mm 厚度的塞尺，塞尺为 8 级精度，分析、计算确定对刀误差大小。

7－2　柔性工装组合夹具依据什么进行拼装？

7－3　柔性工装组合夹具如何安排组装次序？

7－4　柔性工装铣床组合夹具组装需要注意哪些事项？

7－5　对比、分析、讨论图7－2导轨铣削专用工装夹具与图7－30导轨铣削柔性工装组合夹具的结构、元件组成、制造及使用特点。

7－6　判断题

（1）为了提高柔性工装组合夹具精度，元件之间可以采用过盈装配方式组装结构。（　　）

（2）导轨零件60°斜面只需采用铣削加工工艺就可完成。（　　）

（3）导轨零件60°斜面铣削，选择60°的角度支承元件进行组装。（　　）

（4）铣削加工切削力大、冲击大，导轨零件铣削60°斜面柔性工装铣床夹具必须可靠地固定在铣床工作台上。（　　）

（5）导轨铣削斜面柔性工装铣床夹具适应小批量生产，专用夹具适应大批量生产。（　　）

学习笔记

项目八　虎钳底座磨削柔性工装设计

项目导读

设计柔性工装组合夹具方案，除了选用柔性槽系组合夹具元件组装夹具结构外，还需要了解如何调整夹具结构，掌握夹具结构的调整方法和技巧。

虎钳底座磨削柔性工装设计主要内容包括：

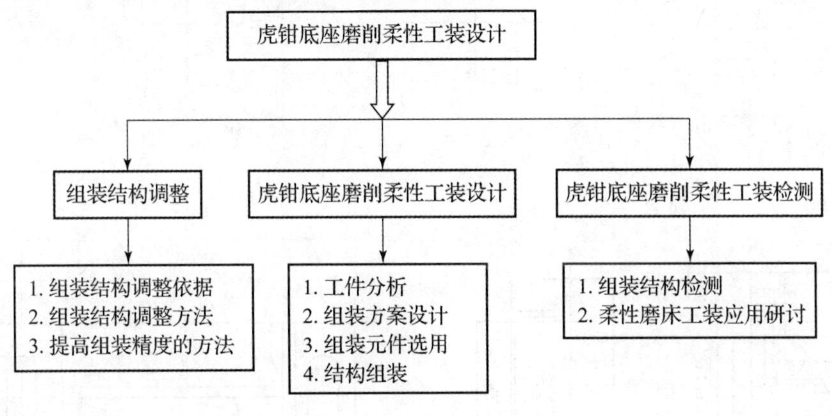

项目分析

工装夹具工作室接到车间钳工组多功能虎钳结构零件——虎钳底座加工工装夹具设计配置任务，虎钳底座零件图样如图 8 - 1 所示。

（1）产品名称：多功能虎钳。

（2）零件名称及编号：虎钳底座 00 - 01。

（3）生产数量：20 件。

（4）零件加工工艺路线：备料铸造→退火热处理→钳工划线→两侧台阶面粗铣削→下底面铣削→两侧台阶面精铣削→非加工面喷涂防锈底漆→侧面、底面铣削→两侧 4 个长槽立铣削→下底面磨削→下底面左右凹槽铣削→上部前后凹槽、台阶面铣削→镗削大安装孔→钳工钻削连接孔→非加工面喷涂防锈漆→检验。

技术要求：

（1）材料：HT350。

（2）铸件不许有裂纹、气孔、疏松等缺陷。

（3）未注铸造圆角不大于 *R*5 mm。

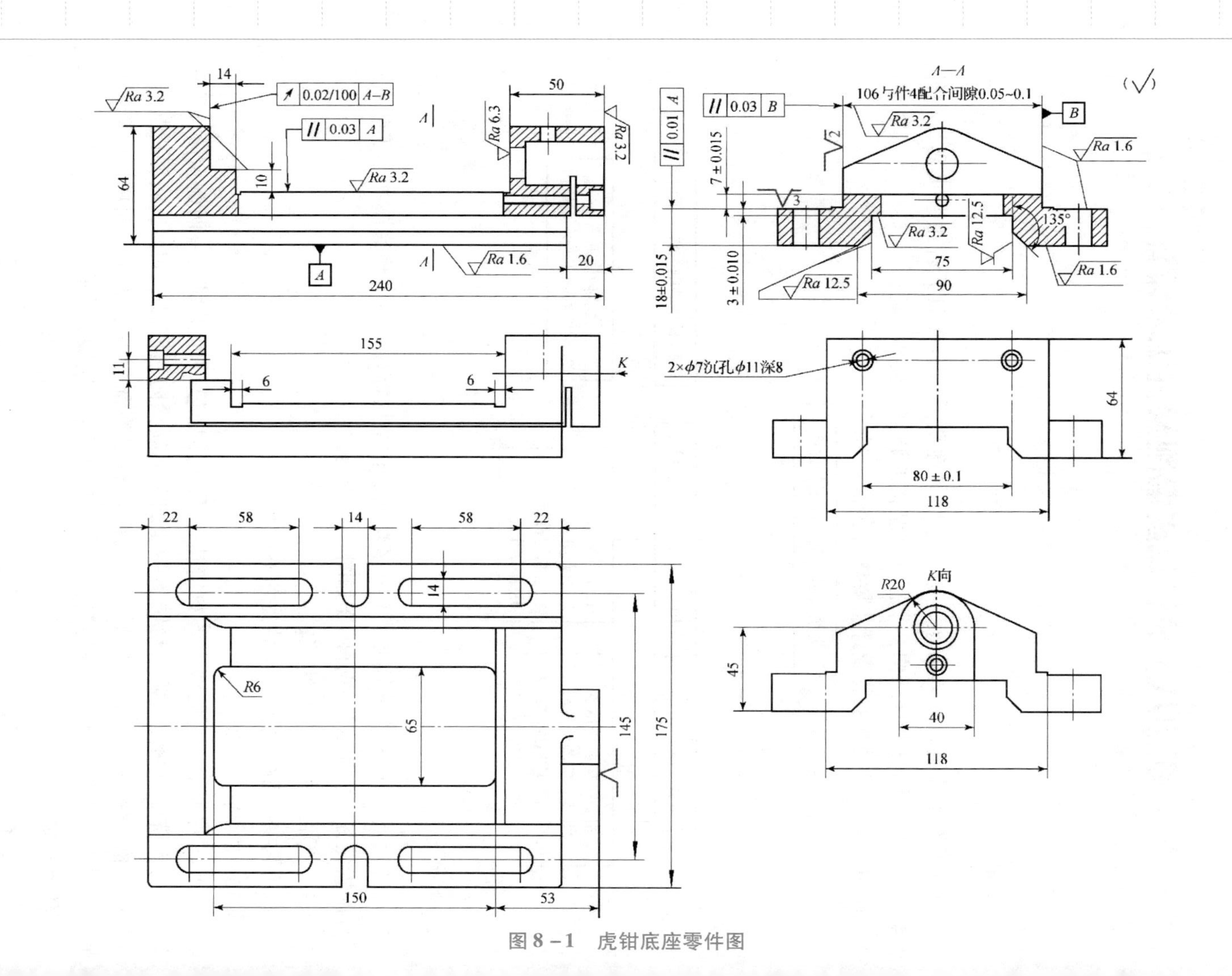
A—A
106与件4配合间隙0.05~0.1
2×φ7沉孔φ11深8
K向
K
R20
R6
Ra 1.6
Ra 3.2
Ra 6.3
Ra 12.5
0.02/100 A-B
0.03 A
0.03 B
0.01 A
A
B
18±0.015
7±0.015
3±0.010
135°
240
155
175
145
150
118
80±0.1
90
75
65
64
53
58
50
45
40
22
20
14
11
10
6

图 8-1　虎钳底座零件图

（4）铸件高温时效热处理。

（5）去除毛刺飞边。

（6）非加工表面喷涂防锈漆。

学习笔记

项目目标

1. 知识目标

（1）了解柔性工装磨床组合夹具组装调整方法。

（2）掌握提高柔性工装组合夹具组装精度的方法。

（3）掌握柔性磨床组合夹具尺寸、位置精度的测量方法。

2. 能力目标

能根据工件的加工要求合理选择元件，分析、组装、调整、检测、应用中等复杂程度的柔性磨床组合夹具。

3. 素质目标

培养学生安全、文明生产的素养。

项目计划/决策

本项目所选的学习载体为多功能虎钳典型结构零件虎钳底座，通过零件结构分析、定位方案设计、组装元件选用、结构组装调整、结构检验及尺寸测量、小组讨论评价等环节，学生可掌握虎钳底座零件加工所需的铣削柔性工装组合夹具方案设计、结构组装方法，按照基于工作过程的项目导向模式完成任务实施。

任务分组

学生任务分配情况填入表 8 – 1 所示。

表 8 – 1　学生任务分配表

<table>
<tr><td>班级</td><td></td><td>组号</td><td></td><td>指导教师</td><td></td></tr>
<tr><td>组长</td><td></td><td>学号</td><td colspan="3"></td></tr>
<tr><td rowspan="5">组员</td><td>姓名</td><td>学号</td><td>姓名</td><td colspan="2">学号</td></tr>
<tr><td></td><td></td><td></td><td colspan="2"></td></tr>
<tr><td></td><td></td><td></td><td colspan="2"></td></tr>
<tr><td></td><td></td><td></td><td colspan="2"></td></tr>
<tr><td></td><td></td><td></td><td colspan="2"></td></tr>
</table>

学习笔记

任务8.1 组装结构调整

任务引入

如图 8－1 所示虎钳底座零件，磨削加工该零件上表面凹槽，设计、配置柔性工装组合夹具装夹工件，必须掌握组装夹具结构调整方法，了解、熟悉提高柔性工装组合夹具组装精度的方法。

知识链接

柔性工装组合夹具的调整是对初装好的夹具进行调整，使之达到工件加工技术要求。调整夹具结构有一定的规律性，正确的调整方法使夹具调整既快又准，反之不但增加调整时间，达不到调整精度要求，还会损坏元件，影响夹具使用性能。

知识模块一 组装结构调整依据

夹具的调整，根据工件的定位面至加工面的尺寸要求，对单向公差的尺寸，应定为基本尺寸加公差的 1/2，如尺寸 $32.1^{+0.2}_{0}$ mm 转换为（32.1 ± 0.1）mm，尺寸 $28^{0}_{-0.2}$ mm 转换为（27.94 ±0.1）mm 等。一般调整精度为工件公差的 1/3 ~ 1/5，通过定位基准面或通过测量计算设立辅助基准后进行，对于复杂的结构，应预先绘出调整草图，以使调整有次序地进行。

调整工作不一定是在全部组装完成后进行，有的夹具在组装过程中，应一边组装一边调整并需及时固定，才能完成调整工作。如图 8－2 所示工件需两个方向的调整，如伸长板调整后不及时固定，等方形支承调整后，伸长板已无法固定。

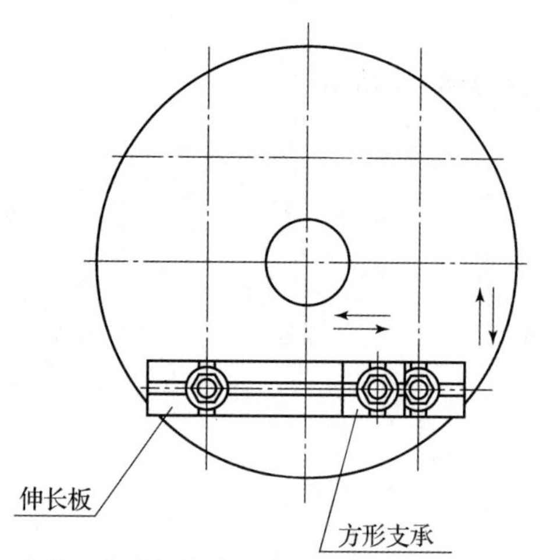

图 8－2 夹具组装过程中应一边图组装一边调整并需及时固定

对于多工位加工的夹具，相对于定位基准尺寸调整后，还应调整不相邻加工面之间的位置，如图 8－3 为加工 A、B、C、D 四孔的工序图，在调整 h_1、L_1 及 h_2、L_2 后，

还应调整 A、D 与 B、C 之间的误差。

学习笔记

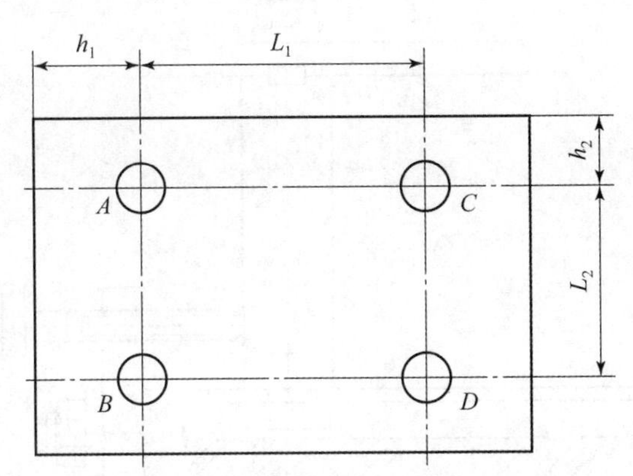

图 8-3　多工位加工的夹具还应调整不相邻加工面之间的位置

知识模块二　结构组装调整方法

1. 结构组装调整方法

1）铜棒敲击调整

用铜棒轻轻敲击支承件的左右位置，调整后固定支承，然后再调整钻模板的前后位置。如图 8-4 所示次序，由下到上依次固定。

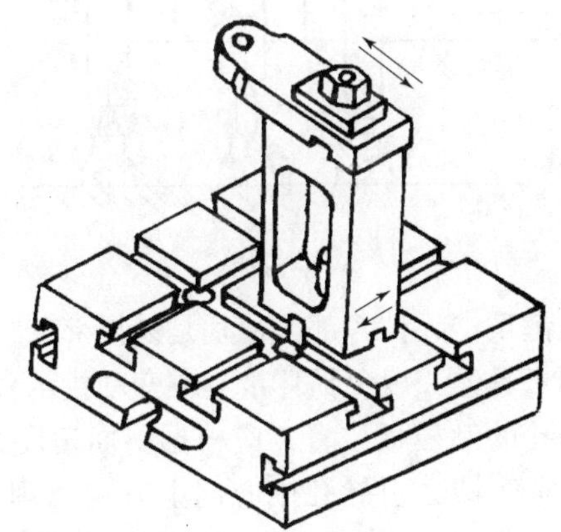
图 8-4　铜棒轻轻敲击支承件的左右位置

2）螺栓顶调整

如图 8-5 所示，钻模板在支承上用十字键固定，支承在基础板 T 形槽方向可以移动。根据工件的尺寸要求，调整支承的位置。在基础板侧面固定平压板，用螺钉往前顶，达到所要求的位置固紧。

3）千斤顶调整

如图 8-6 所示，若利用一个螺栓紧固的三块立式钻模板，则调整比较困难，在调整某一块时，另一块也跟着移动。若采用千斤顶分别顶着进行调整，则容易调整。

2. 结构调整注意事项

（1）调整时，被调元件的紧固力要适当，过紧或过松都会影响调整精度与速度。

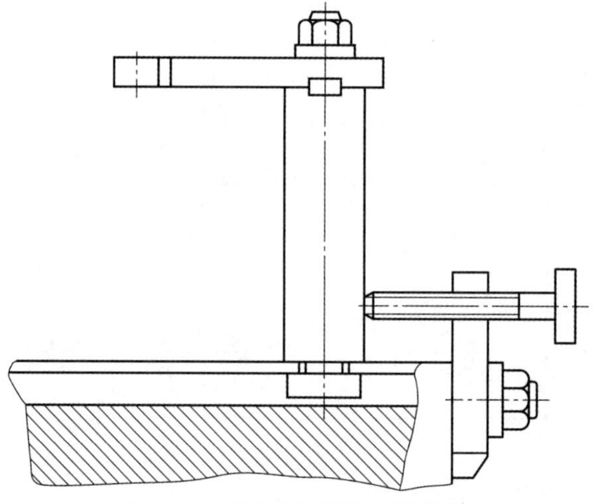

图 8-5　螺栓顶调整支承的位置

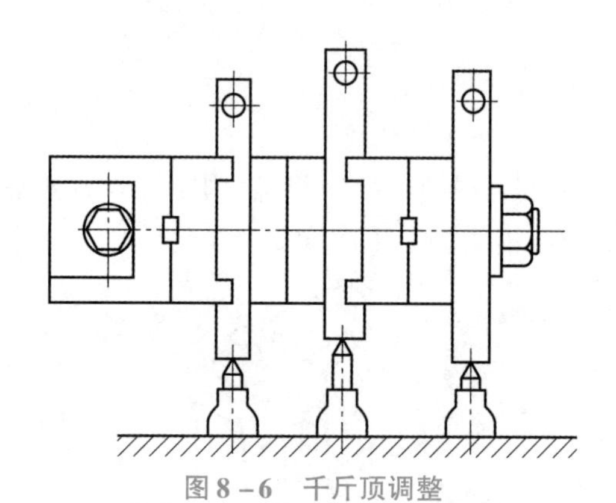

图 8-6　千斤顶调整

（2）调整时不得用铁锤重击元件各部，特别是易损部分，而要用铜棒。

（3）调整力不得传到量具上，以免损坏量具或变动指示表的原始指示值。

（4）在工件斜面上钻孔的钻模板位置，应根据斜面角度大小、钻套距离加工面高低、工件的材料等确定，应使钻套引导孔中心向上方偏离理论中心位置一个 δ，如图 8-7 所示，一般为 0.05～0.20 mm，使被加工孔获得理想尺寸。

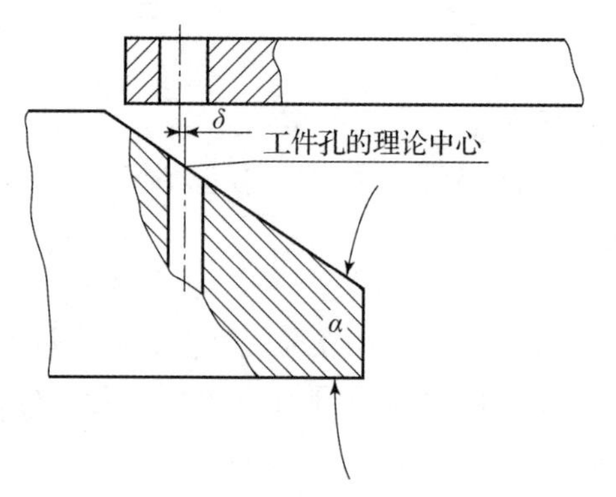

图 8-7　工件斜面上钻孔的钻模板位置确定

（5）元件经调整后，必须在被调整元件的周围用铜锤轻击几下，以消除元件内部的应力，防止调整时因元件组产生应力，在切削振动影响下尺寸产生变化。

学习笔记

知识模块三　提高组装精度的方法

柔性工装组合夹具元件制造精度为6~7级，组装时如经过仔细选件与调整，可以组装出比元件精度更高的组合夹具。

影响柔性工装组合夹具组装精度的因素有很多，如元件的制造误差、组装积累误差、元件变形、元件间的配合间隙、元件的磨损、夹具结构的合理性、夹具的刚性及测量误差等。这些误差因素在一套夹具中有时表现为系统误差，有时表现为随机误差，必须根据具体情况进行分析，找出提高组装精度的方法。

1. 用选配元件的方法提高组装精度

（1）为了使元件定位稳定，必须减少它们之间的配合间隙。如键与键槽之间应选择组装，使其间隙最小。孔与轴，钻模板与导向支承之间的间隙都可根据具体要求进行选配。

（2）成对使用的元件都应对它们的高度、宽度进行选配，使其一致。例如用两块基础板组装角度结构时，它们的宽度应选择一致。需加宽、加长基础板时，应选择宽度、厚度一致的基础板进行组装。当因元件本身误差使选配不能满足要求时，可以采取垫合适的铜片或纸片来调整误差。

（3）组装分度回转夹具时，应检查圆盘的端面跳动量，在跳动量超过时，应变换组装方向，仍不能达到要求时，应更换圆盘，直至端面跳动量满足要求为止。

2. 缩短尺寸链，压缩积累误差

组合夹具是由许多元件组合而成的，组装精度与其数量有关，选用元件数量越多，组装后夹具的误差就越大，因此应减少组装元件的数量，减少尺寸链，以压缩累积误差。

3. 采用合理的结构形式

（1）采用过定位的方法，通过加强稳定性来提高分度精度。

（2）缩小比例，来用大的分度盘加工小工件的方法。分度盘本身的精度是固定的，即孔的额定位置在本分度盘中是恒定的。当采用大分度盘来加工小工件时，如工件孔的额定误差为分度盘误差的1/2，额定误差就相应地减少了。

（3）合理组装夹具结构应尽量采用“自身压紧”的结构，即从某元件上伸出螺栓，夹紧力和支撑力都作用在该元件上。应尽量避免采用从外部加力顶、夹定位元件的结构。

图8-8所示为工件在支承件与基础板上定位后，在基础板侧面组装连接板，用螺钉压块顶紧工件，工件与支承件受力后，一起产生图示的变形，产生工件在夹紧时的误差。

图8-9所示为工件在基础板与带肋角铁上定位，并在带肋角铁上组装夹紧结构，当夹紧力作用于工件时，不影响工件的定位精度，这种结构常称为“自身压紧”。

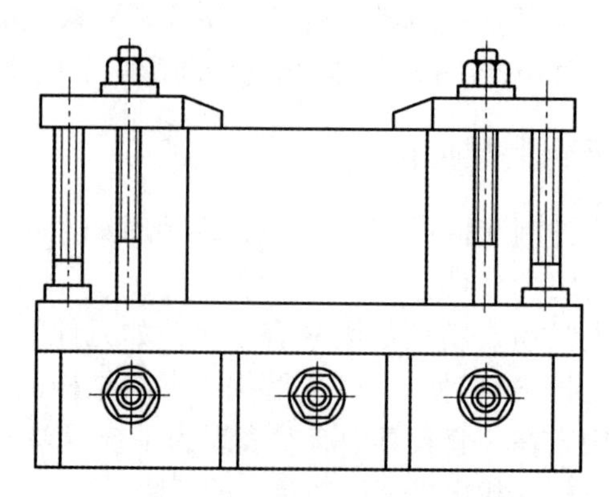

图 8-8　组装结构不合理产生工件夹紧时误差

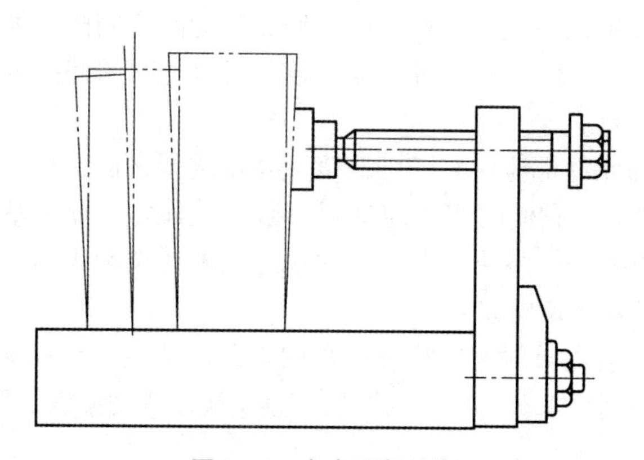

图 8-9　自身压紧结构

（4）要求同心度较高的两孔工件，或工件两孔距离较远，应尽可能用前后引导或上下引导的方法，以增加刀具导向的准确性，提高工件的加工精度，如图 8-10 所示。

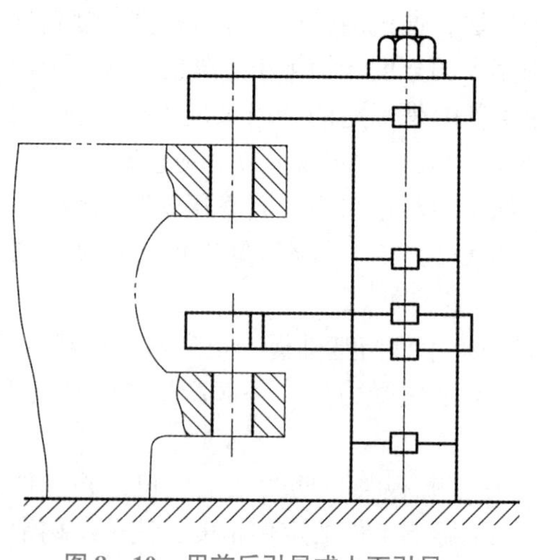

图 8-10　用前后引导或上下引导

不能采用上下引导的工件，也可以用两块钻模板组装在一起，以增加刀具的引导长度，提高刀具的准确性，进而提高加工精度，如图 8－11 所示。这种结构常在因工件尺寸太小，钻模板无法从两孔之间伸入，而工件在底部又有凸台等几何形状，不适合组装翻转式钻模结构时采用。

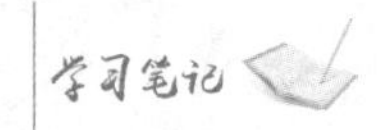

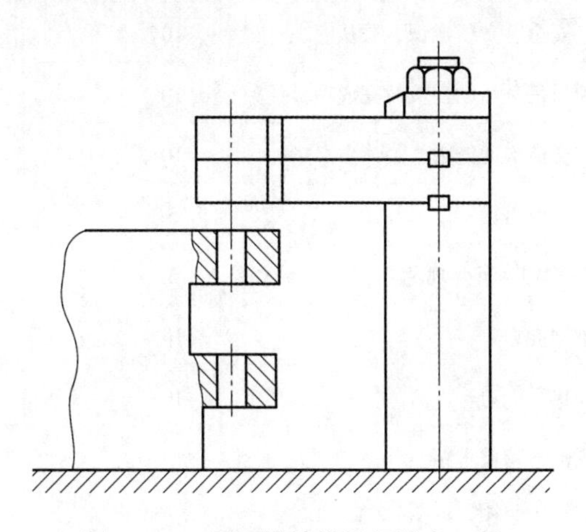

图 8－11　用两块钻模板组装在一起

（5）钻、铰套与工件间的距离，对工件加工精度的影响较大，在保证顺利排屑的情况下，钻、铰套下端与工件的距离应尽量小，一般为孔径的 1.0～1.5 倍。

当钻孔部位为斜面或弧面时，应使钻套下端面与加工部位的形状吻合。

4. 提高测量精度

组装精度取决于测量精度，要提高测量精度，应具备相应的量具与测量技术，并分别根据各类组合夹具的特点，选用合理的测量和调整方法。

（1）直接测量。在测量中，尽量使测量基准和夹具的定位基准一致，避免利用元件本身的尺寸参数，造成积累误差。

（2）边组装边测量。对精度要求较高的夹具，在组装部分元件后，应测量其平行度与垂直度及位置尺寸，以达到最后的组装精度。

任务实施

小组回顾柔性工装组合夹具组装过程，进行反思总结：

（1）讨论组装过的柔性工装组合夹具结构调整的依据。

（2）小组讨论、对比组装过的柔性工装组合夹具结构调整方法。

（3）讨论、分析组装过的柔性工装组合夹具的不足之处，及如何提高柔性工装组合夹具的精度。

任务评价

考核评价标准如表 8－2 所示。

学习笔记

表 8-2　考核评价标准

评价项目	评价内容	分值	自评 20%	互评 20%	教师评 60%	合计
职业素养（40分）	专注敬业，安全、责任意识，服从意识	10				
	积极参加项目任务活动，按时完成项目任务	10				
	团队合作，交流沟通能力，集体主义精神	10				
	劳动纪律，职业道德	5				
	现场“5S”管理，行为规范	5				
专业素养（60分）	专业资料查询能力	10				
	制订计划和执行能力	10				
	操作符合规范，精益求精	15				
	工作效率，分工协作	10				
	任务验收质量，质量意识	15				
创新能力（20分）	创新性思维和行动	20				
合计		120				

任务8.2　虎钳底座磨削柔性工装设计

任务引入

根据任务安排，小组长组织成员识读虎钳底座零件图，分析、讨论零件结构、技术要求、工艺过程，设计虎钳底座零件磨削柔性工装夹具方案，对照选择柔性工装组合夹具元件，并进行组装、调整、检测，完成项目任务。

任务实施

1. 虎钳底座磨削柔性工装设计任务实施策略

（1）小组实施方案的讨论、确定。

（2）结构布局设计，元件选择。

（3）结构组装、调整、测量、固定。

（4）实施效果检查、评价。

（5）现场整理。

2. 虎钳底座磨削柔性工装设计任务实施过程

学习笔记

1）实操1——工件分析

如图8－1所示虎钳底座零件，外形呈长方形，零件主要组成表面有下底面、凹槽、台阶面、长槽面、安装孔、连接孔等，零件长、宽、高分别为240 mm、175 mm、64 mm，典型的支架类零件，整体结构复杂，体积不大。材料选择HT350灰铸铁。零件要求铸造后先进行退火热处理，平面、槽、孔等加工之后安排非加工面喷涂防锈油漆。本工序实施前，其他基础表面均加工完成。

本工序下底面磨削主要保证底面与两侧台阶平面距离尺寸（18±0.015）mm，两面平行度误差0.010 mm，表面粗糙度要求较高。加工过程中选择两侧台阶面做定位基准面磨削下底大平面。

考虑虎钳底座零件加工数量只有20件，零件结构复杂，工序较多，为降低制造成本，结合柔性工装组合夹具柔性特点，拟磨削加工完成后，调整磨削柔性工装夹具，转换成为下底面凹槽铣削柔性工装组合夹具，满足后期工件装夹需要。下底面磨削、凹槽铣削加工参数较高，制造精度参数严格。

对比零件制造过程，零件加工工艺路线确定为：备料铸造→退火热处理→钳工划线→两侧台阶面粗铣削→下底面铣削→两侧台阶面精铣削→非加工面喷涂防锈底漆→侧面、底面铣削→两侧4个长槽立铣削→两侧台阶面磨削→下底面磨削→下底面左右凹槽铣削→上部前后凹槽、台阶面铣削→镗削大安装孔→钳工钻削连接孔→非加工面喷涂防锈漆→检验。

2）实操2——组装方案设计

如图8－1所示，根据零件加工工艺过程，磨削加工之前零件的各基础表面已经过加工，零件结构及外形虽然复杂，但是零件磨削时装夹具有较好的加工和定位条件。根据工序图的要求，确定工件磨削定位方案：只需选择工件两侧台阶平面作为定位基准面限制3个自由度即可；考虑提高磨削效率，设置磨削行程，选择工件右端面作为第二定位基准限制1个自由度，工件不完全定位进行装夹。

平面磨削加工，吃刀量小，进给量小，磨削力不大，对组装元件刚性、强度要求不高。磨削加工一般采用电磁吸附装夹夹具，夹具与磨床连接简单、方便。考虑安全因素，磨削加工时工件装夹不能太高，尽量降低夹具高度。

后期组装下底面凹槽铣削柔性工装组合夹具，由于凹槽是通体，相对磨削加工，只需增加限制2个自由度，除选择两侧台阶面、工件右端面定位外，选择虎钳底座零件上部支架侧面作为定位基准面，限制2个自由度，工件完全定位进行装夹。虎钳底座下底面凹槽铣削加工，切削力大，加工冲击大，振动大，装夹工装夹具必须刚性好，强度高，必须选用可靠性高的组装元件。铣削加工夹具必须配置与铣床连接的角铁支承件，确保加工过程连续、稳定。同时凹槽铣削，深度、宽度、左右位置均有要求，如果大批量生产，还应该搭建对刀装置。

磨削、铣削均采用螺旋压板结构从上表面垂直夹紧工件。为了防止加工时与刀具磕碰，磨削下底面时夹紧装置不能高出加工面，铣削凹槽时夹紧装置尽量低陷。

3）实操3——组装元件选用

根据虎钳底座零件磨削装夹设计方案，选用1个规格为240 mm×240 mm×60 mm

学习笔记

的方形基础件，作为基础件承载所有元件并与磨床工作台连接；4 个规格为 30 mm × 45 mm × 60 mm 的长方支承件，4 个规格为 10 mm × 40 mm × 60 mm 的长方支承件，组装搭建 4 个支承点与虎钳底座第一定位基准台阶面接触，大平面定位限制工件 3 个自由度；1 个 90 mm 长平压板，1 个规格为 10 mm × 45 mm × 60 mm 的长方支承件，配置 T 形螺栓、无头螺钉组装成可调支承，与工件右端面接触，点定位限制工件 1 个自由度；两个规格为 45 mm × 60 mm 的台阶压板，2 个 40 mm 加长螺母，T 形螺栓、螺母等组装螺旋压板夹紧装置，两点夹紧工件；组装过程中选择定位平键、螺栓、螺母等连接紧固各个元件。

组装下底面凹槽铣削柔性工装组合夹具，基础件、两侧台阶面定位元件不变，结构不变。选择 2 个规格为 10 mm × 40 mm × 60 mm 的中心有长槽的长方支承件，搭接在一侧的 2 个下底面定位结构侧面，作为定位元件与虎钳底座上部支架侧面接触配合，限制工件 2 个自由度。磨削下底面与铣削凹槽位置、工艺不同，铣削加工时，重新选择 2 个 T 形螺栓、垫圈、螺母组装螺旋夹紧机构装夹工件。另外选择 4 个规格为 60 mm × 60 mm × 60 mm 的角铁支承件布局在基础件前后侧面的两端头，使夹具可靠安装在铣床工作台上；角铁支承件底面键槽里配装 10 mm 厚定位键，贴靠铣床工作台 T 形槽同一侧面，找正夹具安装位置，也承受切削扭矩。

4）实操 4——结构组装

（1）选用基础件。选择规格为 240 mm × 240 mm × 60 mm 的方形基础件作为磨削柔性工装组合夹具底座。

（2）组装定位结构。4 个规格为 30 mm × 45 mm × 60 mm 长方支承件，4 个规格为 10 mm × 40 mm × 60 mm 长方支承件，搭建 4 个支承点，对照工件结构，调整合适位置，对称分布，形成定位大平面；选用 90 mm 长平压板，规格为 10 mm × 45 mm × 60 mm 的长方支承件，配置 T 形螺栓、无头螺栓组装成可调支承，搭建点接触定位结构；选择定位键、小螺钉、T 形螺栓、螺母等紧固元件。

（3）组装台阶压板夹紧装置。2 个台阶压板与螺旋机构组合，布置在工件凹槽内两点夹紧工件。组装时注意不能高于下底面，防止与刀具碰撞；考虑方便装夹工件，注意调整夹紧螺栓、支承螺栓、压板位置。

图 8 – 12 所示为虎钳底座下底面磨削柔性工装组合夹具实物结构。

图 8 – 12　虎钳底座下底面磨削柔性工装组合夹具实物结构

（4）组装凹槽铣削柔性工装组合夹具。2 个规格为 10 mm × 40 mm × 60 mm 的中心有长槽长方支承件，搭接在位于同一侧的 2 个下底面定位结构侧面，形成狭长限位面。

利用 T 形螺栓、螺母等组装螺旋夹紧机构。

4 个厚度为 10 mm 的定位平键分别镶入规格为 60 mm×60 mm×60 mm 的角铁支承件底面键槽，以小螺钉固定。角铁支承件一面连接基础件侧面（连接的 T 形螺栓不能太长），一面连接机床工作台。

设计、组装对刀结构，如果虎钳底座零件大批量生产，凹槽铣削加工柔性工装夹具就应设置对刀结构，具体上、下、左、右的对刀尺寸结合夹具结构、工件形状尺寸计算确定。

装夹工件加工时，选择塞尺贴附对刀元件表面，调整刀具刀刃轻轻接触塞尺，完成对刀。

图 8-13 所示为虎钳底座凹槽铣削柔性工装组合夹具实物结构。

图 8-13　虎钳底座凹槽铣削柔性工装组合夹具实物结构

（5）夹具调整。虎钳底座零件下底面磨削到凹槽铣削，实际是从柔性工装磨床夹具转换成为铣床夹具，由于柔性槽系组合夹具元件具有可更换、位置可快速调整的特点，可很快完成两种工艺、两套夹具的配套。

任务评价

小组推荐成员介绍任务的完成过程，展示设计、组装结果，全体成员完成任务评价。学生自评表和小组互评表如表 8-3、表 8-4 所示。

表 8-3　学生自评表

任务	完成情况记录
任务是否按计划时间完成	
理论实践结合情况	
技能训练情况	
任务完成情况	
任务创新情况	
实施收获	

学习笔记

表 8－4　小组互评表

序号	评价项目	小组互评	教师点评
1			
2			
3			
4			

任务8.3　虎钳底座磨削柔性工装检测

任务引入

虎钳底座磨削柔性工装组合夹具组装完成后，需要检验定位是否正确、夹紧是否合理、与机床连接结构是否正确、相关结构布局是否满足工件装夹要求。

任务实施

1. 导轨铣削柔性工装检测任务实施策略

（1）虎钳底座磨削柔性工装夹具结构检查。

（2）凹槽铣削时对刀尺寸参数对应的夹具精度测量。

准备塞尺、游标卡尺、千分尺、测量平台等仪器设备。根据测量理论计算对刀尺寸参数等，按图纸加工要求调整、固定相关元件。

2. 虎钳底座磨削柔性工装检测任务实施过程

本项目检测包括结构检验和参数测量。

（1）结构检验：包括定位结构、夹紧装置、对刀结构、安装连接结构等的检查、评价，如表 8－5 所示。

表 8－5　结构检验项目

序号	项目	检查内容	评价
1	外形与机床匹配	长、宽、高与机床匹配	
2	强度刚性	切削力、重力等影响	
3	定位结构	基准选择，元件选用，结构布局	
4	夹紧装置	力三要素合理，结构布局	
5	对刀结构	结构布局，元件选用	
6	工件装夹	装夹效率	

续表

序号	项目	检查内容	评价
7	废屑排出	畅通，容屑空间	
8	安装连接	位置与锁紧	
9	使用安全方便	安全，操作方便	

学习笔记

（2）参数测量：尺寸参数主要复检对刀尺寸参数大小及加工斜面角度参数值，如表 8 -6 所示。

表 8 -6　参数检测项目

序号	项目	检查内容	评价
1	对刀尺寸参数	参数计算确定，选择测量塞尺，正确对刀	
2	加工斜面角度		

任务评价

考核评价表如表 8 -7 所示。

表 8 -7　考核评价表

序号	评价项目	自我评价	互相评价	教师评价	综合评价
1	实施准备				
2	方案设计、元件选用				
3	规范操作				
4	完成质量				
5	关键操作要领掌握情况				
6	完成速度				
7	参与讨论主动性				
8	沟通协作				
9	展示汇报				

注：评价档次统一采用 A（优秀）、B（良好）、C（合格）、D（努力）4 个。

任务拓展

柔性磨床工装应用研讨

各小组组织活动，回顾磨削加工实训操作场景，结合虎钳底座零件下底面磨削工作任务要求，分析、讨论虎钳底座磨削柔性工装夹具应用问题：

（1）夹具在机床上的安装方法及位置调整注意事项。

（2）工件装夹：定位元件、定位结构；夹紧力三要素确定；夹紧装置选择、设计。

（3）凹槽铣削时铣床夹具刀具调整：调整方法，调整工具，调整精度。

（4）工件加工：工件装卸，废屑排出，主要参数测量、控制。

（5）磨削转换铣削夹具时，关键元件更换、夹具调整、操作及注意事项等。

思考练习

8－1　柔性工装组合夹具调整组装结构的依据是什么？

8－2　柔性工装组合夹具结构调整方法有哪些？

8－3　如何提高柔性工装组合夹具组装精度？

8－4　判断题

（1）柔性工装组合夹具的尺寸精度一般为工件对应尺寸公差的1/3～1/5，如果图纸尺寸没有公差，夹具尺寸精度公差取±0.05 mm。（　　）

（2）铜棒轻轻敲击支承件调整，只能是粗调整，精度较低；如果精度较高，可以组装螺旋压板结构进行精细调整。（　　）

（3）影响柔性工装组合夹具组装精度的因素包括元件误差、变形、磨损、相互配合间隙、积累误差以及夹具刚性、测量误差等。（　　）

（4）柔性工装组合夹具调整是把初装好的夹具进行调整，使之保证工件加工技术要求。（　　）

（5）柔性工装组合夹具如果仔细选件与调整，可以组装出比元件精度更高的工装夹具。（　　）

（6）柔性工装夹具通过调整位置、更换元件可实现多种工件装夹。（　　）

（7）虎钳底座零件由于结构复杂，使用时受力较大，采用焊接结构获得毛坯。（　　）

（8）虎钳底座磨削柔性工装夹具装夹工件只需下底面定位限制工件3个自由度，工件不完全定位就可以了。（　　）

（9）虎钳底座磨削柔性工装夹具选用台阶压板夹紧工件，主要是为了防止工件磨削时移动。（　　）

（10）虎钳底座磨削柔性工装夹具组装过程中没有检测任何参数，工件质量需要在加工时检测控制。（　　）

（11）虎钳底座表面磨削柔性工装夹具调整为柔性工装铣削夹具只需改变夹紧装置结构就可以了。（　　）

学习笔记

项目九　双臂曲柄钻削双孔柔性工装设计

在了解了柔性组合夹具设计组装方法，正确拼装了夹具结构后，还需要根据工件加工要求检测柔性工装组合夹具的结构和质量参数，满足零件制造精度要求。

双臂钻削双孔柔性工装设计主要内容包括：

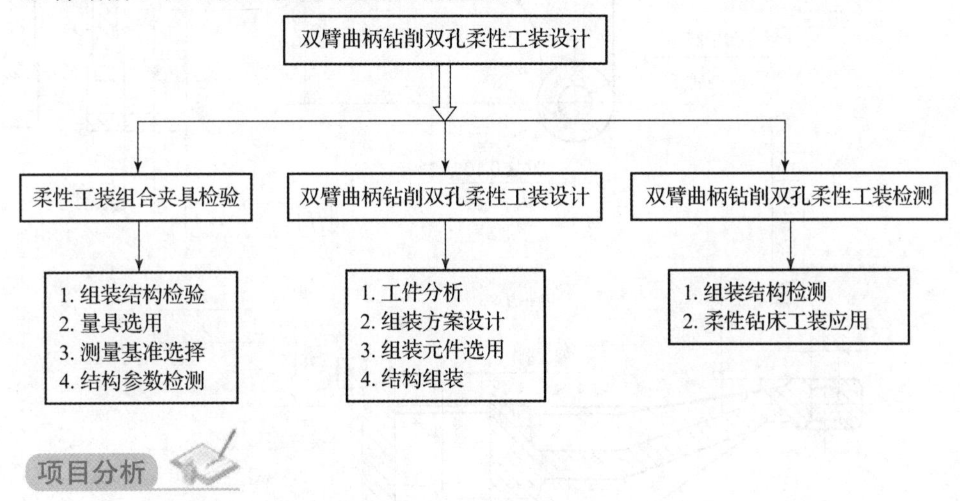

项目分析

工装夹具工作室接到企业设计所磨床结构零件——双臂曲柄零件钻削双孔工装夹具设计配置任务，双臂曲柄零件图样和技术要求如图 9 - 1 所示。

（1）产品名称：万能工具磨床 M6025A。

（2）零件名称及编号：双臂曲柄 07 - 27。

（3）生产数量：8 件。

（4）零件加工工艺路线：铸造备料→毛坯退火→顶面及底面刨削→$\phi10^{+0.03}_{0}$ mm 上下面刨削→刨削 D 面→钻、铰 $\phi25^{+0.01}_{0}$ mm→钻、铰 $\phi10^{+0.03}_{0}$ mm→检验。

技术要求：

（1）产品试制，图中双臂曲柄零件 $\phi10^{+0.03}_{0}$ mm 两孔中的 a 孔尺寸（57 ±0.10）mm 按照（57 ±0.10）mm、（54 ±0.10）mm 要求变换调整参数分别加工 2 件，b 孔尺寸（98 ±0.10）mm 按照（98 ±0.10）mm、（95 ±0.10）mm 要求变换调整参数分别制造 2 件，8 种尺寸不同的零件装配，试验验证产品性能满足设计要求后确定两孔位置尺寸参数具体参数值，进行批量生产。

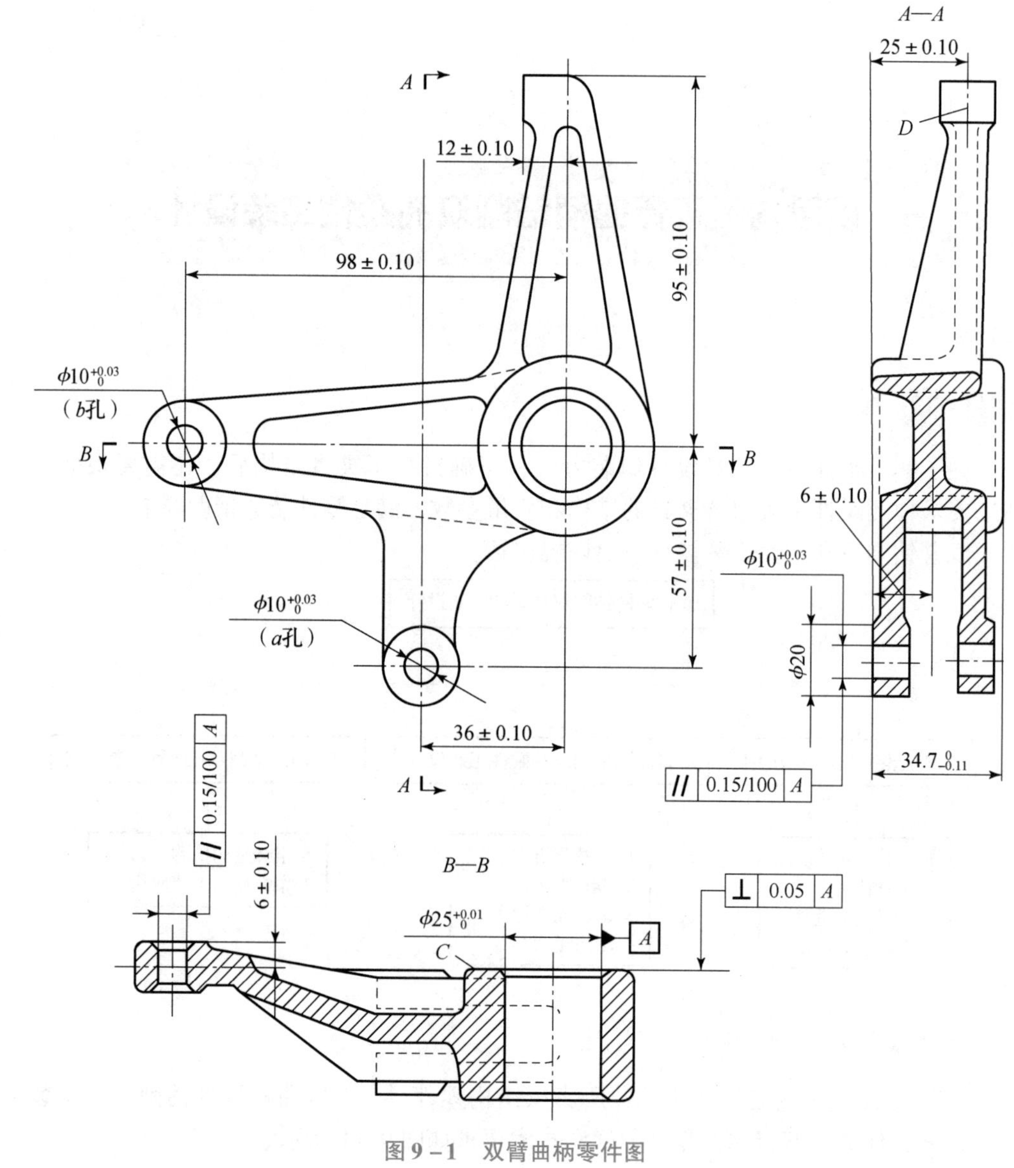

图 9-1　双臂曲柄零件图

（2）铸件不允许存在气孔、沙眼、凸瘤等影响强度和外观质量的缺陷。

（3）未注铸造圆角 *R*3 mm，未注倒角 *C*0.5。

（4）零件表面发蓝热处理。

项目目标

1. 知识目标

（1）掌握柔性工装组合夹具结构检验方法。

（2）掌握柔性工装组合夹具结构参数测量方法。

（3）了解双臂曲柄柔性工装钻削组合夹具组装过程。

学习笔记

（4）掌握双臂曲柄柔性工装钻削组合夹具应用注意事项。

2. 能力目标

（1）能识读工件图确定柔性工装夹具设计方案。

（2）能根据双臂曲柄零件的加工要求构思、设计柔性工装结构，选用组装元件，组装、调整、检测、应用柔性钻床工装组合夹具。

3. 素质目标

（1）培养学生正确的劳动价值观和爱岗敬业、求精、专注的工匠精神。

（2）培养学生团结协作、分析问题和解决问题的能力。

（3）保持工作环境清洁有序，文明生产。

项目计划/决策

本项目所选的学习载体为万能工具磨床 M6025A 典型结构零件双臂曲柄，通过零件结构分析、定位方案设计、组装元件选用、结构组装调整、结构检验及尺寸测量、小组讨论评价等任务过程的学习，学生可掌握双臂曲柄零件加工所需柔性钻床组合夹具方案设计、结构组装方法，按照基于工作过程的项目导向模式完成任务实施。

任务分组

学生任务分配情况填入表 9－1。

表 9－1　学生任务分配表

<table>
<tr><td>班级</td><td colspan="2"></td><td>组号</td><td></td><td>指导教师</td><td></td></tr>
<tr><td>组长</td><td colspan="2"></td><td>学号</td><td colspan="3"></td></tr>
<tr><td rowspan="5">组员</td><td>姓名</td><td colspan="2">学号</td><td colspan="2">姓名</td><td>学号</td></tr>
<tr><td></td><td colspan="2"></td><td colspan="2"></td><td></td></tr>
<tr><td></td><td colspan="2"></td><td colspan="2"></td><td></td></tr>
<tr><td></td><td colspan="2"></td><td colspan="2"></td><td></td></tr>
<tr><td></td><td colspan="2"></td><td colspan="2"></td><td></td></tr>
</table>

任务9.1　柔性工装组合夹具检验

任务引入

如图 9－1 所示双臂曲柄零件，钻削加工该零件上 a、b 两孔，设计、配置柔性工装夹具装夹工件，组装元件多种多样，若想确定夹具设计、元件选用、结构组装、位置

调整是否合理，是否满足工件装夹要求，能否保证加工质量，一是有必要了解柔性工装组合夹具结构检验方法，二是必须熟悉、掌握、正确应用柔性工装组合夹具结构参数检测技术。

知识链接

组合夹具的检验工作是鉴定夹具的全面质量，使被加工零件达到工艺要求的重要环节，由于组合夹具由许多元件组合而成，同一项夹具的结构可以组装成多种形式，对组装结构应做全面检验。

组合夹具是由精度较高的标准元件组成的，应利用元件本身的精确表面作为测量基准面，并可灵活选择，以达到测量简便的目的。

检验过程，应贯穿组装的全过程，必须一边组装，一边检验，否则待全部组装完成再检验会造成困难，或者造成返工等。

柔性工装组合夹具的检验，包括组装结构检验和结构参数检测。

知识模块一　组装结构检验

柔性工装组合夹具的结构检验与专用夹具不同，它是无图工装的检验。由于组装方法、形式很多，判断分析夹具的结构是否合理比较复杂。结构检验内容为：

（1）检验夹具上定位结构是否符合图纸与工艺基准的要求。夹具能否保证工件的准确定位；能否保证工件的加工精度及技术要求；支承面是否在承受切削力的方向上；加工过程中结构尺寸是否稳定等。

（2）检验夹具夹紧结构是否合理。夹具夹紧装置施加的夹紧力大小、方向、作用点是否合适，是否与切削力相适应；夹紧时定位结构是否会引起变形，工件受力是否会变形与压伤；加工过程中压板是否碰刀具；如果是分度钻模，压板在回转分度时是否与钻模板或支承相碰等。

（3）根据各工种的特点检验夹具的结构刚度。铣、刨夹具要注意加工时所受的切削力与冲击力，夹具结构在受力时会不会变动、移动或变形。

钻床夹具的钻模板是影响工件加工精度的重要部位，应分析其刚性，不要使钻模板伸得太长，以免切削受力时振动，影响加工精度，必要时可以从结构上考虑加强刚度措施。

（4）装卸工件是否方便，定位基准面是否容易损伤，清除切屑是否方便。

（5）检查元件选用是否恰当、元件间组装连接定位点是否符合结构要求。

（6）设计对刀装置的夹具，应检查对刀装置的结构是否便于对刀。

（7）夹具能否在机床上顺利安装，与机床性能、规格是否协调。

（8）钻模板与工件间的高度是否适合导向与排屑要求的间隙，钻套与刀具是否协调。

（9）槽用螺栓在T形槽中的位置是否合适。夹紧机构中的槽用螺栓是否固定，是否安装了支承压板的弹簧。压紧毛坯面或不平的面时，是否采用球面垫圈。

(10）夹具结构是否符合轻巧、稳定、便于操作等。

知识模块二　测量器具选用

柔性工装组合夹具组装工作室测量器具的配备，根据被加工工件的外廓尺寸、结构形状、测量位置、工件精度要求等多方面因素决定，大致可分为：

1. 标准量具

标准量具是按计量标准要求制造的某一固定数值的量具，如块规、量块、角度块规等，用于精密测量。

2. 通用量具和量仪

通用量具和量仪是用于测量一定范围的任一数值，通用性较大。根据它们的结构特点一般分为：

（1）固定刻线量具；钢板尺、卷尺等。

（2）游标量具；游标卡尺、游标深度尺、游标高度尺、游标量角器等。

（3）螺旋测微量具：百分尺、深度百分尺、内径百分尺等。

（4）机械式量仪：百分表、千分表、杠杆百分表、杠杆千分表、内径百分表等。

3. 辅助测量工具

辅助测量工具主要为夹具与量具作基准，或固定量具，如平台、方箱、弯板、正弦规、块规支架、磁力表架、直角尺、圆柱角尺、垂直度测量器等。

4. 测量元件

在一些较复杂的夹具组装调测过程中，为测量方便，选择合适测量元件设立辅助基准，如测量心轴、测量块、测量球头、测量键等。

知识模块三　测量基准选择

测量基准的选择原则是尽量使夹具上测量基准与工件定位基准相重合。测量基准主要根据夹具上被加工工件的主要定位点（线、面）及被测量元件的坐标位置来确定，按照积累误差最小的原则进行测量。在测量同一方向尺寸时，尽量使用同一基准。当测量基准必须变更时，应先测量两基准之间的误差，待测量后进行尺寸误差换算。

对于柔性工装槽系组合夹具，可利用T形槽、键槽安装测量块测量。

如图9－2所示，工件在夹具上钻孔，保持尺寸（40±0.1）mm。在钻模板导向孔中安装测量心轴，则支承件两面 A 或 B 即可作为测量基准；必要时在右侧T形槽安装测量块，则 C 或 D 两面也可以作为测量基准。测量轴与 A 面或 C 面的距离可采用块规组测量。测量轴与 B 面或 D 面间可用千分尺或读数精度为0.02 mm的游标卡尺测量，在测量时应该掌握合理的测量力。

分析图中测量基准面，测量误差最小的基准面为 A，尽可能以 A、B、C、D 的顺序选择测量基准。

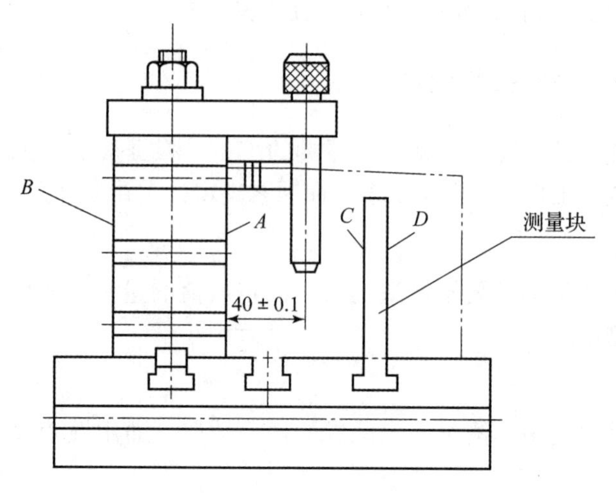

图 9 – 2　测量基准的选择

知识模块四　结构参数检测

1. 夹具尺寸的测量方法

柔性工装组合夹具的尺寸精度，主要是根据工件图纸与工艺规程上的要求来确定的。要求保证加工出合格工件为原则，并且考虑加工质量的稳定性与可靠性，以及经济合理性，按一般经验，夹具的公差值应取工件公差的 1/3 ~ 1/5，检验夹具为 1/5 ~ 1/10，具体允许的公差值应根据工件的加工要求和其他误差因素来分析确定，既要有一定的保险系数，又要考虑经济精度。

经分析确定夹具尺寸与位置精度后，用不同的测量工具和不同的方法来进行测量。对测量结果进行分析，确定夹具是否符合理想精度要求。

由于测量工具与方法不同，会得到不同的测量精度，它直接关系着夹具的实际精度，所以测量时应该注意测量的 4 个因素，即测量对象、测量单位、测量方法和测量精度。

组合夹具尺寸精度的测量方法可以概括分为：直接测量、间接测量与辅助基准测量三类。

1）直接测量法

用量具直接测量有关元件的相互位置尺寸，这种测量方法应用较为广泛。例如用块规、游标卡尺或外径千分尺测量孔距。如图 9 – 3 所示，由于没有选择基准面的误差，测量精度比较高，而且测量也比较方便。

2）间接测量法

当夹具上的相互尺寸难以直接测量时，可以选择一个基准面，计算出各有关尺寸对基准面的尺寸关系，这种测量称为间接测量。常用于不在一条直线上的各有关尺寸与空间交点尺寸的测量。

图 9 – 4 所示斜孔钻模，根据工件在夹具上的定位，通过夹具结构，计算出结构尺寸 L，以测量 L 尺寸合格来保证工件被加工尺寸合格。

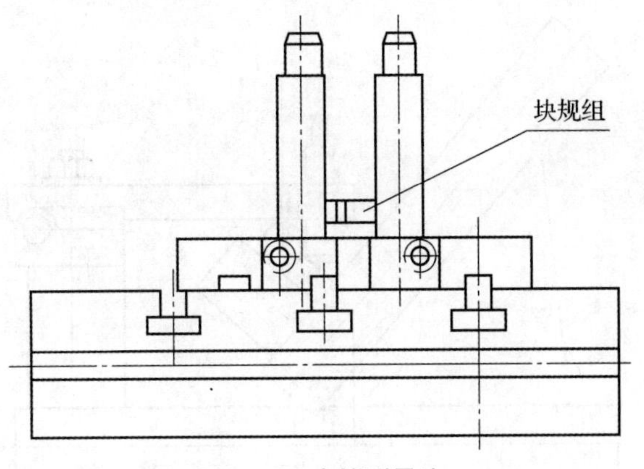

图 9－3　直接测量法

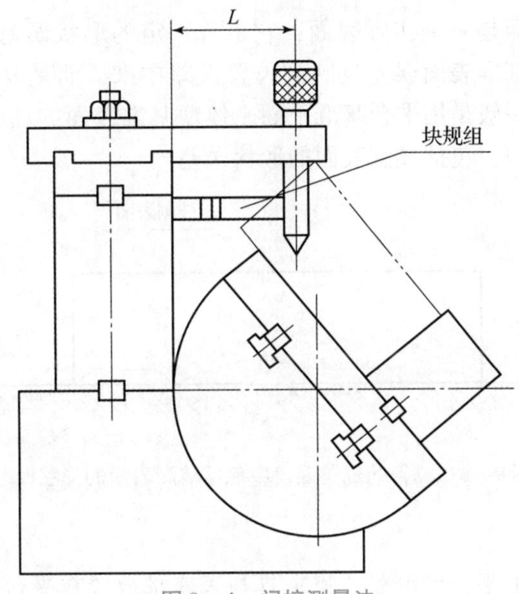

图 9－4　间接测量法

3）辅助基准测量法

利用组合夹具元件组装出辅助测量基准，通过辅助基准测量来保证工件被加工尺寸，这种测量方法称为辅助基准测量法。

图 9－5 所示为测量空间交点尺寸时，通过测量心轴或测量球头作辅助测量基准，按计算尺寸进行测量。

2. 位置精度的基本检测方法

位置误差与形状误差不同，形状误差是一条线或一个面本身的误差，而位置误差是两个或两个以上的点、线、面的相互位置关系。

在测量位置误差时，基准要素是确定位置的决定要素，不明确基准就无法确定位置，有了基准才能确定被测表面的理想位置，将实际位置与理想位置相比较，就可得出位置误差。

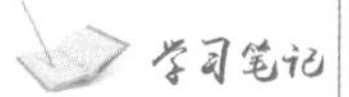

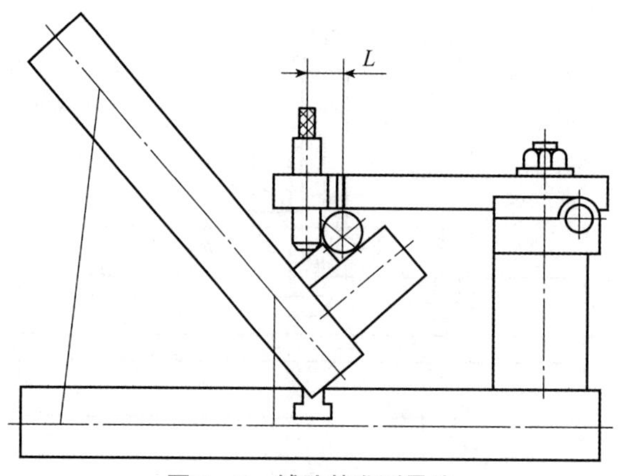

图 9-5　辅助基准测量法

夹具体的基准表面是一个实际表面，它也有一定的形状误差，为了更确切地反映位置误差，就不能让基准表面误差反映到位置误差中来，而是要把基准表面误差排除掉。组合夹具的测量一般是用平台基准平面来体现基准表面的理想平面，如图 9-6 所示，测得的位置误差中，包括被测表面的形状误差。

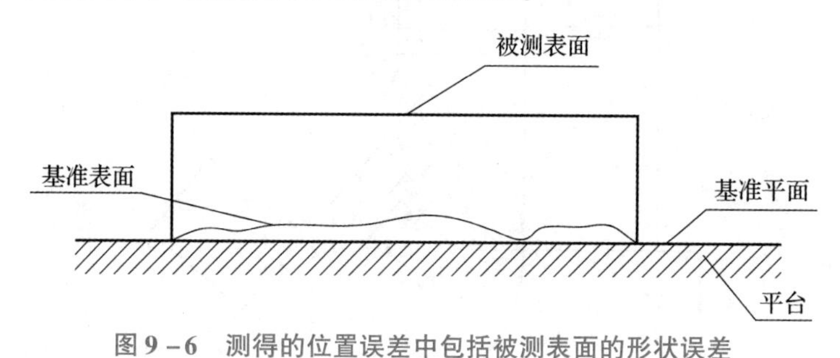

图 9-6　测得的位置误差中包括被测表面的形状误差

1）平行度的测量

（1）平面对平面的平行度测量。将夹具与表座都放置在平台上，如图 9-7 所示，当表座或被测件移动时，千分表指示数之差，即定位支承面与夹具底面的平行度误差。

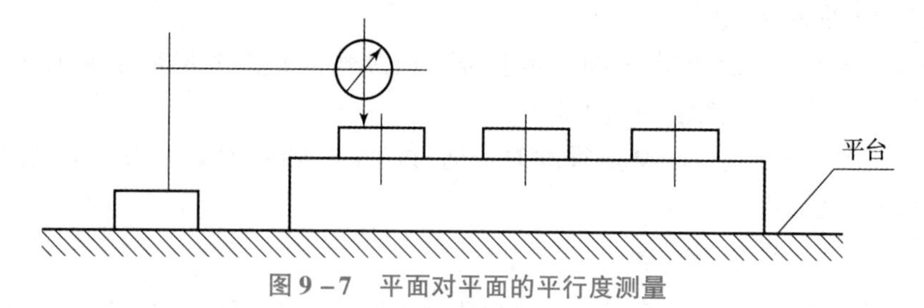

图 9-7　平面对平面的平行度测量

（2）孔对平面平行度的测量。图 9-8 所示为测量孔的轴线对夹具底面的平行度误差，将测量心轴插入被测孔，然后分别读取长度 L_1 对应的心轴母线上 A、B 两处的指示数，计算二者之差 Δ_1，若测量长度 L_1 大于指定长度 L，则平行度误差 Δ 按下式换算：

$$\Delta = \frac{L}{L_1}\Delta_1$$

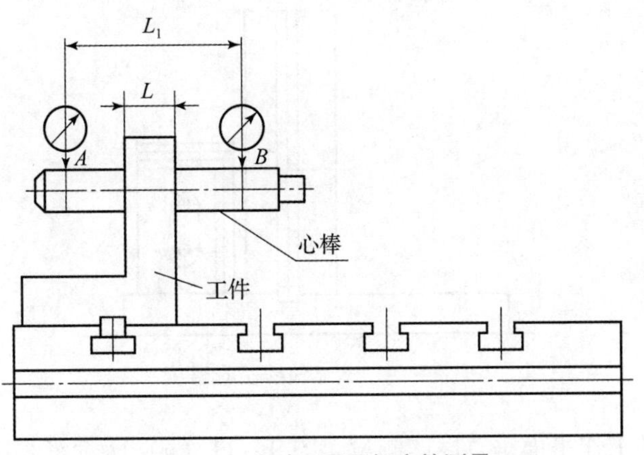

图 9-8　孔对平面平行度的测量

（3）两孔的平行度测量。测量两孔平行度误差时，如图 9-9 所示，先校正夹具位置，使其基准孔 A 平行于平台，然后在被测孔给定长度上进行测量，若要求另一方向，则可将夹具转 90°位置后，再找平基准孔测得另一方向的平行度。

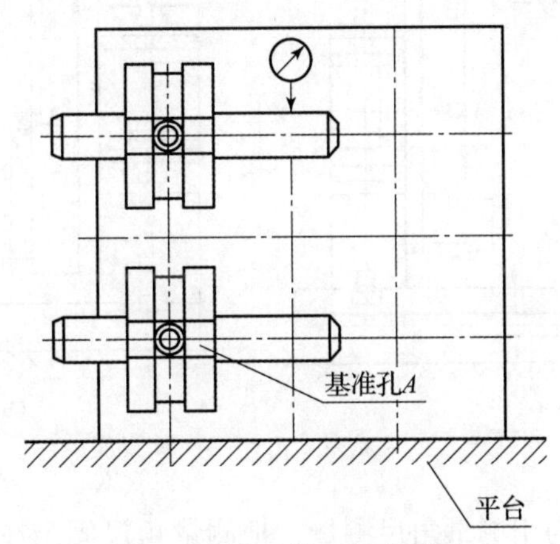

图 9-9　两孔的平行度测量

要求任意方向的不平行度时，则分别在互相垂直的方向上测得 Δ_x 和 Δ_y，再按下列公式求得平行度误差 δ：

$$\delta = \sqrt{\Delta_x^2 + \Delta_y^2}$$

式中　Δ_x——在 x 方向上测得的平行度误差；

Δ_y——在 y 方向上测得的平行度误差。

2）垂直度的测量

（1）两个平面间垂直度的测量。测量两个平面间的垂直度，要根据夹具的大小不同与测量条件，采取不同的测量方法，可以以一个平面为基准，用刀口角尺测量。较大的夹具可以用圆柱角尺与表测量。

①透光法检验。用刀口角尺测量夹具基准表面间的垂直度如图 9-10 所示，以不见透光为垂直。如有透光，可以用塞尺测量数值，其最大间隙量即两平面的垂直度误差。

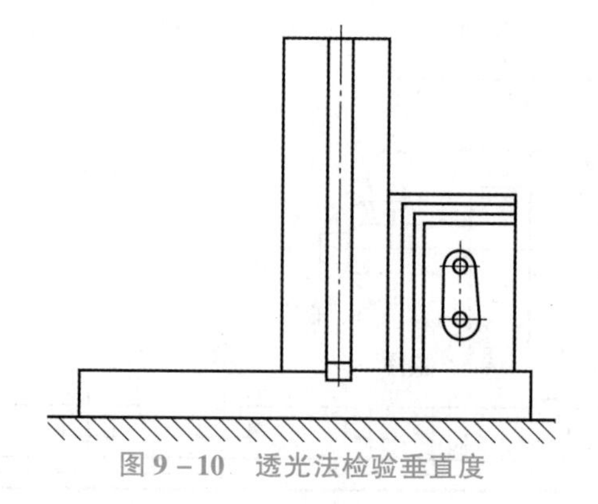

图 9－10　透光法检验垂直度

②回转式夹具工作平面垂直度的测量。图 9－11（a）所示将表座固定在圆基础板上，当转动圆基础板时，由指示表测得圆柱角尺上下两处的最大读数之差，再加上工作面的跳动量则得出工作面的垂直度误差。

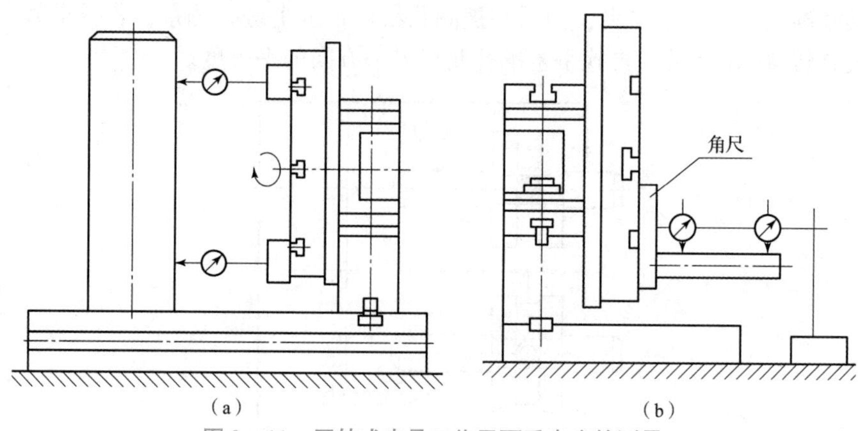

图 9－11　回转式夹具工作平面垂直度的测量

图 9－11（b）所示为用测量角尺测量，把测量角尺固定在转动圆基础板上，并垂直于底面，然后测量角尺直角面对基准平面的平行度，换算成垂直度误差。

（2）孔与平面的垂直度测量。如图 9－12 所示，在钻模板孔内插入测量心轴，用刀口角尺贴近圆柱面母线，视其光隙，并用塞尺测量其垂直度误差。

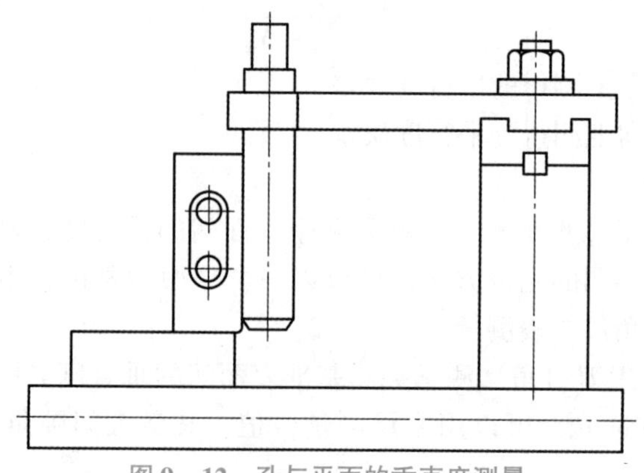

图 9－12　孔与平面的垂直度测量

图 9-13 所示为测量钻模板孔对夹具底面的垂直度，在钻模板孔内插入垂直测量器，用表测得给定长度上的数值差。

必要时可以把夹具翻转 90°，在测量平台上通过钻模板孔中心测量心轴，以与测量平行度相同的方法测量。

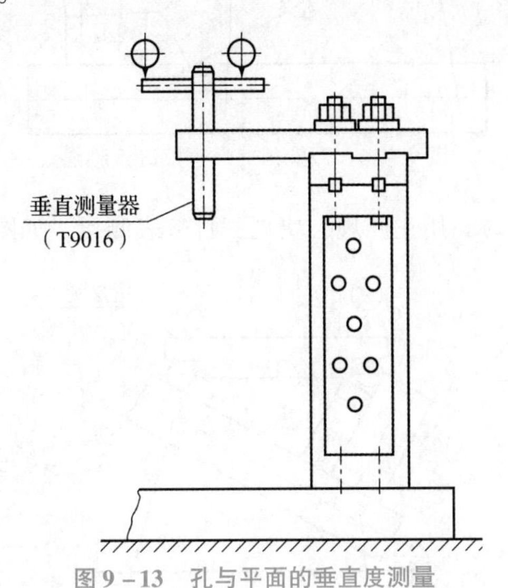

图 9-13 孔与平面的垂直度测量

（3）两孔间的垂直度测量。两孔在同一平面时，可插入测量心轴，直接用透光尺进行检查，如图 9-14 所示。

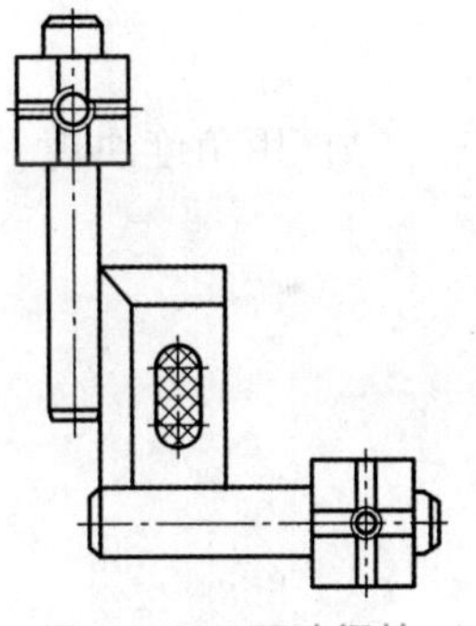

图 9-14 两孔间的垂直度测量

孔对孔或者孔对平面的垂直度误差，可在孔内插入心轴，前端装上百分表，后面用钢球顶着，转动心轴，则表在 *A*、*B* 两处的读数差即在一定长度上的垂直度误差，如图 9-15 所示。

3）倾斜度的测量

倾斜度的测量，根据角度的大小与精度要求应选择不同的测量方法。

（1）一般有角度公差要求的测量可用万能角度尺直接进行测量，如图 9-16 所示。

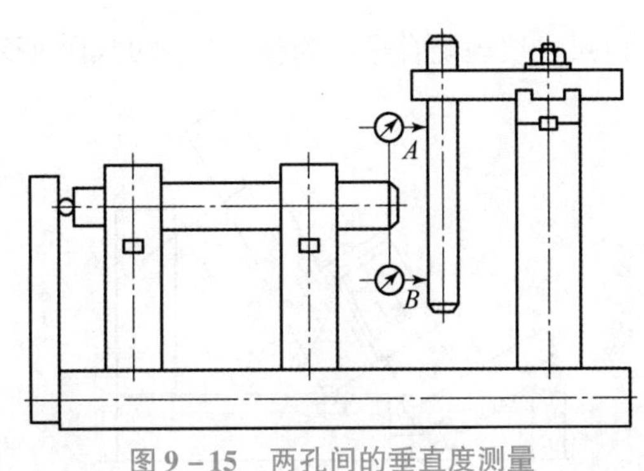

图 9-15 两孔间的垂直度测量

学习笔记

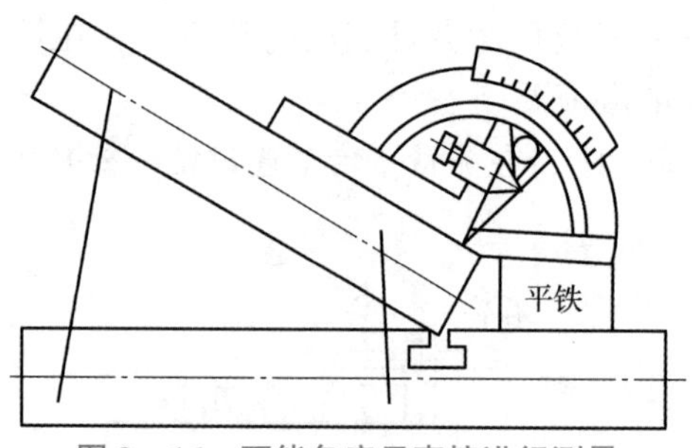

图 9－16　万能角度尺直接进行测量

（2）角度公差较小时，用正弦规、块规、百分表测量，如图 9－17 所示。

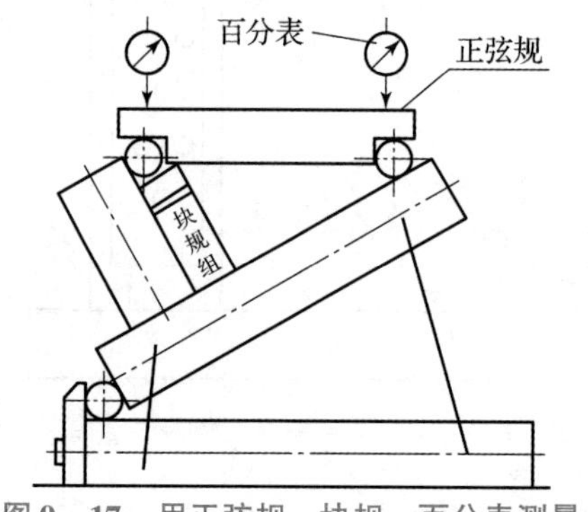

图 9－17　用正弦规、块规、百分表测量

（3）用角度块规、百分表测量，如图 9－18 所示。

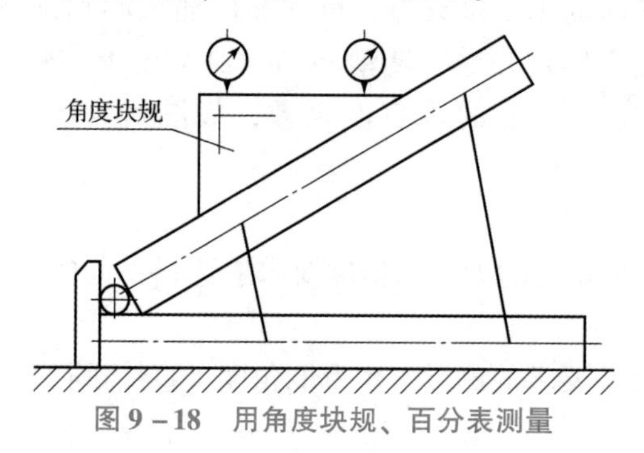

图 9－18　用角度块规、百分表测量

（4）用正弦规、刀口尺、块规配合进行测量，如图 9－19 所示。

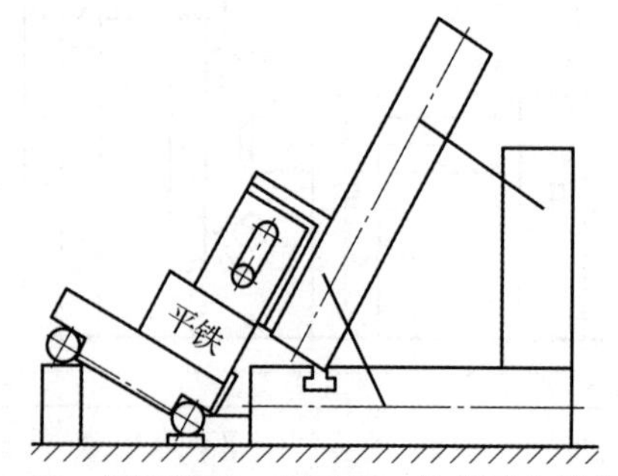

图 9－19　用正弦规、刀口尺、块规配合进行测量

（5）用正弦角尺固定在倾斜面上，用百分表测量，将测量数据通过计算，则得倾斜度误差，如图 9－20 所示。

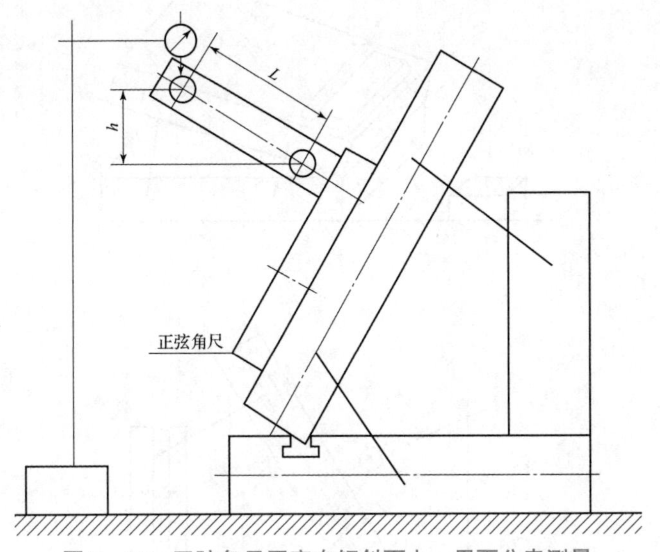

图 9－20　正弦角尺固定在倾斜面上，用百分表测量

（6）用正弦规、块规与百分表测量，如图 9－21 所示。

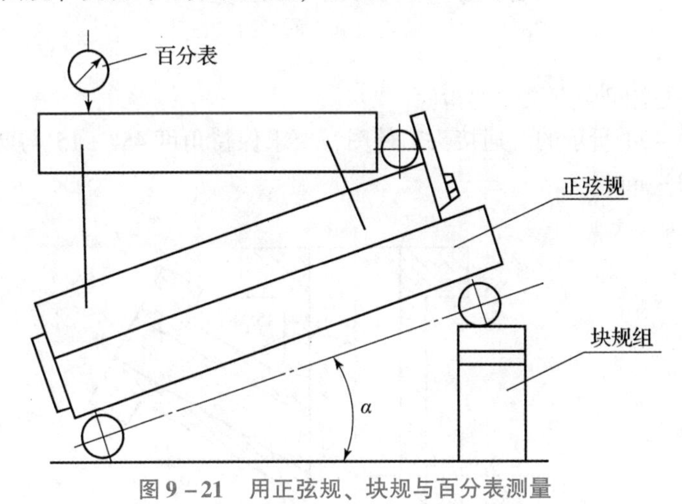

图 9－21　用正弦规、块规与百分表测量

（7）倾斜平面偏扭的测量。在测量偏扭时，组装伸长板作工件的定位面，应把测量心棒靠紧定位面，打表检查其左右的平行度，如图 9－22 所示。

检查角度工作面的偏扭情况，亦可用图 9－23 所示测量方法，用精密平铁靠紧基础板侧面（侧端面必须与 T 形槽平行），表座沿平铁移动，杠杆表在基础板上表面测量来反映偏扭误差。

4）空间交点尺寸的检验

空间交点尺寸不能直接测量，常用测量球头作辅助基准，有时可利用元件的工艺孔配合测量。

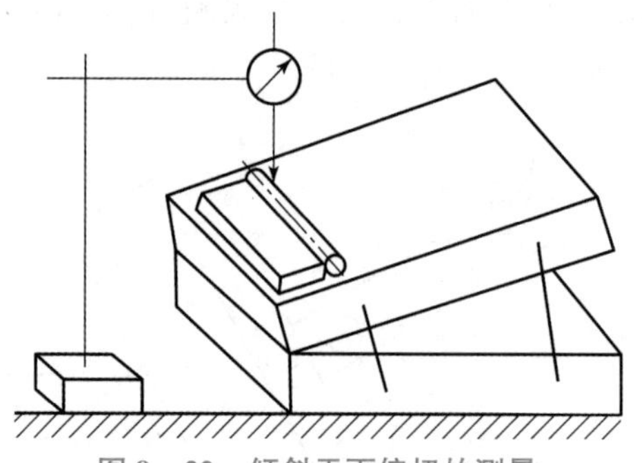

图 9-22　倾斜平面偏扭的测量

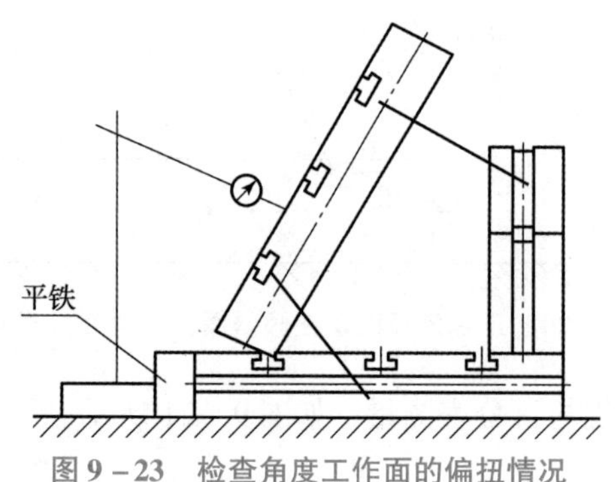

图 9-23　检查角度工作面的偏扭情况

(1) 车斜孔空间交点尺寸的检验。

例1：图 9-24 所示的三通接头工件图，要求保持角度 45° ±15′与两孔交点至端面尺寸（17 ±0.2）mm。

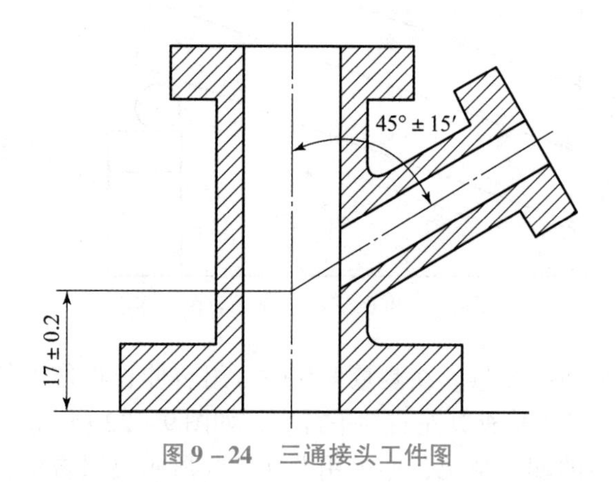

图 9-24　三通接头工件图

如图 9-25 所示，选用 45°角度支承组装于圆基础板上，通过中孔定位板组装测量球头，调整球心至定位面尺寸 17 mm 后，球心即加工中心的交点，转动圆基础板，测量球的跳动量即可得到其位置误差。

例2：图 9-26 所示为杠杆零件工件图，加工 ϕ11H7 孔，保持尺寸（95 ±0.2）mm 及角度 32°。

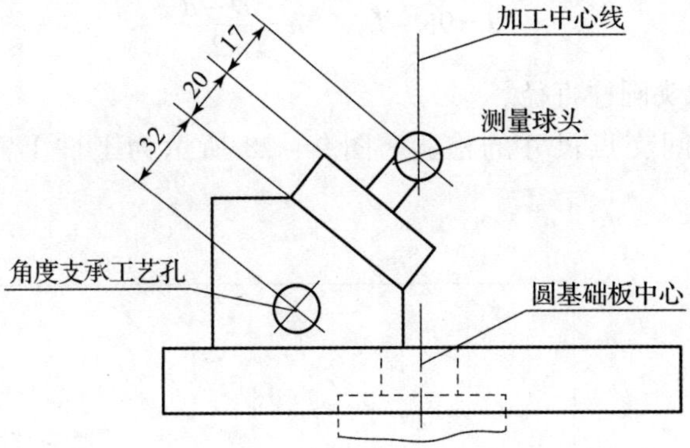

图 9－25　车斜孔空间交点尺寸的检验

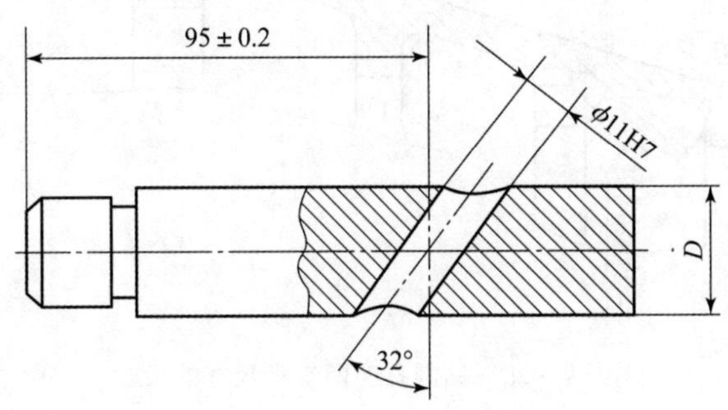

图 9－26　杠杆零件工件图

夹具如图 9－27 所示，工件由 V 形元件定位，压板平面支靠端面加工斜孔。用测量球头的圆柱面放在工件定位面 V 形元件上，当测量球头的圆柱直径与工件定位的外径不一致时，可以换算尺寸加垫片。测量球头的端部可以垫尺寸 l，然后夹紧测量球头的圆柱部分，旋转夹具即可测得支点尺寸的位置误差。其误差为指示表最大读数的 1/2。

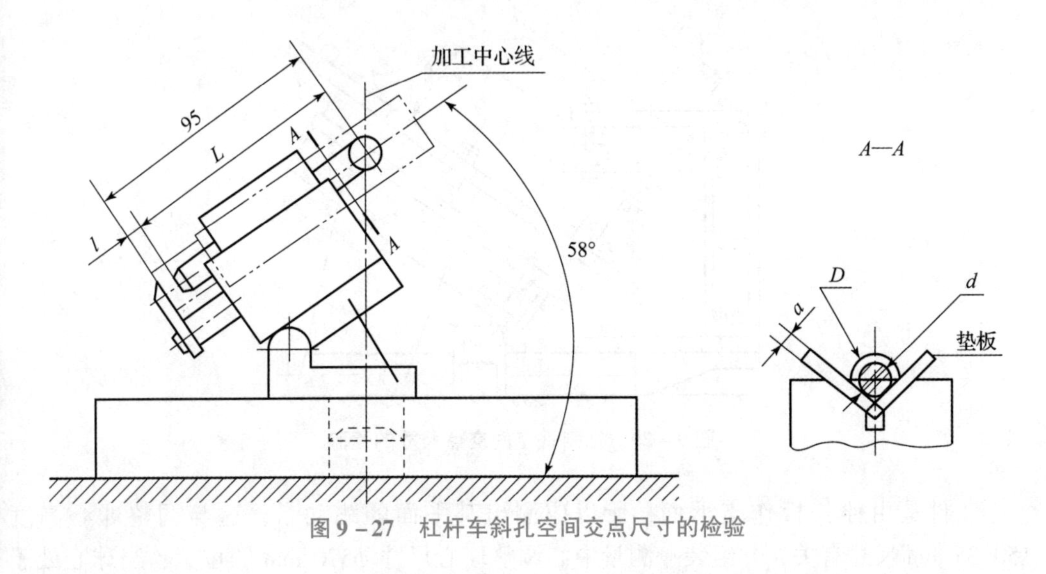

图 9－27　杠杆车斜孔空间交点尺寸的检验

学习笔记

图 9－27 中 $l=95-L \quad a=\frac{D-d}{2}$

式中 d——测量球头圆柱直径。

(2) 钻斜孔空间交点尺寸的检验。图 9－28 所示为工件上需加工 52 个 $\phi3$ mm 斜孔。

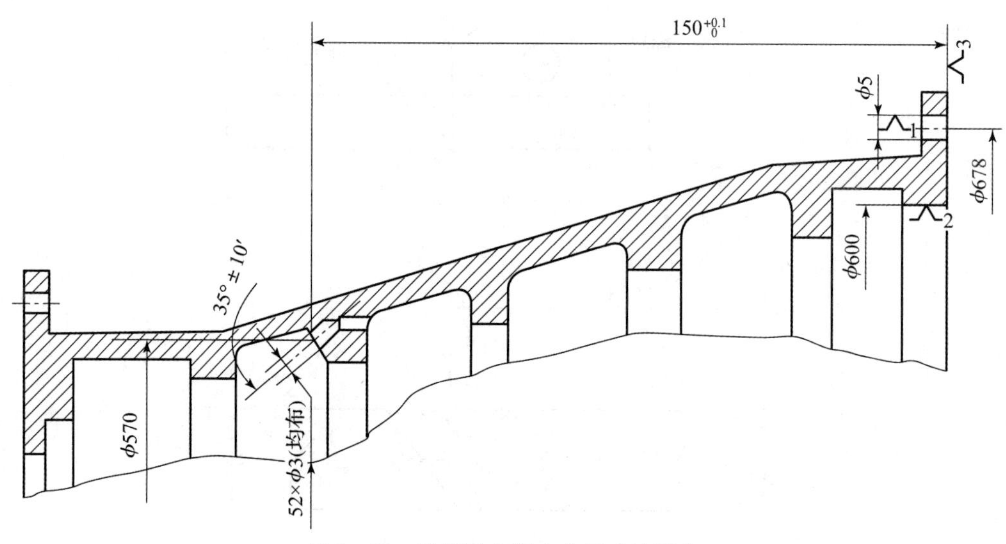

图 9－28 钻斜孔空间交点尺寸的检验

工件尺寸大，被加工孔的位置又较高，所以夹具体积很大。对钻模板孔的位置进行测量时，采用测量球头较为方便，并能减少计算。主要是调整球心位置处于加工孔中心线上，即空间交点位置。然后以球心为测量基准，测出钻模板孔中心对球心的偏移量，如图 9－29 所示。

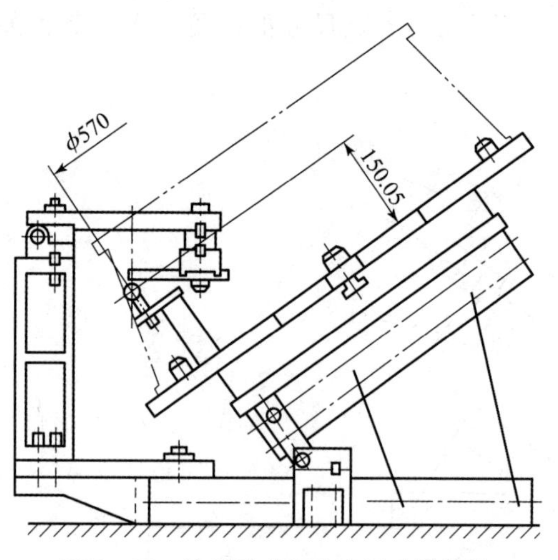

图 9－29 钻斜孔空间交点尺寸的检验

工件是由伸长板作支承面，所以应测出其平面的跳动量，这与调整球心高度 150.05 mm 尺寸有关，并组装一测量中心调整球心尺寸 $\phi570$ mm 的位置，当球心处于理想位置后，再按图 9－30 所示用块规组测量相对位置的偏差。

学习笔记

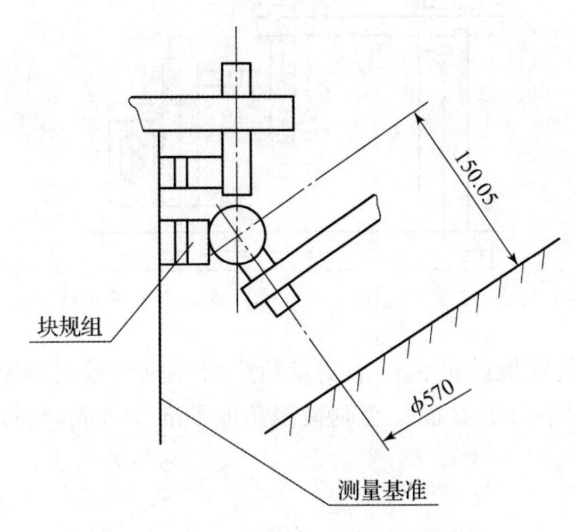

图 9－30　用块规组测量平面跳动量

5）同轴度的测量

（1）用一根长心轴贯穿插入两孔内，使它能转动灵活，则同轴度为合格，此方法简便，但无具体数据，这种检验方法必须注意孔轴的配合精度。

（2）可在两孔内分别插入短心轴，用表测量两心轴中心是否在一条直线上，检验时应测量 90°两垂直方向，再算出均方根值，即两孔同轴度的最大误差，如图 9－31 所示。

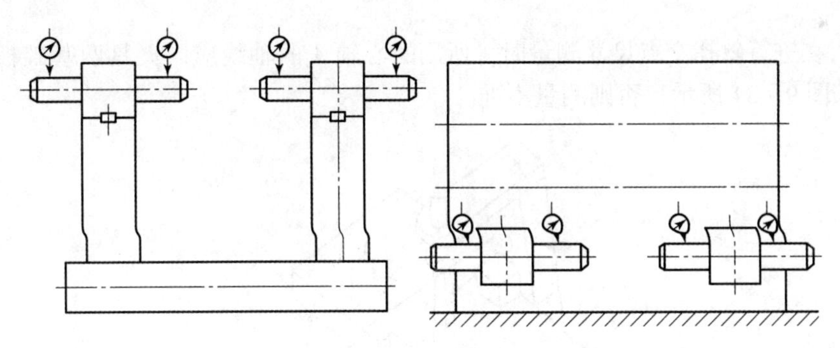

图 9－31　同轴度的测量

（3）可在一孔内插入心轴，在前端装上百分表，来找另一孔或轴的跳动量的方法测量两孔的同轴度误差。

3. 检验与测量中的注意事项

（1）根据夹具的精度要求合理选用量具。

（2）正确使用量具，测量压力不能过大，否则会造成测量不准确或损坏量具。

（3）测量孔距时，应尽量靠近被测孔的部位进行测量，若高度相差较大，应将心棒校成垂直后再进行测量，如图 9－32 所示。

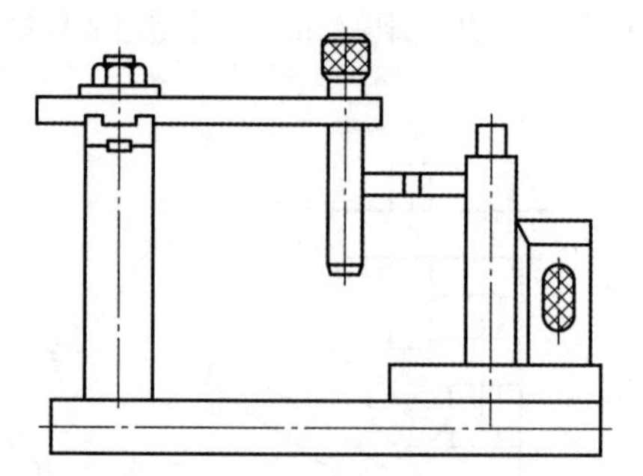

图 9－32　高度相差较大将心棒校成垂直后再进行测量

（4）用角度尺、角度板或正弦规来测量角度时，应使量具与基础板侧面平行。如图 9－33 所示，*A* 面应平行于 *B* 面，否则被测角度不准，造成倾斜角度测量误差。

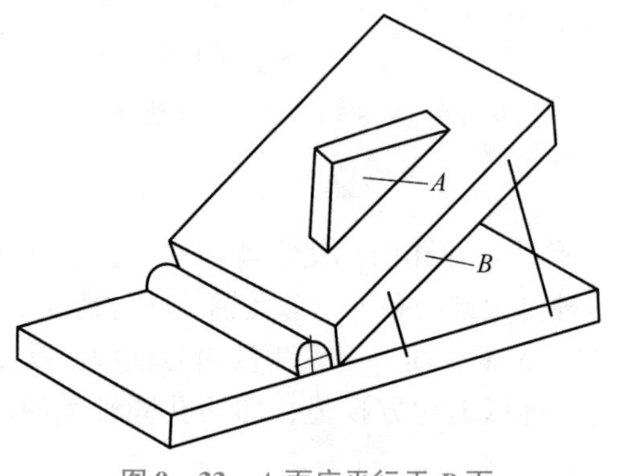

图 9－33　*A* 面应平行于 *B* 面

（5）在进行斜孔交点尺寸测量时，所用的心轴 *A* 的轴线应同夹具两基础板的交线平行，如图 9－34 所示，否则测量不准。

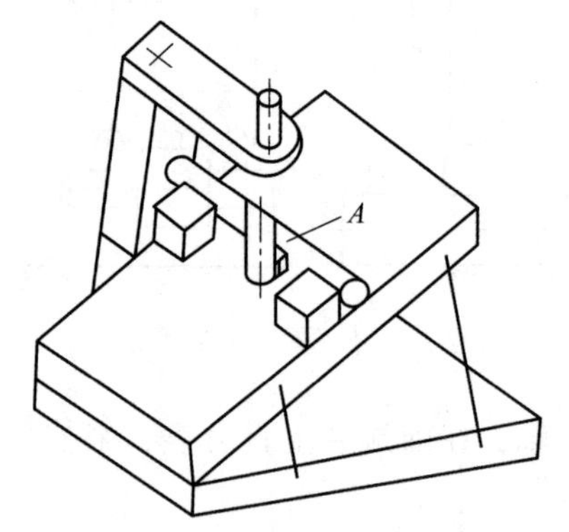

图 9－34　*A* 的轴线应同夹具两基础板的交线平行

（6）采用计算方法测量交点尺寸时，检验心棒的位置尽量靠近工件的加工部位，以减小因实际角度与理论角度的误差而引起交点尺寸的误差。

（7）外廓尺寸较大或较高的夹具，在检验测量时，应将夹具底面全部放在平台上，防止因部分悬在平台外而产生变形，造成测量不准。

（8）检查回转夹具时，测量基准应是回转中心，测量时应回转 180°分两次测量，取其误差的平均值。

（9）防止过失误差，注意读数的正确，严防拿错块规或将厚、宽尺寸相差不多的块规组错方向。防止忽视漏加尺寸，如测量心轴、定位销有厚度尺寸等。

（10）在测量多孔钻模的孔距尺寸时，应先检查各向导孔之间的垂直度与平行度，合格后再检测孔距尺寸。

学习笔记

知识拓展

柔性工装组合夹具典型导向钻模板结构

柔性工装组合夹具结构设计，工件加工过程有刀具导向要求，需要设计组装导向结构，一般主要选用有导向功能的组合夹具元件，如选用钻模板、钻套等，与其他元件组合装配搭建导向结构，典型导向结构有：

（1）钻套与钻模板连接结构，如图 9－35 所示。

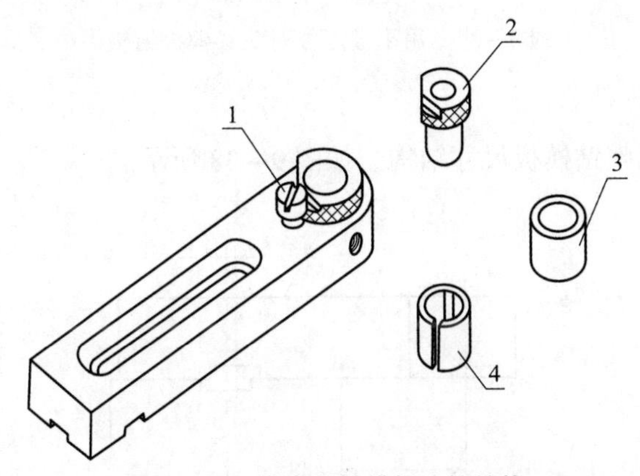

图 9－35　钻套与钻模板连接结构

1—钻套用螺钉；2—快换钻套；3—固定钻套；4—弹性套

（2）用平键导向钻模板结构，如图 9－36 所示。

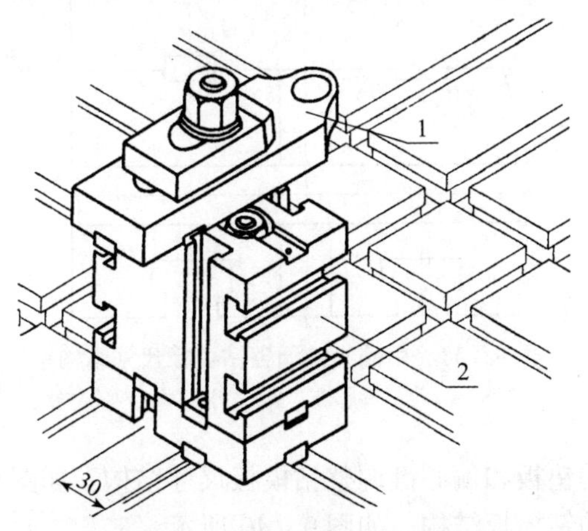

图 9－36　用平键导向钻模板结构

1—钻模板；2—支承

（3）用平键定位弯头钻模板结构，如图 9－37 所示。

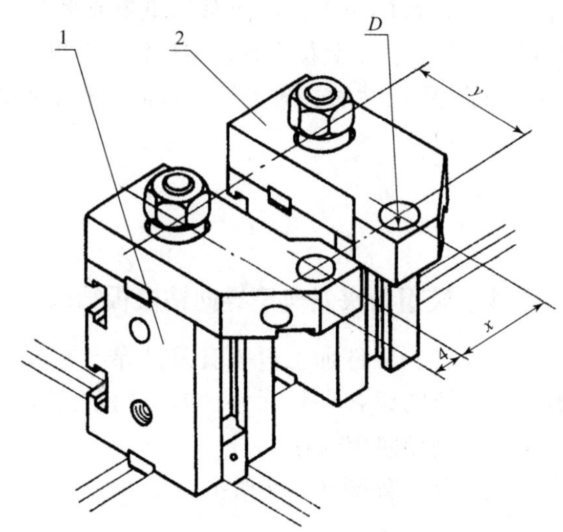

图 9－37　用平键定位弯头钻模板结构

1—长方形支承；2—弯头钻模板

（4）用偏心键调整钻模板尺寸结构，如图 9－38 所示。

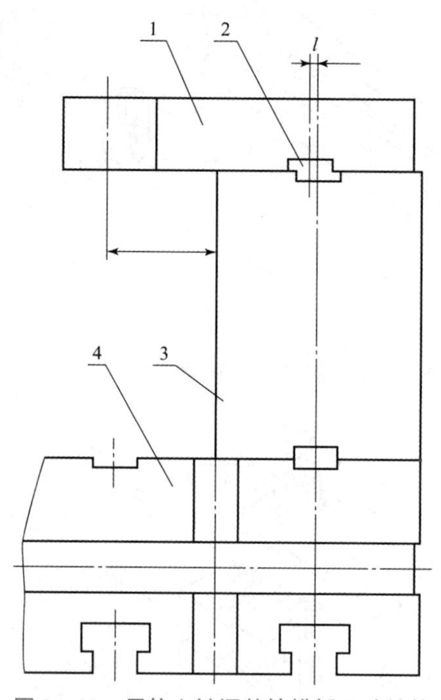

图 9－38　用偏心键调整钻模板尺寸结构

1—钻模板；2—偏心键；3—支承；4—条形支承

（5）用有腰形槽的垫板和偏心键调整钻模板尺寸结构，如图 9－39 所示。

（6）用导向支承的钻模板结构，如图 9－40 所示。

（7）用导向支承组装的立式钻模板结构，如图 9－41 所示。

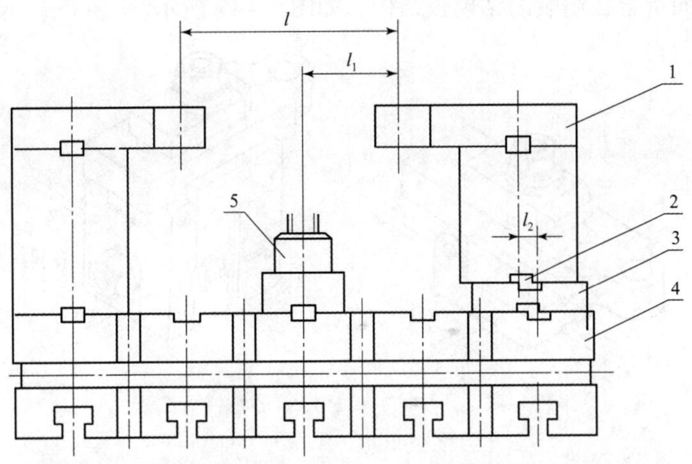

图 9-39　用有腰形槽的垫板和偏心键调整的钻模板尺寸结构

1—钻模板；2—偏心键；3—垫板；4—条形基础板；5—圆形定位销

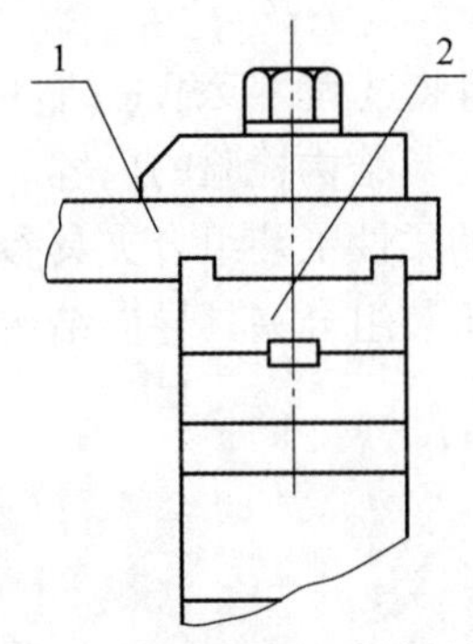

图 9-40　用导向支承的钻模板结构

1—钻模板；2—导向支承

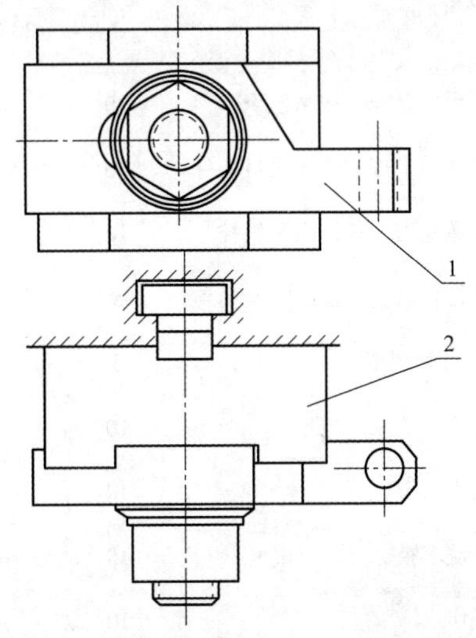

图 9-41　用导向支承组装的立式钻模板结构

1—立式钻模板；2—导向支承

（8）用导向折合板组装的钻模板结构，如图 9－42 所示。

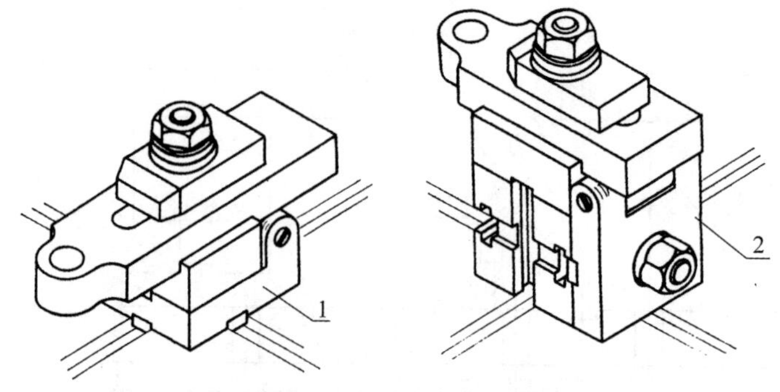

图 9－42　用导向折合板组装的钻模板结构

1—导向折合板；2—垂直导向折合板

任务实施

小组回顾柔性工装组合夹具组装过程，反思总结：

（1）组装过的柔性工装组合夹具结构检验的内容。

（2）小组讨论、对比组装过的柔性工装组合夹具参数检测方法。

（3）讨论分析组装过的柔性工装组合夹具导向结构组装注意事项。

任务评价

考核评价标准如表 9－2 所示。

表 9－2　考核评价标准

评价项目	评价内容	分值	自评 20%	互评 20%	教师评 60%	合计
职业素养 40 分	专注敬业，安全、责任意识，服从意识	10				
	积极参加项目任务活动，按时完成项目任务	10				
	团队合作，交流沟通能力，集体主义精神	10				
	劳动纪律，职业道德	5				
	现场“5S”管理，行为规范	5				
专业素养 60 分	专业资料查询能力	10				
	制订计划和执行能力	10				
	操作符合规范，精益求精	15				
	工作效率，分工协作	10				
	任务验收质量，质量意识	15				

续表

评价项目	评价内容	分值	自评 20%	互评 20%	教师评 60%	合计
创新能力	创新性思维和行动	20				
	合计	120				

学习笔记

任务9.2 双臂曲柄钻削双孔柔性工装设计

任务引入

根据任务安排，小组长组织成员识读双臂曲柄零件图，分析、讨论零件结构、技术要求、工艺过程，设计双臂曲柄零件钻削柔性工装夹具方案，对照选择柔性工装组合夹具元件，并进行组装、调整、检测，完成项目任务。

任务实施

1. 双臂曲柄钻削双孔柔性工装设计任务实施策略

（1）小组实施方案的讨论、确定。

（2）结构布局设计，元件选择。

（3）结构组装、调整、测量、固定。

（4）实施效果检查、评价。

（5）现场整理。

2. 双臂曲柄钻削双孔柔性工装设计任务实施过程

1）实操1——工件分析

如图9－1所示双臂曲柄零件，根据零件加工工艺过程，本工序钻、铰两个孔之前零件的各表面已经过加工，零件钻削时具有较好的加工和定位条件，零件结构及外形不对称。零件主要组成表面有3个曲柄臂，3个连接安装孔，孔两端上下端面等，零件呈三叉状，整体结构简单，体积较小。材料选择HT300。零件要求铸造获得毛坯，先退火热处理；粗加工、精加工之后安排零件表面氧化发蓝防锈热处理。

本工序双臂曲柄2个孔加工主要保证孔中心距尺寸参数（98±0.10）mm、（36±0.10）mm、（57±0.10）mm。由于产品试制，曲柄尺寸参数（98±0.10）mm、（57±0.10）mm制造过程中按照（98±0.10）mm、（95±0.10）mm、（57±0.10）mm、（54±0.10）mm分别加工一件，参数变换只需多次调整导向钻模板位置，满足产品性能参数调试试验要求。所有加工参数公差要求不高，制造精度较低。

考虑零件制造过程，零件加工工艺路线确定为：备料铸造→退火热处理→顶面及底面刨削→$\phi 10^{+0.03}_{0}$ mm 上下面刨削→刨削 D 面→钻、铰 $\phi 25^{+0.01}_{0}$ mm→钻、铰 $\phi 10^{+0.03}_{0}$ mm→检验。

2）实操 2——组装方案设计

如图 9－1 所示，根据零件加工工艺过程，钻削加工之前曲柄零件的各表面已经过加工，零件钻削时具有较好的加工和定位条件，零件结构及外形简单。根据工序图的要求，确定工件定位方案：工件 $\phi 25^{+0.01}_{0}$ mm 孔限制 4 个自由度，底面 C 限制 1 个自由度，侧面 D 限制 1 个自由度，端面限制 1 个自由度，实现零件完全定位装夹。

钻削加工，切削力不大，相应的工装夹具刚性要求不高，采用螺旋结构从 $\phi 25^{+0.01}_{0}$ mm上端面垂直夹紧。

如果工件后期安排批量生产，还应该选择相关元件组装对刀结构。

考虑钻削两个孔加工特点，夹具不需要设计连接结构，依靠夹具下底面与钻床工作台表面接触定位。

3）实操 3——组装元件选用

根据零件定位方案：

（1）确定定位面。因 $\phi 25^{+0.01}_{0}$ mm 孔中心线是 2 个 $\phi 10^{+0.03}_{0}$ mm 孔中心线的设计基准，根据基准重合原则，确定工件的定位基面为 $\phi 25^{+0.01}_{0}$ mm 孔、端面 C 及平面 D，工件可得到完全定位。

（2）选定基础件。根据工件尺寸和钻模板的安排位置［见图 9－43（a）］，选用规格为 240 mm×60 mm 的长方形基础板，并在 T 形槽十字相交处装 $\phi 25$ mm 的定位销和相配的定位盘。为使工件装得高些，便于在 a、b 孔的附近装可调辅助支承，定位盘和定位销可装在规格为 60 mm×60 mm×20 mm 的方形支承块上。

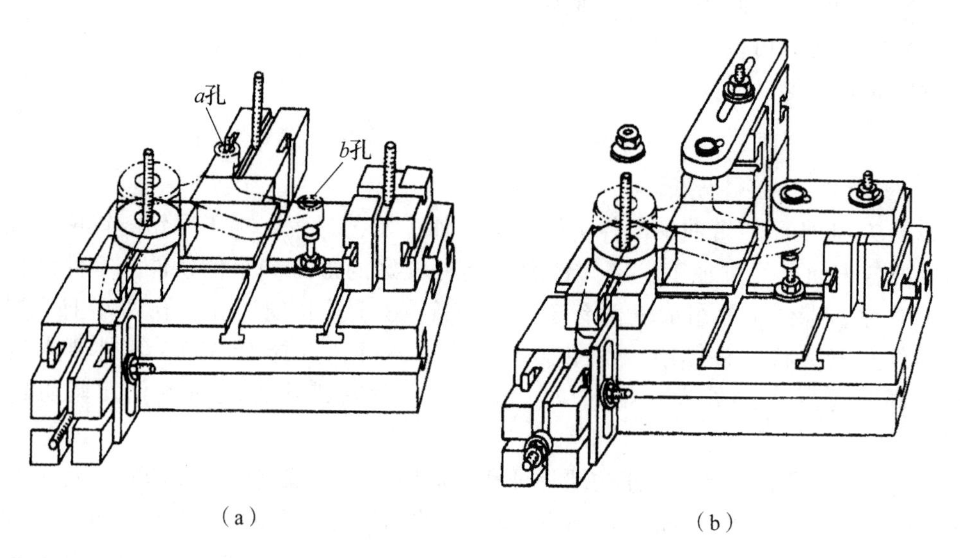

图 9－43　双臂曲柄钻削双孔夹具的组装

（3）夹紧工件。用螺旋压板机构将工件夹紧。

（4）安装钻 b 孔钻模板及方形支承。将钻、铰 b 孔用钻模板及方形支承装在

$\phi25$ mm定位销右侧纵向T形定位槽内，使之调整尺寸（98 ±0. 10）mm 能方便进行。

（5）组装钻 a 孔钻模板。在基础板后侧面T形槽中接出方形支承，组装钻 a 孔的钻模板，用方形支承垫起，使之达到所需高度，并控制坐标尺寸（57 ±0. 10）mm 和（36 ±0. 10）mm。

调整钻套下端面与工件表面的距离保持在（0. 5 ~1）倍钻孔直径的位置上。

（6）组装 D 面定位板。在基础板前侧面T形槽内装上方形支承和伸长板，保证 D 面定位。

如图9 -43（b）是双臂曲柄钻双孔夹具装配简图。

$\phi25$ mm 孔内配套台阶定位心轴限制，内孔限制4个自由度，孔底端面 C 限制1个自由度，曲柄臂侧面 D 限制1个自由度，工件完全定位装夹。

产品试制，要求参数（98 ±0. 10）mm、（57 ±0. 10）mm，按照（98 ±0. 10）mm、（95 ±0. 10）mm，（57 ±0. 10）mm、（54 ±0. 10）mm 分别加工一个样件，组装过程中分别调整2个钻模板位置，形成4套柔性钻床组合夹具，保证满足4个规格试制件的加工要求。

4）实操4——结构组装

（1）擦洗已选定的各元件。

（2）组装 $\phi25^{+0.01}_{0}$ mm 孔和 C 端面的定位元件。把方形支承、定位盘和 $\phi25^{+0.01}_{0}$ mm 定位销组装在一起，并从基础板的下面将螺旋紧固，调整 $\phi25^{+0.01}_{0}$ mm 销的轴心线与T形槽同轴。装入可调辅助支承。

（3）组装钻 b 孔的钻模板。在与 $\phi25^{+0.01}_{0}$ mm 销同心的T形槽中放入定位键，装上适当高度的方形支承板，在其上放入长定位键，装上钻模板，调整与 $\phi25^{+0.01}_{0}$ mm销的轴心线距离（98 ±0. 10）mm，然后用螺钉、垫圈、螺母紧固。

（4）组装钻 a 孔的钻模板。把方形支承装在基础板后侧面的T形槽中，在其上装上可调支承钉，再装上高度适当的方形支承和钻模板，它们都由键定位，用螺钉及垫圈、螺母紧固。调整时，先移动方形支承，控制与 $\phi25^{+0.01}_{0}$ mm 销轴心线的坐标尺寸为（36 ±0. 10）mm，固定方形支承。移动钻模板，控制尺寸（57 ±0. 10）mm，由螺钉固定。

（5）组装 D 面的定位件。将方形支承装在基础板的前侧面T形槽中，在其右侧面装上伸长板，移动方形支承，调整伸长板与 $\phi25^{+0.01}_{0}$ mm 定位销中心距离，由螺钉紧固。

（6）组装螺旋夹紧装置。选择快换垫圈与螺旋机构组合，布置在定位台阶心轴上夹紧工件，夹紧力作用方向垂直于工件上端面，整个夹紧装置尽量紧凑，注意夹紧工件前曲柄臂 D 侧面必须贴靠限位元件。

（7）夹具调整。如图9 -44 所示，双臂曲柄零件两孔加工要求有（98 ±0. 10）mm、（57 ±0. 10）mm、（36 ±0. 10）mm，通过调整两个钻模板位置改变导向孔参数，分别加工4个规格（98 ±0. 10）mm、（95 ±0. 10）mm、（57 ±0. 10）mm、（54 ±0. 10）mm 尺寸参数的8个样件，进行产品性能参数试制验证。

加工制造的双臂曲柄零件装配产品，调试试验满足产品设计性能要求后，确定双臂曲柄零件尺寸参数及夹具具体结构参数值，再进行批量生产。

图 9-44　双臂曲柄钻削双孔柔性工装组合夹具实物

任务评价

小组推荐成员介绍任务的完成过程，展示设计、组装结果，全体成员完成任务评价。学生自评表、小组互评表分别如表 9-3、表 9-4 所示。

表 9-3　学生自评表

任务	完成情况记录
任务是否按计划时间完成	
理论实践结合情况	
技能训练情况	
任务完成情况	
任务创新情况	
实施收获	

表 9-4　小组互评表

序号	评价项目	小组互评	教师点评
1			
2			
3			
4			

任务9.3 双臂曲柄钻削双孔柔性工装检测

任务引入 

双臂钻双孔柔性工装组合夹具组装完成后，需要检验定位是否正确、夹紧是否合理、与机床连接结构是否正确、相关结构布局是否满足工件装夹要求。

任务实施 

夹具设计、组装完后，对其精度及尺寸进行检测，本项目双臂曲柄钻削双孔柔性工装组合夹具由于所选用组装元件精度高，只要基本尺寸检测合格，一般能够满足零件加工要求。

1. 导轨铣削柔性工装检测任务实施策略

（1）双臂曲柄柔性工装夹具结构检查。

（2）主要导向尺寸参数值的精度测量。

准备游标卡尺、千分尺、测量平台等仪器设备。测量孔位置尺寸参数（98 ±0.10）mm、（57 ±0.10）mm、（36 ±0.10）mm 等，按图纸加工要求调整、固定相关元件。

2. 导轨铣削柔性工装检测任务实施过程

本项目检测包括结构检验和参数测量。

（1）结构检验：包括定位结构、夹紧装置、导向结构、安装连接结构等的检查、评价，如表 9 –5 所示。

表 9 –5 结构检验项目

序号	项目	检查内容	评价
1	外形与机床匹配	长、宽、高与机床匹配	
2	强度刚性	切削力、重力等影响	
3	定位结构	基准选择，元件选用，结构布局	
4	夹紧装置	力三要素合理，结构布局	
5	导向结构	结构布局，元件选用	
6	工件装夹	装夹效率	
7	废屑排出	畅通，容屑空间	
8	安装连接	位置与锁紧	
9	使用安全方便	安全，操作方便	

（2）参数测量：尺寸参数主要复检 2 个加工孔位置精度参数，如表 9 –6 所示。

表9－6　参数检测项目

序号	项目	检查内容	评价
1	a孔	(57±0.10) mm、(36±0.10) mm，平行度参数0.15/100 mm	
2	b孔	(98±0.10) mm，平行度参数0.15/100 mm	

考核评价表如表9－7所示。

表9－7　考核评价表

序号	评价项目	自我评价	互相评价	教师评价	综合评价
1	实施准备				
2	方案设计、元件选用				
3	规范操作				
4	完成质量				
5	关键操作要领掌握情况				
6	完成速度				
7	参与讨论主动性				
8	沟通协作				
9	展示汇报				

注：评价档次统一采用A（优秀）、B（良好）、C（合格）、D（努力）4个。

柔性钻床工装应用研讨

各小组组织活动，回顾钻削加工实训操作场景，结合双臂曲柄零件钻削双孔加工工作任务要求，分析、讨论该柔性工装夹具应用问题：

(1) 夹具在机床上的安装方法及位置调整注意事项。

(2) 工件装夹：定位元件接触配合、定位结构布局；夹紧力三要素确定；夹紧装置的选择、设计、应用。

(3) 导向钻模板调整：调整方法，调整工具，调整精度。

(4) 工件加工：工件装卸，废屑排出，主要参数测量、控制。

(5) 曲柄零件a、b孔参数变化时，关键元件调整、操作及注意事项等。

思考练习

9－1　柔性工装组合夹具如何进行结构检测？如何选择柔性工装组合夹具测量基准？柔性工装组合夹具如何测量位置尺寸参数？

9－2　选择题

（1）柔性工装组合夹具测量位置误差时，基准要素是确定位置的决定要素，不明确基准就无法确定位置。(　　)

（2）柔性工装组合夹具组装时，可以用透光法测量组装结构的平行度、垂直度等。(　　)

（3）装夹加工一批工件，设置辅助支承时，一般每次装夹工件都需要调整该支承。(　　)

（4）双臂曲柄零件钻、铰两个 $\phi10_{0}^{+0.03}$ mm 的孔，主要保证与 $\phi25_{0}^{+0.01}$ mm 孔中心距尺寸精度及平行度位置精度。(　　)

（5）双臂曲柄零件钻、铰孔采用零件的 $\phi25_{0}^{+0.01}$ mm 孔及其端面、杠杆臂侧平面为定位基面，工件处于完全定位状态。(　　)

（6）根据双臂曲柄零件尺寸结构在 $\phi25_{0}^{+0.01}$ mm 的孔中配置定位盘的心轴，端面选用定位盘的台阶面进行组合定位。(　　)

（7）考虑到双臂曲柄零件两臂较长，在两孔附近设置可调辅助支承提高零件刚性，但是它们不参与定位，不限制工件任何自由度。(　　)

（8）双臂双孔钻削柔性工装夹具组装过程中主要检测（98 ± 0.10）mm、（57 ± 0.10）mm、（36 ± 0.10）mm 尺寸参数及平行度误差参数。(　　)

9－3　选择题

（1）柔性工装组合夹具位置尺寸精度测量方法概括分为（　　）类型。

A. 直接测量　　B. 间接测量　　C. 辅助测量　　D. 坐标测量

（2）如图 9－1 所示双臂曲柄零件，在钻削双臂双孔的柔性工装夹具组装过程中，双臂工件 $\phi25_{0}^{+0.010}$ mm 内孔选择 $\phi25g7(_{-0.028}^{-0.007})$mm 心轴配合定位，对双臂工件加工的尺寸（$98 \pm 0.10$）mm 产生的定位误差大小是（　　）。

A. 0.010　　B. 0.021　　C. 0.007　　D. 0

E. 0.038　　F. 0.048

学习笔记

项目十　现代柔性工装设计

项目导读

柔性工装组合夹具是最常用、最经典的柔性工装夹具，现代装备制造业的发展，催生了多种新型现代柔性工装。只有了解这些工装夹具的特点，探究柔性工装的关键技术，熟悉柔性工装应用领域，掌握柔性工装应用方法，方能不断提升制造技术水平。

现代柔性工装设计主要内容包括：

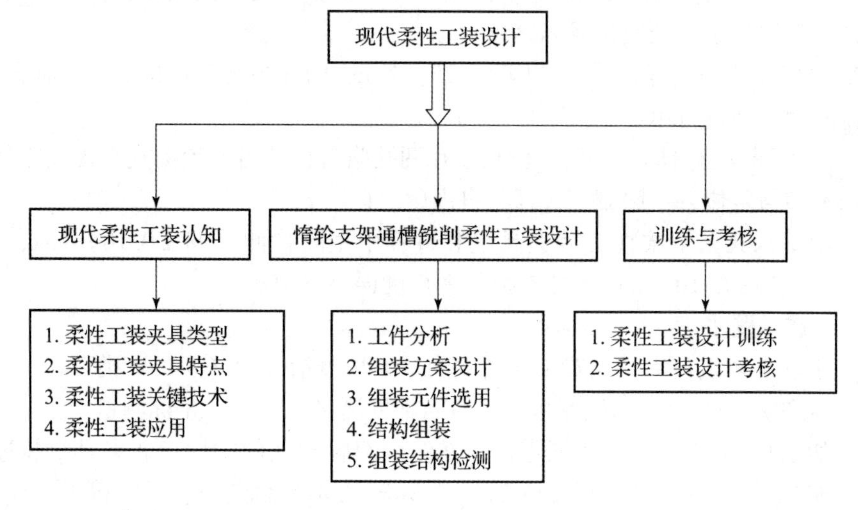

项目分析

工装夹具工作室接到企业设计所工具磨床结构零件——惰轮支架加工工装夹具设计配置任务，惰轮支架零件图样和技术要求如图 10－1 所示。

（1）产品名称：万能工具磨床 M6020A。

（2）零件名称及编号：惰轮支架 01A－28。

（3）生产数量：4 件。

（4）零件加工工艺路线：备料铸造→退火热处理→铣侧面、台阶面→钻孔、攻丝→铣长槽→铣通槽→表面发蓝热处理→检验。

技术要求：

（1）产品试制，图 10－1 中惰轮支架尺寸为 5 mm，要求变换调整参数，分别制造 2 件，满足产品性能调试要求，尺寸参数 5 mm 具体变换有：5 mm，7 mm。

学习笔记

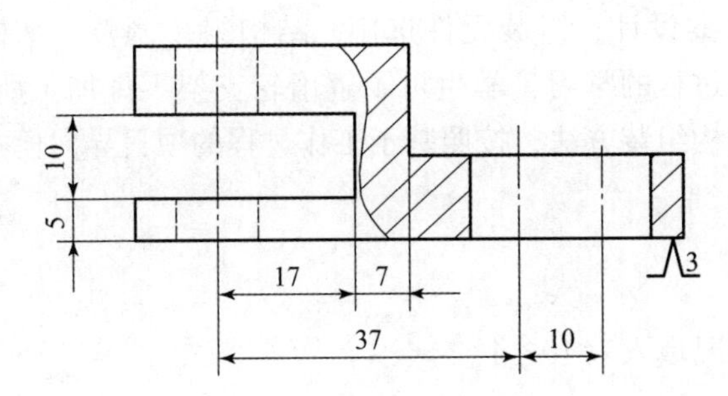

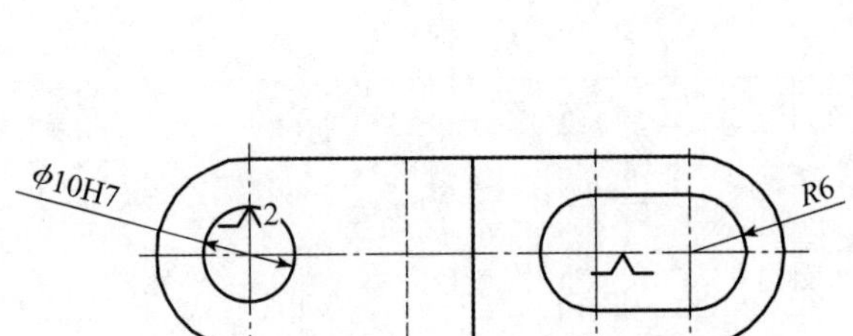

图 10－1　惰轮支架铣槽工序图

（2）铸件不允许存在气孔、沙眼、凸瘤等影响强度和外观质量的缺陷。

（3）未注铸造圆角 *R*3 mm，未注倒角 *C*0.5 mm。

（4）零件表面发蓝热处理。

项目目标

1. 知识目标

（1）了解现代柔性工装的类型、特点。

（2）熟悉现代柔性工装关键技术。

（3）了解惰轮支架铣削柔性工装组合夹具组装过程。

（4）掌握惰轮支架铣削柔性工装组合夹具应用注意事项。

2. 能力目标

（1）能正确识读工件图来确定柔性工装夹具设计方案。

（2）能根据惰轮支架零件的加工要求构思、设计柔性工装结构，选用组装元件，组装、调整、检测、应用柔性铣床工装组合夹具。

3. 素质目标

（1）培养学生爱岗敬业、求精、专注的工匠精神。

（2）培养学生团结协作的精神。

（3）保持工作环境清洁有序，文明生产。

项目计划/决策

本项目所选的训练载体为万能工具磨床 M6020A 典型结构零件惰轮支架，通过零

学习笔记

件结构分析、定位方案设计、组装元件选用、结构组装调整、结构检验及尺寸测量、小组讨论评价等任务过程的学习，学生可了解惰轮支架零件加工所需柔性铣床工装组合夹具方案设计、结构组装方法，按照基于工作过程的项目导向模式完成任务实施。

任务分组

学生任务分配情况填入表 10 - 1。

表 10 - 1　学生任务分配表

<table>
<tr><td>班级</td><td colspan="2"></td><td>组号</td><td></td><td>指导教师</td><td></td></tr>
<tr><td>组长</td><td colspan="2"></td><td>学号</td><td colspan="3"></td></tr>
<tr><td rowspan="5">组员</td><td>姓名</td><td>学号</td><td colspan="2">姓名</td><td colspan="2">学号</td></tr>
<tr><td></td><td></td><td colspan="2"></td><td colspan="2"></td></tr>
<tr><td></td><td></td><td colspan="2"></td><td colspan="2"></td></tr>
<tr><td></td><td></td><td colspan="2"></td><td colspan="2"></td></tr>
<tr><td></td><td></td><td colspan="2"></td><td colspan="2"></td></tr>
</table>

任务10.1　现代柔性工装认知

任务引入

随着装备制造业不断发展，配套的工装夹具性能越来越先进，自动化水平越来越高，以柔性工装组合夹具设计原理、应用知识为起点，有必要拓展学习现代柔性工装新技术、新工艺。

知识链接

柔性工装夹具就是能装夹形状或尺寸上有所变化的多种工件，完成多种不同工件加工的同一夹具系统。

知识模块一　柔性工装夹具类型

柔性工装夹具包括适应性柔性夹具、可调夹具、柔性组合夹具、模块化夹具、相变材料柔性夹具、模块化程序控制柔性夹具等。

1. 适应性柔性夹具

如图 10 - 2 所示的适应性柔性夹具，采取矩阵自适应夹持，装配的通用支承和夹紧装置，通过立即缩回销钉而模仿形成匹配零件的几何夹爪，接触点精确地将零件牢固地定位夹紧，广泛用于各种形状加工零件的任何部分的夹持。

学习笔记

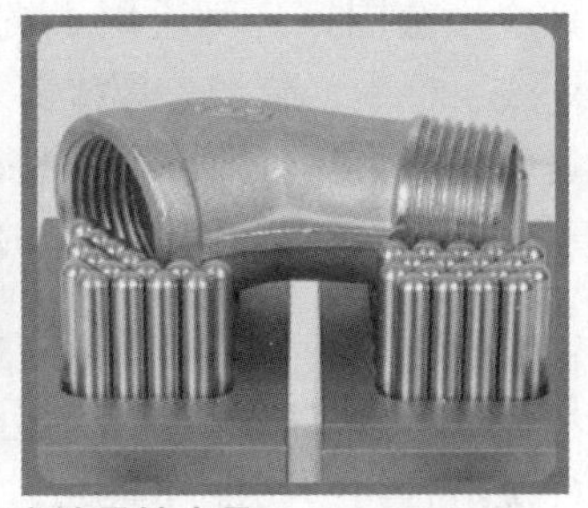

图 10－2　适应性柔性夹具

2. 可调夹具

可调夹具（包括通用可调夹具、成组夹具）具有小范围的柔性，通过调整部分装置或更换部分元件，适应具有一定相似性的不同零件的加工，如图 10－3 所示的通用可调虎钳、三爪卡盘、飞机机身装配用可调支架等。

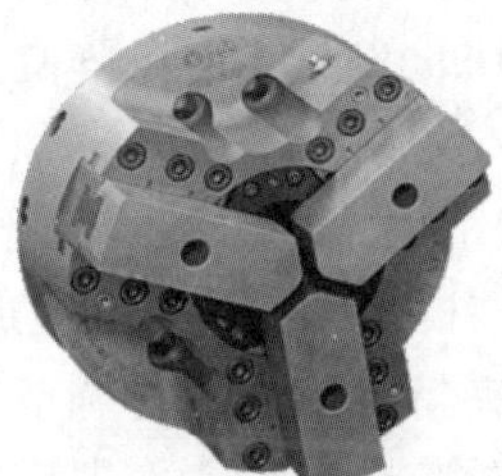

图 10－3　可调夹具

可调夹具结构上一般由两大部分组成：基础部分和可调控部分。基础部分是夹具的通用部分，使用中固定不变，通常包括夹具体、夹紧传动装置和操作机构等；可调部分通过元件的变位、组合、更换等实现装夹适应性调整。

可调夹具一般采用气动、液压等动力源夹紧，调节控制动力源压力大小来实现夹紧力大小的调整。

3. 柔性组合夹具

柔性组合夹具是能根据被加工工件的工艺要求，利用一套标准化的元件拼装组合而成的夹具，又称为“积木式夹具”。夹具结构像魔方一样变化无穷，能满足各种异型零件的加工要求。图 10－4 所示为柔性组合夹具。

图 10－4　柔性组合夹具

学习笔记

柔性组合夹具可反复拆卸、清洗、入库，以备组装新的夹具。

柔性组合夹具应用范围广，可适用于机械制造中的车、铣、刨、磨、镗、钻等工序，也可应用于划线、检验、装配、焊接等工序。

柔性组合夹具应变能力强，适合多种品种、中小批量的生产方式。

柔性组合夹具与专用夹具相比，往往体积较大，显得笨重，配置元件一次性投资较大。

4. 模块化夹具

模块化夹具是一种柔性化的夹具，通常由基础件和其他模块元件组成。

所谓模块化，是指将同一功能的单元，设计成不同用途或性能且可以相互交换使用的模块，以满足加工需要的一种方法。同一功能单元中的模块，是一组具有同一功能和相同连接要素的元件，包括能增加夹具功能的小单元。

模块化夹具与柔性组合夹具之间有许多共同点，例如都有方形、矩形和圆形基础件；基础件表面有坐标孔系。两种夹具的不同点在于柔性组合夹具万能性好，标准化程度高；而模块化夹具则为非标准的，一般专门为本企业产品工件的加工需要设计。产品品种不同或加工方式不同的企业，所使用的模块结构有较大差别。

模块化夹具包括行列式结构模块化夹具、多点阵真空吸盘式模块化夹具和专业模块化夹具。

如图 10－5（a）所示，行列式结构柔性工装适用于适应复杂曲面工件接触装夹。行列式结构模块化夹具是由模块化结构单元——立柱组成的，以行列式独立排列分布。立柱单元上装有可三维移动调整的夹持单元，通过调节夹持单元的位置来完成不同的产品组件、部件，每个夹持单元根据需求的不同可以实现 1～6 个自由度的活动要求。

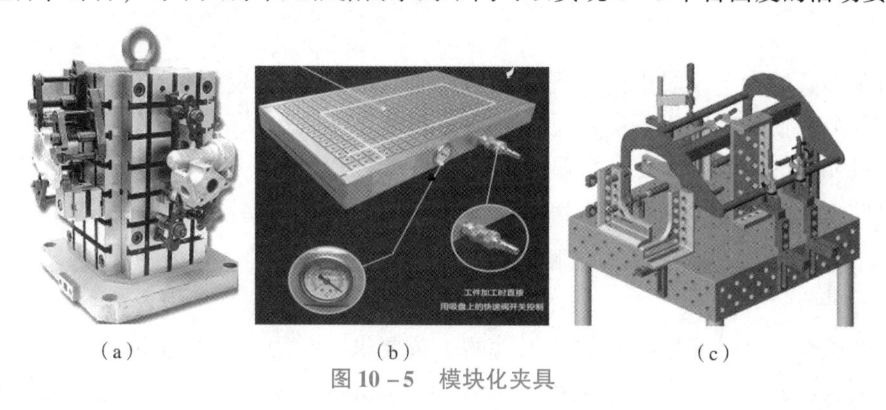

（a）　　（b）　　（c）

图 10－5　模块化夹具

如图 10－5（b）所示，多点阵真空吸盘式模块化夹具是由带真空吸盘的立柱模块单元阵列排布组成的。立柱单元由伺服电动机驱动，可沿空间 X、Y、Z 三个方向运动。通过立柱单元的控制移动和真空吸盘的自适应倾斜调节，可生成与任意产品曲面相符合的均匀分布的吸附点阵。通过真空吸盘的吸附夹持作用，将产品装夹紧固。当产品外形发生改变时，吸附点阵的外形和整体布局自动调整，以适应不同曲率和复杂型面的产品结构和定位要求，从而降低成本，缩短工装研制周期，提高产品制造精准度。

如图 10－5（c）所示，专业模块化夹具一般专为本企业产品工件的加工需要而设计。模块化夹具适用于成批生产的企业。模块化夹具的设计依赖于对企业产品结构和加工工艺的深入分析研究，需要对产品加工工艺进行典型化分析等，在此基础上，合理确定、设计模块基本单元，建立完整的模块功能系统。模块化元件应有较高的强度、刚度和耐用性，一般常选用 20CrMnTi、40Cr 等材料制造。

学习笔记

5. 相变材料柔性夹具

利用物质在一定条件下能进行“液 - 固”两相转变的物理特性，将工件事先置于液体中并使其处于正确位置，液体材料在特定因素的刺激下发生相变，由液态转变为固态，从而实现工件、夹具元件与夹具体的固连；加工完成后，解除特定因素的刺激，材料发生“固 - 液”两相转变，取出工件，完成一次装夹加工。

相变材料柔性夹具形式有石蜡夹具、冰固夹具、低熔点合金夹具、电流变材料夹具、磁流变材料夹具等。

如图 10 - 6 所示相变材料柔性夹具，通过液体相变材料相变为固体来锁紧工件。

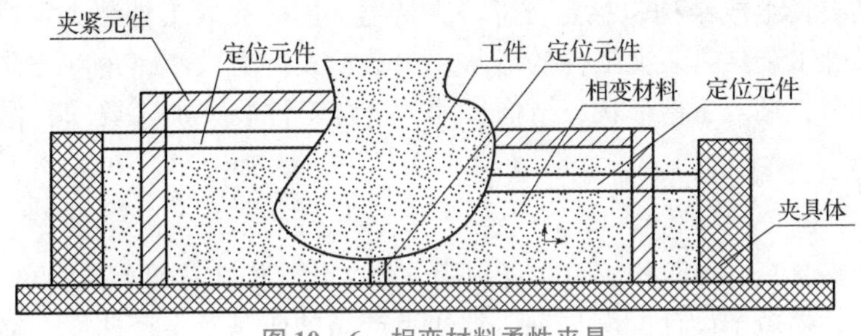

图 10 - 6　相变材料柔性夹具

6. 模块化程序控制柔性夹具

模块化程序控制柔性夹具（图 10 - 7）相对于定位夹紧等单一传统工装夹具而言，结合了数字化技术和自动控制技术，将软件和硬件相结合。程序控制的柔性工装是对工装的一种升级与变化，通过数控程序编制指令，柔性工装能根据待装工件结构、加工要求任意调整姿态、夹紧力大小，实现零件装夹、加工质量与效率的统一。现代柔性工装夹具系统功能包括：工件识别与精确测量，数据采集处理，装夹姿态调整，夹紧力控制，装夹传送及取放等。

图 10 - 7　模块化程序控制柔性夹具

柔性工装的控制系统决定了这个柔性工装系统的运行质量与效率。控制系统可采用 PLC 并行控制策略，电动机与驱动器相对应，实现同时对多柔性支承装置进行调整，调整的时间比较短。考虑系统成本高、所占空间大等局限性，一般控制系统采用串行控制，在电动机和驱动器之间增加切换控制电路，一个驱动器带动多个电动机，采用“上位机 + 控制器 + 执行单元”的控制方式。

学习笔记

柔性工装夹具可以重复使用，满足生产需求，加快产品的研制及生产速度，在保证加工质量的前提下，合理选择、设计、应用柔性工装夹具替代专用夹具，可大大降低生产成本。

柔性工装夹具装夹工件的形状及参数、夹持力大小、角度方向、工作频率等可多维度调节，符合节约、可持续发展战略。

知识模块二　柔性工装夹具特点

柔性工装夹具具有可调整性、动态重组性，能够与加工设备融为一个整体。柔性工装夹具的主要特点可以总结归纳为以下几个方面：

1. 保证工件加工质量和装夹要求

柔性工装夹具组成结构包括定位器、夹持器，能够完成工件装夹定位、夹持、支撑等功能，柔性工装夹具装夹工件的形状及参数、夹持力大小、角度方向、工作频率等可多维度调节，贴合工件形状、结构尺寸，符合工件装夹加工要求，保证了工件加工质量。

2. 经济性

柔性工装夹具具有可重构、可重复利用、数字化、模块化等优点，可以重复使用，满足生产需求，缩短了设计配套周期，加快了产品的研制及生产速度，提高了工装快速响应产品变化的能力。在保证加工质量的前提下，合理选择、设计、应用柔性工装夹具替代专用夹具，可大大降低成本，缩短生产准备周期，减少夹具存储空间。

柔性工装夹具装夹工件的形状及参数、夹持力大小、角度方向、工作频率等多维度调节，符合节约、可持续发展战略。

3. 柔性化

机电控制式柔性夹具通过数控编程控制定位件、夹紧件、支承件组成的装置代替工作台（或装在装夹工作台上），形成不同工件的装夹结构。

拼装方式、结构组合、参数调整方式多样，操作使用迅速方便。

如图 10－8（a）所示的模块化夹具，通过识读工件加工要求，构思设计方案，选用合适的模块就可以拼装所需的柔性工装夹具，当工件变化时，只需变换不同的拼组模块即可。

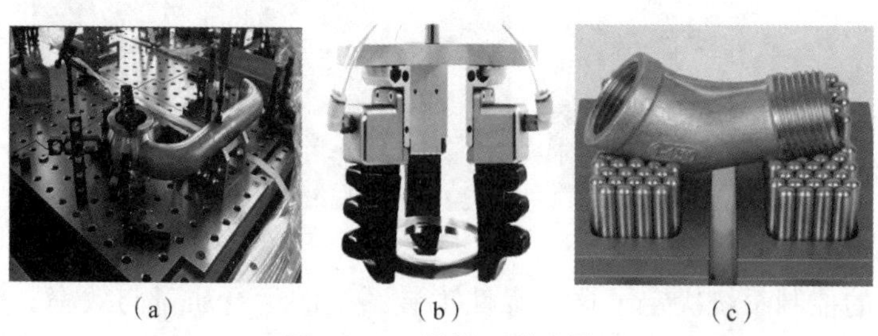

（a）　（b）　（c）

图 10－8　柔性工装夹具

（a）模块化夹具；（b）可调式夹具；（c）柔性适应性夹具

如图 10－8（b）所示的可调式夹具，当工件尺寸参数变化时，调整、更换不同的组成件就能形成不同的装夹结构。

如图 10-8（c）所示柔性适应性夹具，当夹持工件变化时，更换不同的夹爪、支架、法兰座等组成件，编制程序调整夹持姿态、夹持力大小、夹持频率等便可实现不同类型、形状工件的装夹。

学习笔记

4. 精确性

柔性夹具组成件精度高，变形小，耐磨损，参数调整、空间姿态变化准确。

如图 10-8（a）所示的模块化拼装夹具，组成件由专业企业制造，工艺合理，元件精度高，硬度高，强度好，耐磨性能好，夹具装夹精度高，变形小。

如图 10-8（b）所示的可调式夹具，夹爪、支架、法兰座等组成件由专业企业制造，数控程序可精确调整夹持姿态、夹持力大小等，以实现工件高精度装夹。

5. 模块化

无论机械零件品种怎样繁多，构成零件的结构与工艺总具有某些相似的属性，这些相似属性的零件加工所采用的工装结构必然存在相似性，加工方法、安装方式和轮廓尺寸相同或相近的一组零件所设计的夹具，结构上必然存在相似性。

模块化夹具是利用夹具结构的相似性，在组成件模块化、标准化、系列化、组合化基础上发展起来的新型夹具。模块化夹具结构分成基础模块（包括夹具体、定位元件、连接元件）、夹紧模块、引导模块、附加模块。夹紧模块包括夹紧元件及装置模块和动力模块；附加模块包括分度模块、靠模装置模块和工件抬起模块。

采用模块化柔性夹具，将各类典型夹具的构成模块标准化，并存储于模块库。当加工需要时，根据零件加工工序要求调用相应的模块，通过调整、更换数字化程序控制构成夹具功能模块；对于一些带有曲面的工件，夹具的夹紧元件形状自适应、无缝隙地匹配工件形状的变化，完成零件的精准装夹。

6. 系统的、敏捷的、数字方式调整、控制

特别如程序控制的柔性工装夹具，通过信息化、数字化、智能化手段，使工装与制造过程紧密融合，可精确、高效、快捷地实现工件的柔性装夹。

知识模块三　柔性工装关键技术

柔性工装关键技术包括以下几个方面：

1. 夹紧力调节技术

对程序控制的柔性工装夹具，零件加工过程中，刀具施力和受力点不断变化，每一次的受力点会因为种种原因发生微小的变动，工装系统根据不同的加工材料进行细致化分析，选择确定夹紧力的大小和方向、作用点，通过夹紧元件角度变换施加夹紧力，通过数字化程序控制气动、液压、真空吸附系统压力、流量或电动、电磁等动力源参数，调整工装的夹持力，提高加工的质量。

2. 柔性工装模块化技术

工装设计过程中，依据工件装夹需求，将工装按照功能等划分为多个模块，对每个工装模块进行细化，以模块作为关键控制要点，采取模块内信息重组识别的方式，对模块功能进行分析确定，再将各模块整合为满足使用需求的工装。

学习笔记

柔性夹具模块化、可重构、可重复利用，降低了生产成本满足生产需求，提高了工装快速响应产品变化的能力。

3. 柔性工装仿真测试与加工过程编程技术

柔性工装模块单元众多，结构较为烦琐。工装设计完成后，需进行仿真分析。利用仿真测试软件技术，模拟工装使用过程，确定各个工作要点，对结构强度、刚度、装夹姿态等因素进行有效分析，依据仿真测试推演分析结果，在保证顺序准确，提升工装可靠性的前提下，通过编制数字化程序，调整夹具形状及参数、夹持力大小、角度方向、工作频率等措施，可对柔性夹具操作过程、装夹方式进行优化简化，实现快速、精准装夹。

4. 柔性工装控制技术

在现代柔性工装自动夹具调整过程中，利用数控系统提升装夹姿态位置的精确性。数控系统使用过程中，明确控制指令及测量系统的反馈信息，进行自动化比对与调节，避免出现异常问题，提高了工装的精准度及速度。

5. 工装的计算机辅助技术

通过计算机软件技术对工件模型、工艺过程和柔性工装的系统进行分析和测试，建立计算机辅助技术三维模型，编制合理的数控工艺，整合细化柔性工装夹具控制技术的关键性环节，依据工艺实施过程和柔性工装装夹运作的模式，进行柔性工装控制数据集成和工艺过程数据集成的技术处理，以及进行系统分析、优化和考核，构建数字化、模块化、系列化，互相匹配、可重构、可重复利用的工装夹具，装夹工件，运行加工过程，能可靠地保证产品生产制造的精准性。

6. 工装系统网络连接技术

网络连接技术的发展及数控机床的开放化系统为柔性工装发展提供了软硬件基础，硬件允许不同工装系统的网络接入口连入；软件方面，许多动态链接库和软件控制库的加入，使得整套系统的功能得到优化；在软硬件的共同作用下，工装连接机床组成一个有系统、有组织的数字化运行机械系统。在网络化环境下，工装以网络为纽带，与机床进行信息传递和交流，工装技术通过网络化协助化控制，提高了加工效率，加工过程更加安全可靠，加工的产品质量得到可靠保障。

知识模块四　柔性工装应用

1. 柔性工装夹具应用特点

（1）柔性工装结构上与机床或生产线装夹端融合。
（2）柔性工装的数据接口与机床或生产线控制系统数据接口融合。
（3）柔性工装运行控制与机床或生产线控制系统集成融合。

2. 柔性工装夹具应用案例

1）可调夹具与柔性工装组合夹具

图 10－9 所示为利用相关软件设计的导管类零件定位钻削加工的可调柔性工装夹具。

图 10-9　可调柔性工装夹具

零件钻削加工要求：用零件下端端面定位及管子上特征点定位，钻削完成后，保证管子零件的空间角度、方向和尺寸正确。

根据需要选用适当尺寸基础板作为夹具拼装基体，选用适当尺寸伸长板作为夹具的支承连接部分，选用销定位角铁、支承杆、定位插销等作为夹具的定位部分，选择螺旋夹紧元件锁紧工件，实现零件的空间定位及夹紧，完成定位钻削加工工作。

该夹具应用的所有零件均为柔性工装组合夹具的标准件，夹具结构合理，操作方便，可快速完成组装，替代专用夹具，满足单件小批量生产需求。

2）相变材料柔性夹具

如图 10-6 所示相变材料柔性夹具，工件初步定位后，初步夹紧工件，液体材料相变为固体锁紧工件，安装夹具、调整刀具后就可以对工件实施加工了。

3）适应性柔性夹具

如图 10-10 所示的适应性柔性夹具，采取矩阵自适应夹持，装配的通用支承和夹紧装置，通过立即缩回销钉而模仿形成匹配零件的几何夹爪，接触点精确地将零件牢固地定位夹紧，广泛用于各种形状加工零件任何部分的夹持。

图 10-10　适应性柔性夹具

学习笔记

4）程序控制的柔性夹具

数字化信息技术在工业生产中应用广泛，随着数字化技术的发展，产品数字化模型广泛应用在产品设计、制造中。

利用相关计算机软件，模拟产品模型，设计柔性夹具，虚拟仿真夹具的装配、验证，可使工装夹具的设计更加精确、便捷、高效。

利用数控编程程序控制柔性夹具的装夹姿态、夹持力大小、工作过程，可实现高精度可靠装夹工件。

如图 10－7 所示的柔性工装夹具，通过数字化编程程序，变换夹具装夹姿态，调整夹紧力大小，对工件实施装夹。

3. 柔性工装夹具发展趋势

机械加工过程越来越柔性化，柔性工装夹具应用越来越广泛，主要体现在：

（1）传统夹具进一步创新，演变为柔性夹具逐渐成为主流，兼备柔性和实用性。

（2）柔性工装夹具计算机辅助设计技术越来越成熟，推动工艺装备与现代制造业的发展同步。

（3）原理和结构均有创新的柔性夹具的研究成为重点，包括：

①相变和伪相变式的柔性夹具。在夹具中利用热效应、电流和电磁感应的相变机制，采用具有可控相变的物理性质的材料实现柔性装夹功能。

②模块化程序控制式的柔性夹具（电控制式夹具）。由数字控制的定位件、夹紧件、支承件等组成的柔性可调整、可变换装置代替工作台（或装在机床工作台上），通过程序控制形成不同的工件装夹结构方案。

③适应性夹具。夹紧元件能改变形状自适应工件的形状，贴合工件曲面进行装夹，呈现一种被动式的柔性装夹。

随着数控、加工中心机床的迅速发展和广泛使用，柔性工装夹具也在不断发展创新，以适应现代制造业的需要。柔性工装夹具发展的趋势主要有：

（1）夹具元件简单化、柔性化、多功能模块化。

（2）向着高强度、高刚性、高精度方向发展。

（3）专用夹具、组合夹具、成组夹具一体化。

（4）工件夹紧快速化、自动化。

任务实施

小组讨论柔性工装夹具：

（1）讨论柔性工装夹具典型结构，分析其工作原理。

（2）小组对比柔性工装夹具与专用夹具，讨论柔性工装夹具的应用场合。

（3）结合国家装备制造业发展形势，讨论柔性工装夹具发展趋势。

考核评价标准如表 10－2 所示。

学习笔记

表 10－2 考核评价标准

评价项目	评价内容	分值	自评 20%	互评 20%	教师评 60%	合计
职业素养（40 分）	专注敬业，责任意识，服从意识	10				
	积极参加项目任务活动，按时完成项目任务	20				
	团队合作，交流沟通能力，集体主义精神	10				
专业素养（60 分）	专业资料查询能力	10				
	制订计划和执行能力	10				
	精益求精，专注探究	20				
	工作效率，分工协作	10				
	任务验收质量，质量意识	10				
创新能力（20 分）	创新性思维和行动	20				
合计		120				

任务10.2 惰轮支架通槽铣削柔性工装设计

任务引入

根据任务安排，小组长组织成员识读惰轮支架零件图，分析、讨论零件结构、技术要求、工艺过程，设计惰轮支架通槽铣削柔性工装夹具方案，对照选择柔性工装组合夹具元件，并进行组装、调整、检测，完成项目任务。

任务实施

1. 惰轮支架通槽铣削柔性工装设计任务实施策略

（1）小组实施方案的讨论、确定。

（2）结构布局设计，元件选择。

（3）结构组装、调整、测量、固定。

（4）实施效果检查、评价。

（5）现场整理。

2. 惰轮，支架通槽铣削柔性工装设计任务实施过程

1）实操 1——工件分析

如图 10－1 所示惰轮支架零件，零件主要组成表面有大侧面、台阶面、通槽、长

学习笔记

槽、连接孔、螺纹孔等，零件呈支架形状，整体结构简单，体积较小。材料选择HT200。零件要求先进行退火热处理，半精加工、精加工之后安排表面氧化发蓝防锈热处理。本工序实施前，其他表面均已加工完成。

本工序通槽铣削加工主要保证槽与侧面尺寸5 mm，通槽底面距离ϕ10H7孔中心尺寸参数为17 mm。由于产品试制，尺寸参数5 mm制造过程中按照5 mm、7 mm调整变换分别加工2件，满足产品性能参数调试试验要求。所有加工参数要求不高，制造精度较低。

考虑零件制造过程，零件加工工艺路线确定为：备料铸造→退火热处理→铣侧面、台阶面→钻孔、攻丝→铣长槽→铣通槽→表面发蓝热处理→检验。

2）实操2——组装方案设计

如图10－1所示，根据零件加工工艺过程，铣通槽之前零件的其他表面已加工完毕，铣削时具有良好的加工和定位条件，零件结构及外形规则，易于定位夹紧。根据工序图的要求，确定工件定位方案：工件大侧面限制3个自由度，ϕ10H7限制2个自由度，长槽中心限制1个自由度，实现零件完全定位装夹。

铣削加工，切削力大，加工过程中冲击大，振动大，相应的装夹工装夹具必须刚性好，强度高，采用螺旋压板结构从上表面垂直夹紧。

如果工件后期安排批量生产，应该选择相关元件组装对刀结构。

考虑铣削加工特点，夹具必须设计连接结构，牢靠地安装在铣床上。

3）实操3——组装元件选用

如图10－11所示为惰轮支架通槽铣削柔性工装组合夹具装配简图。

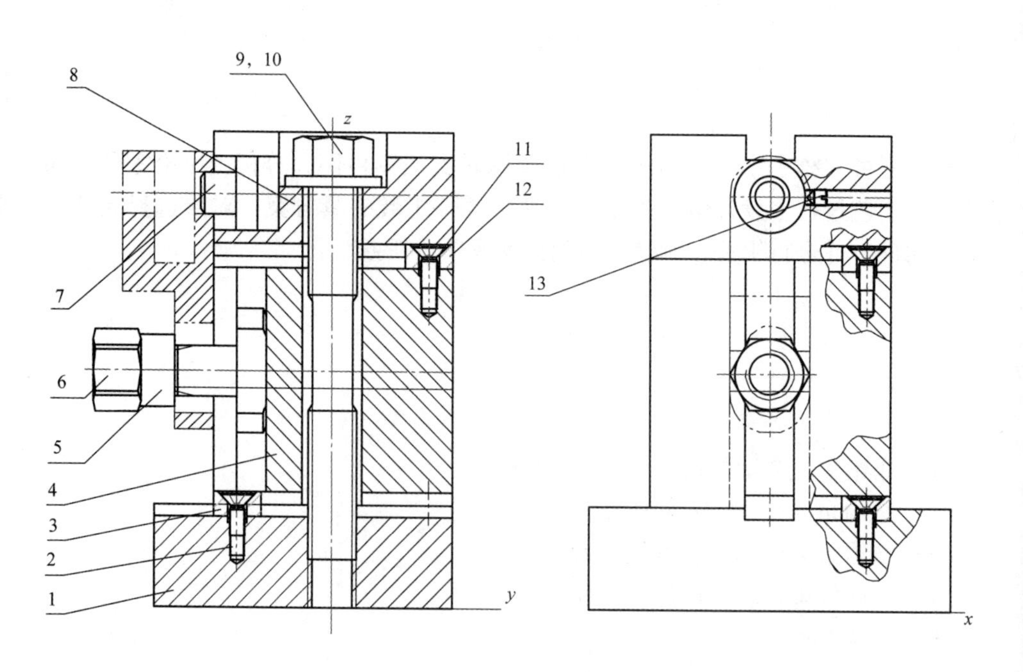

图10－11　惰轮支架通槽铣削柔性工装组合夹具装配简图

1—螺孔板；2，11—沉头螺钉；3，12—定位平键；4—方支承；5—T形螺栓；6—螺母；7—定位销；8—中心定位支承；9，10—双头螺柱、螺母；13—紧定螺钉

根据零件定位方案，选择规格为 90 mm×75 mm×25 mm 的螺孔板 1 作为基础件，规格为 60 mm×60 mm×60 mm 的方支承 4 作为第一限位基准元件，并支承中心定位支承 8，限制工件 $\vec{y}$、$\hat{x}$、$\hat{z}$ 自由度，实际装配中，由于加工零件数量较少，选择规格为 180 mm×60 mm×25 mm 的螺孔板 1 作为基础件，方便组装；用规格为 18 mm×60 mm×30 mm 的中心定位支承 8 支承定位销；定位销 7 作为第二限位基准元件，限制工件 $\vec{x}$、$\vec{z}$ 自由度；夹具夹紧元件选择 T 形螺栓、螺母，螺栓与工件上的长槽间隙不大，故可当作销使用，限制工件 $\hat{y}$ 自由度；夹具固定选择螺柱螺母螺旋夹紧装置紧固。

产品试制，要求尺寸参数 5 mm 按照 5 mm、7 mm 分别加工 2 个样件，装夹工件加工过程中应 2 次调整刀具位置，保证 2 个规格试制样件的加工要求。

4）实操 4——结构组装

（1）组装方支承。在螺孔板 1 两个方向的键槽中分别装入定位平键 3，用沉头螺钉 2 紧固，然后将方支承 4 的十字形键槽与螺孔板 1 上的定位平键 3 配合连接。

（2）组装中心定位板。方支承 4 侧面的 T 形槽中穿入 T 形螺栓 5，以与上述相同的方法将中心定位支承 8 与方支承 4 配合连接，然后将螺孔板 1、方支承 4、中心定位支承 8 三者用螺柱、螺母（9、10）上紧固定。

（3）组装定位销。定位销 7 以 ϕ18 mm 的圆柱部分与中心定位支承 8 的销孔配合，调整其深入长度，定位销在销孔的外露长度不超过 4 mm，然后用紧定螺钉 13 紧固。

（4）组装压紧装置。T 形螺栓 5 旋上螺母 6 即可。

（5）组装与铣床连接结构。铣削加工冲击大、振动大，夹具必须准确、可靠地安装在机床工作台上。

2 个厚度为 10 mm 的定位平键分别镶入伸长板的键槽中，用小螺钉固定；夹具安装时，使 2 个定位平键的同一侧面与机床 T 形槽侧面接触，调整夹具与机床工作台进给方向平行，同时克服一定的切削扭矩。用 T 形螺栓连接机床工作台。

（6）设计、组装对刀结构。如果惰轮支架零件大批量生产，通槽铣削加工柔性工装夹具就应该设置对刀结构，通槽左、右、上、下有尺寸要求，需要考虑刀具上下高度、左右位置，保证零件 5 mm、7 mm 尺寸参数要求，必须计算对刀尺寸。装夹工件加工时，可以选择 2 mm 厚度平塞尺贴附对刀面，调整刀具刀刃轻轻接触塞尺，完成对刀任务。

图 10－12 所示为设置了对刀装置伸长板结构的惰轮支架通槽铣削柔性工装组合夹具实物。

图 10－12 结构选择规格为 180 mm×60 mm×25 mm 的伸长板作为基础件，组装柔性夹具结构，选用安装在中间方支承件侧面的规格为 60 mm×45 mm×15 mm 的长方支承件上侧面作为上下方向对刀面，对刀面高度根据铣削槽底面高度确定，同时考虑选用塞尺的厚度，上下方向对刀面：

槽深尺寸为 17 mm，中心定位支承厚度为 18 mm，伸长板厚度为 25 mm，中间方支承高度为 60 mm，选择 3 mm 厚度平塞尺，伸长板下底面到工件定位孔中心距离 H：

$$H = 18/2 + 60 + 25 - 17 - 3 = 74(\text{mm})$$

左右方向以中间规格为 60 mm×60 mm×60 mm 的方支承件侧面作基面调整刀具，结合加工工件 5 mm 尺寸变换情况，分别选择 5 mm、7 mm 塞尺即可。

学习笔记

学习笔记

图 10-12　惰轮支架通槽铣削柔性工装组合夹具实物

任务评价

惰轮支架铣削柔性工装组合夹具项目依据组装结构检验结果，结合项目任务实施过程中各成员的作用进行评价。

1. 组装结构检测

惰轮支架铣削柔性工装组合夹具组装完成，需要检验定位是否正确、夹紧是否合理、与机床连接结构是否正确、相关结构布局是否满足工件装夹要求。

1）惰轮支架铣削柔性工装检测任务实施策略

（1）惰轮支架通槽铣削柔性工装夹具结构检查。

（2）对刀尺寸参数值的精度测量及定位销在销孔外长度观察测量。

准备塞尺、游标卡尺、千分尺、测量平台等仪器设备，测量理论计算对刀尺寸参数等参数，按图纸加工要求调整、固定相关元件。

2）惰轮支架铣削柔性工装检测任务实施过程

本项目检测包括结构检验和参数测量。

夹具组装完后，需要对其精度及尺寸进行检测，检测项目主要是夹具上标注的尺寸、位置、技术要求等。由于惰轮支架零件加工精度为自由公差，按照夹具上的尺寸公差不超过工件相应尺寸公差的 1/3 的原则，对夹具进行必要的检测。组装时所使用的组合夹具元件精度高，所以只要基本尺寸符合要求，一般夹具的精度足够满足零件加工要求。

本实训项目检测包括结构检验和对刀尺寸参数确定。考虑工件装夹还需要检测定位销在销孔外长度不超过 4 mm 的要求，检查夹具各处是否紧固牢靠，保证安全运行。

（1）结构检验：包括定位结构、夹紧装置、对刀结构、安装连接结构等的检查、评价，如表 10-3 所示。

表 10－3　结构检验项目

序号	项目	检查内容	评价
1	外形与机床匹配	长、宽、高与机床匹配	
2	强度刚性	切削力、重力等影响	
3	定位结构	基准选择，元件选用，结构布局	
4	夹紧装置	力三要素合理，结构布局	
5	对刀结构	结构布局，元件选用	
6	工件装夹	装夹效率	
7	废屑排出	畅通，容屑空间	
8	安装连接	位置与锁紧	
9	使用安全方便	安全，操作方便	

（2）参数测量：尺寸参数主要复检对刀尺寸参数值，如表 10－4 所示。

表 10－4　参数检测项目

序号	项目	检查内容	评价
1	定位销在销孔外长度	不超过 4 mm	
2	对刀尺寸参数	侧面尺寸 5 mm（调整 2 个规格，5 mm、7 mm）；深度尺寸 17 mm；选择测量 2 mm 平塞尺对刀	

3）检测环节评价

考核评价表如表 10－5 所示。

表 10－5　考核评价表

序号	评价项目	自我评价	互相评价	教师评价	综合评价
1	实施准备				
2	方案设计、元件选用				
3	规范操作				
4	完成质量				
5	关键操作要领掌握情况				
6	完成速度				
7	参与讨论主动性				
8	沟通协作				
9	展示汇报				

注：评价档次统一采用 A（优秀）、B（良好）、C（合格）、D（努力）4 个。

学习笔记

4）任务拓展——柔性铣床工装应用研讨

各小组组织活动，回顾铣削加工实训操作场景，结合惰轮支架零件斜面铣削工作任务要求，分析、讨论惰轮支架铣削柔性工装夹具应用问题：

(1) 夹具在铣床上的安装方法及位置调整注意事项。

(2) 工件装夹：定位元件、定位结构；夹紧力三要素确定；夹紧装置的选择、设计。

(3) 刀具调整：调整方法，调整工具，调整精度。

(4) 工件加工：工件装卸，废屑排出，主要参数测量、控制。

(5) 侧面尺寸参数变化时，刀具调整、操作及注意事项等。

2. 任务评价

小组推荐成员介绍任务的完成过程，展示设计、组装结果，全体成员完成任务评价。

学生自评表和小组互评表分别如表 10－6、表 10－7 所示。

表 10－6　学生自评表

任务	完成情况记录
任务是否按计划时间完成	
理论实践结合情况	
技能训练情况	
任务完成情况	
任务创新情况	
实施收获	

表 10－7　小组互评表

序号	评价项目	小组互评	教师点评
1			
2			
3			
4			

任务10.3　训练与考核

为检测学习效果如何，安排课程项目让学生设计方案，选用元件，组装对应的柔

性工装组合夹具，分析其工作原理，介绍应用注意事项，进行课程训练考核。

学习笔记

任务实施

1. 实操1——柔性工装设计训练

1）训练目标

通过项目训练，要求所有学生都能正确运用柔性工装组合夹具基础知识、基本原理设计柔性工装夹具方案，选用合适的组装元件，按时完成工装夹具结构组装、参数检测、位置调整、生产运用的项目任务。

2）训练实施

按照项目选定训练工作台，学生结合自己掌握的情况，自行选择、自由组合训练小组（自行调整变换训练项目），自定角色（随时进行角色变换）开展项目练习，每个小组工作内容包括：

（1）夹具方案的讨论、确定。

（2）组装元件选用。

（3）结构布局、组装、调整和固定。

（4）结构检查，组装整理。

（5）柔性工装应用讨论。

3）训练评价

小组成员自行选择参与训练，自查设计、组装结果，自我评价参与效果，如表10－8所示。

表10－8　学生自查表

任务	完成情况记录
识读、分析工件图，是否明确设计任务	
柔性工装组合夹具方案设计，满足工件加工装夹要求	
组装元件选用，遵循元件使用原则	
夹具结构合理组装、调整，准确检测，及时固定	
装夹工件合理，正确应用夹具	
夹具设计、应用注意事项	

2. 实操2——柔性工装设计考核

1）考核目标

（1）熟悉组合夹具元件的结构和功用情况。

（2）了解柔性工装组合夹具设计方案的能力。

（3）评价应用柔性工装设计基础知识、基本原理，设计工装夹具方案，通过选用组合夹具元件，完成柔性夹具组装、调整、检验、测量与应用的能力。

(4) 积极参与项目训练，养成吃苦、求精、敬业、爱岗的工匠精神。

2) 考核方式

考核方式与标准坚持体现多元评价方法，重点关注教学过程中到课情况、小组实训活动参与情况、结构原理分析及夹具应用方法等的评价，突出实训各个环节的阶段评价、目标评价，工装夹具基本理论与实训操作的结合评价等。课堂理论学习成果与实训学习过程相结合；考核内容与典型工件加工的装夹相结合；教师评价与学生自评、互评相结合；知识能力考核与爱岗、敬业、专注、求精的工匠精神和职业素质评价相结合。

强化实训效果，对组装柔性夹具的结构、组装步骤、调整检测的要求、方法进行分析，探讨如何设计柔性工装组合夹具，应用柔性夹具满足生产率要求，提高工件加工质量等。

任务评价

对了解柔性工装设计基本知识和柔性组合夹具组装技能掌握情况开展评价，课程考核分为平时考核和课堂测评考核。考核评价表如表 10－9 所示。

表 10－9　考核评价表

序号	评价项目	自我评价	互相评价	教师评价	综合评价
1	实施准备				
2	方案设计、元件选用				
3	规范操作				
4	完成质量				
5	关键操作要领掌握情况				
6	完成速度				
7	平时考核				
8	实训报告				
9	原理分析				

注：评价档次统一采用 A（优秀）、B（良好）、C（合格）、D（努力）4 个。

思考练习

10－1　柔性工装有哪些类型？柔性工装有哪些特点？柔性工装有哪些关键技术？

10－2　惰轮支架通槽铣削柔性工装组合夹具选择哪些表面作定位基准面？分别限制哪些自由度？

10－3　惰轮支架通槽铣削柔性工装组合夹具选择哪些元件定位？

10－4　判断题

（1）柔性工装组合夹具组装过程中方案构思相当于专用机床夹具的结构设计构思，其装夹原理是一样的。（　）

（2）柔性工装组合夹具组装元件选用必须根据元件功用选择，否则就无法保证夹具的使用要求。（　）

（3）柔性工装夹具包括可调夹具、柔性组合夹具、模块化夹具、适应性柔性夹具、相变材料柔性夹具、模块化程序控制夹具等。（　）

（4）柔性夹具装夹工件的形状及参数、夹持力大小、角度方向、工作频率等多维度调节变换，符合节约、可持续发展战略。（　）

（5）柔性工装夹具模块化、可重构、可重复使用，满足生产需求，提高了工装快速响应产品变化的能力。（　）

（6）柔性适应性夹具，采取矩阵自适应夹持，装配的通用支撑和夹紧装置，通过立即缩回销钉而模仿形成匹配零件的几何夹爪，接触点精确地将零件牢固地定位夹紧。（　）

学习笔记

参 考 文 献

[1] 魏康民. 机械加工工艺方案设计与实施 [M]. 北京：机械工业出版社，2017.
[2] 薛源顺. 机床夹具设计 [M]. 北京：机械工业出版社，2010.
[3] 邹方. 柔性工装关键技术与发展前景 [J]. 北京：航空制造技术，2009 (10)：34-36.
[4] 王帅. 柔性工装控制系统的设计 [J]. 北京：电子技术与软件工程，2016 (09)：146.
[5] 赵元，张丽丽. 柔性夹具技术研究 [J]. 北京：机械制造，2020，58 (2)：77-79.
[6] 贾建华，范建蓓. 柔性夹具应用之解析 [J]. 北京：轻工机械，2006，24 (2)：98-100.
[7] 唐明，佟永祥，高明. 相变柔性夹具夹具体框架的设计及优化 [J]. 黑龙江科技信息，2017 (033)：172-173.
[8] 宋灿，吕彦明. 基于相变材料的柔性夹具结构设计 [J]. 北京：机械制造，2015，53 (609)：60-61.
[9] 朱耀祥，浦林祥. 现代夹具设计手册 [M]. 北京：机械工业出版社，2010.
[10] 曹岩，白瑀. 组合夹具手册与三维图库 [M]. 北京：化学工业出版社，2013.
[11] 王启平. 机床夹具设计 [M]. 3 版. 北京：机械工业出版社，2010.